マイケル・ブルームバーグ
カール・ポープ
国谷裕子 監訳　大里真理子 訳

CLIMATE OF HOPE
How Cities, Businesses, and Citizens Can Save the Planet

HOPE

都市・企業・市民による気候変動総力戦

ダイヤモンド社

CLIMATE OF HOPE
by Michael Bloomberg, Carl Pope

Japanese translation published by arrangement with
Michael R. Bloomberg through The English Agency (Japan) Ltd.

はじめに

気候変動のことについて落胆するのは、たやすいことです。

誰もが忍耐を試された一八カ月にわたる大統領選挙戦の期間中、気候変動の問題はほとんど注目されることがありませんでした。大統領候補のドナルド・トランプは、二〇一五年のパリ協定への参加を取りやめること、オバマ政権下で決定した温室効果ガス削減のための多くの取り組みから撤退することを表明しました。トランプによってアメリカ環境保護庁（ＥＰＡ）長官に選ばれた人も、気候変動対策の取り組みに対して反対してきた人物として知られています。

アメリカ国外に目を向ければ、気候変動というこの手強い問題に一丸となって取り組む能力が果たしてヨーロッパにあるのかという懸念が、イギリスの欧州連合（ＥＵ）離脱の決定によって生まれました。確かにパリ協定は、気候外交にとっては非常に大きな突破口となるものでしたが、強制力はまったく伴っていません。約束を守らない国に対する罰則は何もないのです。さらに何よりも、地球の温度上昇を防止することの難しさ――そう聞いただけで多くの人は、この問題があまりに巨大だと感じて諦めてしまい、ただ事態が最善になるようにと願うだけに終わってしまうのです。

私たちは、少し異なる見方をしています。都市や企業、コミュニティとの仕事を通じて、現在、私たちは気候変動を止めるために、これまでになく最適な立ち位置を取れていると考えています。そして今後、数年間のうちにワシントンの外側に存在する力が、従来とは異なる次元の進歩をもたらすだろうし、また、もたらさなければならないとも考えています。

少し視点を広げてみましょう。ヒット映画『不都合な真実』が公開されてから一〇年以上が経ちました。この映画は、一般大衆に気候変動の危険を突きつけ、暗く恐ろしい未来について警告しました。映画の宣伝は「人類は時限爆弾の上に座っている」という言葉で始まり、以下のように続きました。

「世界の科学者の大半が正しければ、極端な気象や洪水、干ばつ、感染症の大流行、そしてこれまで誰も経験したことのないような殺人的な熱波などを伴う、壮大な崩壊の連鎖に地球全体が突入するという破局を回避するための時間は、人類にはたった一〇年しかない」

その一〇年間は既に過ぎ去りましたが、行動を起こすチャンスは閉ざされておらず、すべてが失われたわけではありません。それどころか、人類はこの一〇年間できわめて重要な進歩を遂げました。その結果、二〇〇六年には見えなかったあるものが見えるようになりました。そのあるものとは、勝利への現実的な道筋です。

私たち二人は、世間が滅多に注目しない理由で、世界がこの道筋をたどるための能力については非常に楽観視しています。気候変動に関するメディアの報道は、米国では首都ワシントンばかりを見ていますが、ワシントンでの議論は過去二〇年間でほとんど進展していません。民主党はいまだに、大きな悲劇に向かって突き進んでいることを、共和党とその化石燃料業界の仲間たちが無視し続けている、と責めています。そして一方の共和党は、民主党とその環境保護活動の仲間たちが、不安をあおって科学を誇張していることを責めています。どちら側の言い分にも真実はいくらか含まれているものの、より大きな真実を見えづらくしてしまっています。その真実とは、都市、企業、そして市民が次第に自分たちの力で行動を起こしており、まさに気候変動との戦いを始めたところだということです。

私たちは二人とも、連邦議会でいまだに展開されている、うんざりするような時代遅れの議論には一切興味がありません。私たちの興味は、討論で勝つことでも選挙で勝つことでもありません。人命を救い、繁栄を促し、地球温暖化を止めることです。

私たちが本書を手掛けたのは、気候変動の従来通りの見方をがらりと変える、新たな形の議論が必要な時期が来ていると考えているからです。長期的な影響について討論するのではなく、今そこにある脅威について話しましょう。犠牲を払うことについて議論するのではなく、どうすれば利益を生み出せるかについて話しましょう。環境対経済という戦いではなく、市場原理や経済成長について検討しましょう。ホッキョクグマではなく、喘息に苦しむ子供たちに注目しましょう。そして、すべての望みを連邦政府に託すのではなく、都市、地域、企業や市民に力を与え、それぞれが既に自力で生み出している進歩を加速させましょう。

気候変動についての考え方や議論の仕方を変えれば、熱くなっている議論の温度を下げ、はるかに多くのことが達成できるようになる、私たちは、そう信じています。頭が冷えていたほうが、世界の気温も下げられます。

気候についての新たな形の議論は、問題そのものの再検討から始まります。政治、そして環境分野のリーダーたちは、気候変動を巨大な単一の問題として議論しがちです。また、国際条約によってしか解決できないと考えがちです。しかし、考えてみてください。科学者たちが地球上から病気の根絶を目指す時、すべての疾患を一度に治そうとはしませんし、すべての答えを一つの研究チームが発見するだろうとも想定しません。そうではなく、科学者たちは世界中の様々な研究室で研究をし、発見を共有しながら、まず一つの疾患に照準を合わせ、その特徴を調べ、原因を研究し、治療法について実験します。その頃、他の研究チームは、別の疾患の研究を進めます。こうした戦略が、数え切れないいくつもの大きなブレークスルーを生み出してきました。気候変動についても、同じようなアプローチを取るべきなのです。

変わりゆく気候は、別々に対処することが可能な問題の集合体であり、あらゆる角度から同時に戦うことができるのだという見方をする必要があります。それぞれの問題には解決策があります。そして、それぞれの解決策が私たちの社会を健全にし、経済を強化することができます。

これは繰り返し強調する価値があることです。気候変動の問題を形成する要素のそれぞれについて解決策があり、それらは社会に健全性と強さを与えてくれます。本書で一貫しているこの考え方は、気候変動に関する政治的議論の中で欠けていたものです。

米国では、これまであまりにも頻繁に悲観的な予測シナリオが横行し、実際に起きる可能性とその時期についてばかりに議論が偏ってきました。しかしながら、人々を怖がらせても何も進展しません。

二〇〇九年のある研究では、恐怖は人々が気候変動と戦うための動機にはならないと結論付けました。「気候変動の影響についての衝撃的で壊滅的で大げさな描写は、確かに最初は人々の関心や懸念を高めるきっかけにはなるかもしれないが、問題への個人的な関わりを高めるものでないことが明確で、むしろ場合によっては、関わらないようにする壁を生むことにもなる」としています。また他の研究結果からも、気候変動に関する恐ろしいメッセージばかりを伝えていると、問題に対する懐疑や否定を増幅してしまうことが示されています。

加えて、気候変動問題に関する活動をする人たちは、大半の人にとっては重要でない抽象的な考え方にばかり集中しがちです。例えば、温暖化の度合いを、二一〇〇年時点で産業革命以前の気温プラス摂氏二度以内に抑えるべきか、摂氏一・五度以内に抑えるべきかといったような議論です。[*1] 不確実性であるということは、いずれの目標についても達成できるかどうかを高い精度を持って知ることができないうえ、目標を達成できなかった場合に起きることについても確実性を持っては言えない、ということを意味しています。ほとんどの人は、このようなはるか将来についての予測をあまり信じません。そのことについては理解できます。これまで、科学者は間違いを繰り返してきました。人々は、八〇年後の地球に起きることを正確に知りたいのではなく、今年、自分の家や仕事やコミュニティに何が起きるかについて知りたいのです。

地球を遠い未来の不確実な危険から救うかもしれないと人々に説明するのは、政策への支持を得るための説得としてはあまり良い方法ではありません。しかし、今すぐに、確実に、子供たちを苦しめる喘息の発作の回数を減らし、家族や友人を呼吸器疾患から救い、自分たちの寿命を伸ばし、自分たちの光熱費を削減し、街中の移動をより容易にし、生活の質を向上し、コミュニティ内の雇用数を増やし、エネルギー安全保障を強化することができるうえ、なおかつ長期的な気候の安定性を増すことができるのだ、と人々に説明したらどうなるでしょう。

まったく異なる話の展開になります。これが私たちのこれからする話の内容です。気候変動に対して行動を起こすことによってもたらされる恩恵は、具体的に見えるものであり、迅速に表れ、またその数も膨大です。しかし、そのことについて語る政治リーダーはあまりにも少ないのです。私たちの経験上、気候変動との戦いは、公衆衛生の改善、経済成長の強化、そして生活水準の向上と密接につながっています。そして、リーダーがこれらの恩恵に焦点を当てると、人々は好意的な反応をします。私たちの誰もが死んでこの世にいない一〇〇年後の地球で何が起きる可能性があるのかについての講義を、人々は聞きたがっているわけではありません。今日、改革を支持するための納得できる理由を求めているのです。

私たち二人は、まったく異なる立場、さらにはまったく異なる経歴から、この結論にたどり着きました。大学卒業後、一人は平和部隊へ、もう一人はハーバード・ビジネス・スクールへと進みました。一人は数十年間にわたってカリフォルニアを拠点にシエラクラブで働き、後にシエラクラブのトップとなりました。もう一人はウォール街で一五年間働いた後に起業して会社を経営し、その後、米国最大の都市の市長を三期務めました。二〇〇四年には、私たちの一方は当時のジョージ・W・ブッシュ大統領の環境政策を攻撃する本を共著し[*2]、もう一方はそのブッシュに票を投じました。

それにもかかわらず私たち二人の気候変動への挑戦については、その進め方の大枠に違いはありません。私たちは、すべての点で合意しているわけではありません。ニューヨーカーとカリフォルニアの人間がすべてのことで合意できるわけがありません。しかし、この戦いに挑むことについての大きな責任感と、現在の政治的状況下でさえ勝てるという強い楽観的な見方を共有しています。私たちと同じくらい多様なバックグラウンド、そしてあらゆる政治的信念を超えて、より多くの人々に、私たちの取り組みに加わってもらうよう説得するための本が本書なのです。

＊1　二〇一五年に開催された国連気候変動枠組条約第二一回締約国会議（COP21）で採択されたパリ協定で、世界の平均気温上昇を産業革命前と比較して「二℃よりも十分に低く」抑え（二℃目標）、さらに「一・五℃に抑えるための努力を追求する」こと（一・五℃目標）が第一の目標として掲げられている。この根拠となっているのが二〇一四年に公表された「気候変動に関する政府間パネル（ICPP）第五次評価報告書（AR5）」で、この報告書の中で、平均気温の上昇が二℃を超えると様々なリスクが高まり、人類の生存が深刻になるという予測が示されている。

＊2　『戦略的無知―なぜブッシュ政権は環境の進歩の世紀を無謀に破壊しているのか』。*Strategic Ignorance: Why the Bush Administration Is Recklessly Destroying a Century of Environmental Progress*（二〇〇四年、Sierra Magazine Book）。本書の共著者であるカール・ポープは、「シエラマガジン」の編集者ポール・ローバーとの共著でブッシュ政権の環境政策を批判している。

HOPE
都市・企業・市民による気候変動総力戦

contents

PART 1

COMING TO CLIMATE

◎

気候変動にたどり着くまで

カール・ポープ

CHAPTER 1

ゴリアテを追って

戦いに臨むに当たり、計画というものはいつもまるで役に立たなかった。
だが、計画作りは不可欠なのだ。

——ドワイト・D・アイゼンハワー

二〇〇四年一一月二日。出口調査の結果は、気持ちが浮足立つようなものでした。ジョージ・W・ブッシュのホワイトハウスからの追い出しが、ジョン・ケリーによって実現されることを示していたからです。これは、二〇〇一年春、当時大統領であったブッシュが環境保護への宣戦布告をして以来、大規模な環境系NGOシエラクラブの何万人ものボランティアやスタッフ、リーダー、そして寄付者たちの、最大の政治目標でした。

私は当時、シエラクラブのエグゼクティブディレクターとして、選挙関連の事務局チームの様子をつぶさに見守っていました。彼らは、反ブッシュの有権者のうち、このままでは投票に行かないと思われる人たちに接触し、投票のモチベーションを上げることに全力を尽くすという、これまでに類のない新たな革新的連携のために、全身全霊を捧げていました。そして、どうやらその努力は報われそうでした。

この取り組みへの最大の出資者の一人であったジョージ・ソロスは、当日夜からマンハッタンで行われる選挙キャンペーンパーティーを主催しており、会場は熱気で沸き返っていました。そう、しばらくの間は。

しかし、開票が進み出口調査の結果が更新されていくにつれ、情勢はどんどん厳しくなっていきました。そしてついには、残されたオハイオ州の開票結果次第となりました。ケリーに票を入れるために、オハイオ中の多くの有権者が雨の中に並んだにもかかわらず、もっと大勢の人がブッシュに投票しに行っていました。ケリーはオハイオ州で二・一パーセント差で敗れ、大統領選挙で敗北したことが夜遅くに確定したのです。

それまで三五年間にわたって環境問題の啓発に取り組み、一〇年間をシエラクラブのエグゼクティブディレクターとして過ごしてきた私は、途方に暮れました。私が成人した時代は、環境運動の時代であり、その時は民主党支持であろうと共和党支持であろうと、ほとんどのアメリカ人が環境問題に関心を抱いていました。

当時、超党派の動きの中で、連邦議会と政権が環境保護庁を設立し、大気浄化法や水質浄化法を成立させ、さらには公園や自然保護区域を拡大させました。しかし、その後の数十年間で、この超党派の動きは弱まり、共和党がどんどん敵対的になるという状況にシエラクラブは直面しました。ロナルド・レーガン政権時代の内務長官ジェームズ・ワットが、グランドキャニオンを「退屈なもの」と軽視した時期も耐え抜きました。ニュート・ギングリッチが公衆衛生のセーフティーネットを縮小しようとキャンペーンを展開した際にも、米国が持ちこたえられるよう私たちは対抗しました。しかしながら、これらのことは、ディック・チェイニー副大統領（当時）の代名詞であり、その後共和党内で支配的になった考え、きれいな空気、水および景観を標的として蔑視する姿勢に比べれば、どれも大したことではありません。そして今、共和党は政権、上院、下院のすべてを再び掌握したのです。

このような状況下で、シエラクラブのトップはどのように対応すればいいのか。第二次ブッシュ政権に立ち向かうにはどのような戦略を取ればいいのか。防御だけでは足りないことは明らかでしたが、これらの問いに対する答えを見つけるために、私たちはシエラクラブの歴史において最も集中的な協議プロセスを始めることにしました。五〇〇〇人を超える草の根活動のリーダーを招いて、会議、調査、ディスカッションを行いました。結果として、これが二〇〇五年九月にサンフランシスコで開催された、私たちの初めての全国大会につながりました。

既に全国大会の前からクラブ員の間で、問題意識の驚くべき変化が起きていることが、州やローカルレベルの協議の結果から見えていました。それまで一〇〇年以上にわたって、自然を守ることが最大の優先課題であったのに、いまや気候変動を最優先課題にすべきだとクラブのリーダーたちは言っていたのです。さらに、全国大会のメンバーがサンフランシスコに向かう飛行機に乗っている時に、私はアル・ゴア元副大統領から電話を受けたのでした。実を言うと、全国大会の場で話をしてもらえるよう、以前から彼に依頼していたのですが、その日はニューオーリンズで開かれる全米保険監督官協会の会議で講演することになっているとのことで断られていました。しかし、メキシコ湾岸に向かっているハリケーンによってその会議が中止になってしまったのだ、と彼は言いました。そして、今でも自分に講演してほしいか、と彼は私に聞いてきたのです。もちろん、私の返事は「イエス」でした。

こうして、ハリケーン・カトリーナがニューオーリンズに向けて急進している頃、元副大統領は、シエラクラブの幹部たちに『不都合な真実』の土台となったスライドショーを見せてくれました。彼の素晴らしいプレゼンテーションとカトリーナがもたらした甚大な被害は、気候変動を優先課題にしようという私たちの強い意志を後押ししました。こうして、全国大会の後、私には、エグゼクティブディレクターとしての新たなミッションが生まれました。

確かにシエラクラブにとって、気候変動は初めて足を踏み入れる領域ではありませんでした。私たちは長年にわたってエネルギーと気候に関する活動をしてきており、自動車業界が自動車の燃費向上と二酸化炭素排出量削減に取り組むように圧力をかける活動をけん引してきていました。しかし、それは最優先課題ではありませんでした。米国の草の根活動団体の一つに過ぎない私たちが、どのように地球温暖化防止に着手すればいいのでしょう。

当時の私は気付いていませんでしたが、この最優先課題への新たな取り組みは、世界そして環境保護に対する私の物の見方をがらりと変えることとなったのでした。それまでの環境保護活動家は、汚染、皆伐（対象となる森林の区画にある樹木をすべて伐採すること）、乱獲漁業といった悪業を止めるために運動をしていました。しかし、米国経済の大局とそれを形成している既存業界については受け入れていました。ですが、もうそういうわけにはいかなくなりました。

その時から、私たちはこれまでとは異なる活動に身を置くことになりました。従来の化石燃料に基づいた経済発展ではなく、知識と技術に基づいた発展を促そうとしていたのです。三五年間にわたった二〇世紀の産業主義が残した問題に取り組んだのち、環境保護活動家たちは、その次のステップである二一世紀の新たな活動を作り出すことに果敢に挑もうとしていました。しかし、新たな活動にシフトできるようになる前に、私たちは過去を引きずっている最後のものに対応しなければなりませんでした。それは、第一次ブッシュ政権下でチェイニー副大統領が作成した「エネルギーの未来像*3」でした。

シエラクラブのスタッフやボランティア、リーダーたちは、この問題に対するブレインストーミングを始めました。そして一八カ月後の二〇〇七年二月、これまでにない革新的なフォーラムを開催しました。どういったキャンペーンに力を集中するかを決定するために、一〇〇人ほどのリーダーがアリゾナ州ツーソンに集結しました。

フォーラムでは、皆に売り込みたいキャンペーンのアイデアがある人であれば誰でも、会場にホワイトボードを設置し、自分のアイデアを説明することができます。参加者は、賛同できるアイデアであれば着席して発案者と議論を試み、賛同できなければ退席するということを繰り返しながら、自らの想像力をかき立てるようなアイデアを見つけていきました。このセッションが終わる頃には、議論が活発に行われているグループが四つか五つに絞られていたのですが、参加者の半数近くを一手に集めていたグループがありました。それは、クラブ員で米国中西部の弁護士であるブルース・ニレスが発案者であるグループでした。

彼は、ブッシュ政権のエネルギー政策の要である一五〇基の石炭火力発電所の新規建設を標的にすべきである、と発表していました。ニレスは、米国の気候汚染の最大の原因が石炭であることを指摘したうえで、新たな発電所は、使用が見込まれる四〇年間であまりに大量の二酸化炭素を排出するので、ひとたび建設されてしまえば、地球温暖化をコントロールできなくなると言いました。これら新設の石炭火力発電所によって、米国では毎年、新たに七億五〇〇〇万トンの二酸化炭素排出量が上乗せされてしまうのです。本来は二〇一二年までに、これと同じだけの量を毎年削減することが求められているにもかかわらず。

私たちが直面しているのは、言うなれば、東方正教会のヴァルソロメオス一世総主教が「カイロス」と呼んだ状態でした。すなわち、どれほど信じがたくても不都合でも、とにかく動くしかない究極的な瞬間なのだ、というのがニレスの主張でした。彼の熱い訴えはシエラクラブのリーダーたちの心の琴線に触れましたが、その訴えが示す課題はあまりに大きなものであり、私は不安になりました。発表が終わると、私は、どうやってこれに取り組めばいいだろう、ニレスの作戦はどのようなものだろうかなどと考えながらニレスを脇に呼びました。

「すべての新しい石炭火力発電所と戦うだけです」と、彼は言いました。

「私たちを助けてくれる人はいるのか」と、私は聞き返しました。

彼は、「助けてくれる人がいるかどうかは、まったく分かりません」と素直に認めましたが、「一つか二つの石炭火力発電所と戦って、少しでもクリーンなものにしたいと、この問題に関わっている多くの人たちは思っているだけです」と答えました。

これを聞いても私は安心することはできませんでしたが、賽はもう投げられました。米国がもう一世代、石炭火力発電に束縛されるのを防ぐために、国全体のエネルギー業界の転換に総力を挙げる方向に、シエラクラブは舵を切ったのでした。

初期段階において、小規模なファミリーベースの私設財団や太陽光発電業界を立ち上げたリーダーたちからの寄付によって、ニレスは活動に必要な弁護士たちを雇うことができました。この活動プロジェクトは「石炭のその先へ」と名付けられ、計画中のどの石炭火力発電所に異議を唱えるかの検討を始めました。しかし、そこで明らかにされた事実はとてもショッキングなものでした。

石炭業界と電力会社の関係は、あまりにも癒着した排他的なものでした。石炭会社の役員は、自分たちの計画がそのままチェックもされずに承認されるものだと思っていたのです。さらに憂慮すべきは、本来、消費者や環境を守るはずの政府の監督官たちが、石炭火力発電を拡げていく事実上のパートナーになってしまっていたということです。これらの関係者のいずれもが、これまで市民から異議を唱えられた経験などまったくありませんでした。このため、石炭火力発電所の新設の承認を得に行って激しい反対運動に遭うなどということは、もちろん想定もしていませんでした。

それどころか、米国中西部の二つの発電所について、担当の政府機関が建設に当たって必要な許可を出していないにもかかわらず工事がかなり進み、既に一億ドルを超える費用が発生していたことをプロジェクトチームは突き止めました。シエラクラブの弁護士たちが一つの電力会社に対して、許可証なしに巨大な発電所を建設してもいいと見なした理由を問い合わせたところ、「担当の環境保護庁の地方局に確認したところ、許可証のことは構わないでいいと言われた」という回答がありました。

「その理屈について、連邦裁判所の判事ならばどう考えるか見てみましょう」というのが私たちの弁護士の返事でした。当然のことながら、判事は電力会社の弁護士たちに対して、ぜひともこの訴訟を審理したいが、和解することを強く勧めるという旨のアドバイスをしました。

もはや、発電所を建設している二社はいずれも必死です。彼らは、裁判所に却下されることがほぼ確実なプロジェクトに一億ドル以上もの無駄な資金を投じたことを、株主や顧客の前で認めたくはありませんでした。彼らは、これほどの資金が無駄になるのを見ることが本当にシエラクラブの望みなのかと聞いてきました。ニレスとプロジェクトチームは、行き過ぎのないよう十分に注意しながら、和解案を示しました。

その案は、もしも彼らが所有する石炭火力発電所のうち、最も古くて特に汚染の原因となっているものを閉鎖したうえで、これらの出力と同量の電力をクリーンな風力発電所から購入することで炭素排出量を減らすのであれば、建設中の発電所を完成させてもいい、というものでした。そして、彼らはこの和解案に同意しました。これは、電力会社にとっても環境にとっても、そして何より、老朽化した発電所からの汚染された空気を呼吸することを強いられてきた人々にとっての勝利でした。「石炭のその先へ」プロジェクトが発足してからわずか数カ月の二〇〇七年春までに、シエラクラブは劇的な勝利を二つもつかみ取ったのでした。

二社が老朽化した発電所を閉鎖したうえで、何千メガワットもの電力を購入して米国中西部の風力発電産業を一気に活性化し、さらにはシエラクラブとの合意を締結するというこのニュースに、電力業界とそこに出資するウォール街の金融マンらの間には衝撃が走りました。首都ワシントンで開かれたあるカクテルパーティーでは、建設の承認を待っている新規石炭火力発電所の中でも最大となる出力二一〇〇メガワットの、カンザス州のサンフラワー発電所計画を推進するロビイストが、私のところに来ました。彼女はクリントン大統領時代にホワイトハウスにいて、その頃から私のことを知っており、「うちが古い石炭火力発電所をいくつか閉鎖すればサンフラワーにゴーサインが出るか知りたいのですが……」と話しかけてきました。「申し訳ないが、ゴーサインは大統領の日[*4]限定だったのだよ」と、私は返事をしました。サンフラワーは建設実現にはまだ遠く、認める理由も見当たりませんでした。計画反対をシエラクラブが主導する中、後にカンザス州健康環境局はサンフラワー発電所の建設を却下しました。

この出来事によって、石炭推進派は当時のカンザス州知事キャスリーン・セベリウスに対するメディア広告キャンペーンを開始し、同知事がウラジーミル・プーチン、ベネズエラのウゴ・チャベス、そしてイランのマフムード・アフマディネジャドなどとつながっているとして批判しました。ワシントンポストは、これらの広告を「非常に誤解を招くもの」であるとして非難しました。セベリウス知事の後任者は、サンフラワー発電所計画を復活させようとしましたが、失敗に終わりました。

これら初期の三つの勝利に私たちはとても勇気付けられましたが、もちろん三カ所は一五〇カ所ではありません。シエラクラブの持つリソースの規模もニレスのチームも、この挑戦を拡大して目標を達成するにはあまりにも小さ過ぎました。石炭との戦いに関心のある大手財団にはいずれも、私たちの目標が大がかり過ぎて実現の信ぴょう性に欠けるとして支援を拒否されました。そこで私たちは、自分たちの取り組みをいくつかの発電所に絞り、汚染を従来よりも改善させる、という妥協点を目指しました。今私たちがいるのは、よりクリーンなエネルギーが完全に石炭に取って代わるような新時代の幕開けなのだという考え方は、ほとんどの関係者たちにとってあまりに理解を超えたものでした。

二〇〇七年春の後半になって、私にある電話がかかってきました。チェサピーク・エナジーという天然ガス会社を率いるオーブリー・マクレンドンが私たちに会いたいと言ってきたのです。石炭よりもはるかに大気汚染への影響が少ない天然ガスの供給源が拡大されているにもかかわらず、石炭火力発電所ブームによって市場から締め出されていることに、彼は憤っていました。彼は既にテキサス州とオクラホマ州、二カ所の石炭火力発電所に異議申し立てを行っていました。

他のいくつもの法廷での争いにおいて、シエラクラブのプレゼンスを知った彼は、寄付を希望していました。彼は、巨額の寄付をしたがっていました――一年目で五〇〇万ドルです。マクレンドンは石炭業界のライバル企業を敵に回したくはなかったので、この寄付は匿名で行われました。こうして石炭業界は、突如として、それまでよりも格段に強い敵と戦わねばならなくなりました。

半年後、私はインドネシアのバリで、初めて国連気候変動枠組条約締約国会議に参加しました。そこには、国際ボイラー製造者同盟（ＩＢＢ）の政務局長であったエイブラハム・ブリーヒーも来ていました。私の友人で労働問題に関わっている人たちは、彼を高く評価していました。その彼が、私を飲みに誘ってくれました。ブリーヒーは、私たちの石炭との戦いを耳にしていたようで、プロジェクトについて賞賛してくれました。

「一つ説明しておきたいことがあります。私たちはボイラーを作っています。ボイラーの動力がどこから来るかは、私たちには関係ありません。だから、私たちは石炭推進派ではありません、ボイラー推進派です」と、彼は言いました。しかし、私たちがどこまでこの戦いを続けられるかについては疑問を持っていたようで、彼はこう続けました。「あと一五〇件も承認待ちがありますよ。お宅のプレスリリースが何と言おうと、一五〇件全部を追及することは不可能でしょう」

私は一瞬黙ってから、こう言いました。「実は、一つ残らず戦いを挑むための資金とスタッフが数カ月前に揃ったのです。だから、実行するつもりです」。彼は持っていたグラスを置くと、「そうですか。それならば私たちも電力会社も、新たなビジネスモデルが必要になりますね」と言いました。ボイラー製造者たちは、石炭火力発電所が完成しないのであれば、天然ガス火力発電所が確実に建設されるようにしなければなりません。別の言い方をすれば、石炭の全盛期は終わったという、電力会社が受け入れることを拒んだ現実を、ブリーヒーは一瞬で理解したのです。

その後の三年間、電力会社は新たな発電所について建設許可を得ることが困難となり、悪戦苦闘しました。ツーソンでブルース・ニレスがホワイトボードの前で熱弁していた時に承認を待っていた一五〇基の石炭火力発電所のうち、最終的に建設にこぎ着けたのは三〇基だけでした。私たちは、一〇万メガワットに及ぶ新規の石炭由来の発電を阻止できました。もしそうしていなければ、米国の石炭火力発電量を三〇パーセント増加させ、もう一世代分の汚染と炭素排出を確定させてしまうところでした。完成した三〇基は、そのほとんどが経済的に見て無用の長物となり、電気料金の値上げを引き起こし、企業やコミュニティを破綻に追い込み、さらに一部については採算が取れないとして、未稼働のまま放置されています。

石炭火力発電は既に全盛期を過ぎ、過去のものとなっていました。ですが、人々はまだそれに気づいていませんでした。

こうしてシエラクラブの最優先課題は気候変動となり、「石炭のその先へ」プロジェクトは、私たちがこれまでに取り組んできた汚染に反対する活動の中で最も成功している事例になりました。この他にもシエラクラブは、広く様々な問題に取り組んでいました。

二〇〇七年春、私は思いがけない電話をもう一本受けました。今回は、当時のニューヨーク市長マイケル・ブルームバーグの事務所からでした。ＰｌａＮＹＣ（プラン・ワイ・シー）という、ニューヨーク市が新たに立ち上げた持続可能な発展に関する計画について、シエラクラブのサポートを受けられないかと、副市長の一人であったケビン・シーキーが連絡を取ってきたのでした。「混雑課金制度」を導入するための提言についてのサポートを、シーキーは特に求めていました。「混雑課金」は、渋滞の時間帯に乗り入れる自動車に料金を課して混雑を緩和し、公共交通機関のサービス改善に充てるための資金を集める仕組みで、渋滞税ともいわれます。交通状況の改善は、気候変動対策としても重要な戦略の一つであり、私たちはぜひ手伝いたいと思いました。私の最初の仕事は、混雑課金制度を支持してくれるようニューヨーク州知事のエリオット・スピッツァーを説得することでした(彼は最終的に同意してくれました。私のロビー活動がその鍵であったかどうかは疑わしいですが……)。しかし、もっと重要だったのはシエラクラブとニューヨーク市長の間のパートナーシップが根付いたことです。そうしている間にも、石炭火力発電所計画はどんどん頓挫していきました。

私たち「石炭のその先へ」プロジェクトに関わる者は、自分たちが、米国の石炭ブームを完全に終わらせるというとても大きな目標に向かって進んでいることに気付き始めました。シエラクラブの挑戦、新たな石炭火力発電所が果たして本当に建てられるのかというウォール街の不安、そしてシェールガスブームによってもたらされた天然ガス価格の下落などが相まって、エネルギー源としての石炭に対する電力会社の関心が低くなっていきました。しかし、それでもまだ大きな仕事は残っていました。

多くが第一次世界大戦の頃に建造されたという既存の石炭火力発電所は、未だにアメリカ国内最大の炭素排出源であり、毎年二〇億トンもの二酸化炭素を大気中に吐き出し続けていました。そこでブルース・ニレスは、さらに大胆な新しい戦略を編み出しました。当時、全米の電力のおよそ半分を供給していた二〇〇〇年以前建造の五三五基に及ぶ発電用石炭ボイラーを操業停止し、風力と太陽光発電に置き換えるために、近隣住民や一般市民を結集させることにしたのです。

私は二〇一〇年、六五歳でシエラクラブのエグゼクティブディレクターの座から退きましたが、会長として二〇一二年まで残りました。シーキー副市長とは、その後も連絡を取り続けており、ある日、昼食の席で私は彼に、シエラクラブの新たなビジョンについて話しました。これが、老朽化した石炭火力発電所を閉鎖させる「石炭のその先へ」プロジェクトの第二フェーズです。

シーキーは、熱く語る私の話に共感してくれました。その後、ほどなくして市長も共感してくれました。当時の私は知り得ませんでしたが、あの昼食の日を境に、シエラクラブの歴史上そしておそらく米国の環境保護運動の歴史上でも、最も念入りに計画され、最も大がかりな目標を掲げた環境保護キャンペーンが立ち上がりました。マイク（マイケル・ブルームバーグ）が後ほど説明するように、このキャンペーンは最速で最大のインパクトを地球にもたらすことができました。また、気候変動対策に進展をもたらす数多くの連携した取り組みを生み出した、マイクと私のパートナーシップにもつながりました。

本書も、その連携の産物の一つです。

CHAPTER 2

PlaNYC

物事が実行されてほしいのならば、市長に頼むのが良い。

――カナダ・モントリオール元市長　デニス・コデール

私は、いわゆる典型的な環境保護活動家ではありません。ビルケンシュトックのサンダルは持っていませんし、グラノーラ[*5]は食べません。木に抱き付いたり、ブルドーザーの前で寝転んだりもしません。遺伝子組み換え生物（GMO）に反対もしなければ、フクロウを見るために徹夜したりもしません。安全に実施される限りはフラッキング[*6]を禁止したいとは思っていないですし、何らかの方法で石油が運ばれてくるのですから、キーストーン・パイプライン計画[*7]を止めようとも思いません。そして、私は原発に賛成です。

これまでの私のキャリアは、ほとんど金融一筋でした。私の会社が提供している技術は、世界中のトレーダー、金融マン、あるいは会社役員たちに使われています（少なくともその中の賢い人たちには）。ではなぜ、そんな私が気候変動問題に取り組む活動家になったのでしょう。シンプルに答えるならば、人の命を救い暮らしを向上させるためです。

二〇〇一年、私がニューヨーク市長に当選した頃、環境問題を重視している人はあまりいませんでした。その二カ月前、ワールドトレードセンターをテロリストが破壊し、街全体が追悼の空気に包まれていました。多くの人が、企業やファミリー層がニューヨークから出て行ってしまって高い犯罪率が復活するのではないかと心配していました。私が最も優先したのは、精神的にも経済的にも街を立ち直らせ、ネガティブなことを言う人たちの誤りを証明してみせることでした。なぜニューヨークが再び混乱と衰退に陥ることを人々が恐れているのか、私にはよく理解できました。

私がニューヨーク市に引っ越してきたのは一九六六年、ハーバードビジネススクールを卒業した後でした。犯罪、麻薬、放置された廃墟ビル、ボロボロのインフラ、汚らしい道路、落書きまみれの地下鉄車両、製造業から失われる雇用、悪化する人種同士の対立、そしてひどい大気汚染。これら負のスパイラルに、ニューヨーク市は陥ろうとしていました。当時、市長であったジョン・リンゼイは、「僕は目で見えない空気は絶対に信用しないんだ」と冗談にして言っていました。中間層の夢は、汚れて乱雑になってしまった市中心部を抜け出して郊外に引っ越すことでした。そして、多くの人がそうしました。

一九七〇年代のニューヨーク市では一〇パーセントを超える人口流出があったのですが、当時、この現象は珍しいことではなく、ニューヨークに限らず、米国中の都市が雇用と人口をどんどん流出させていました。同時に、都市部の工場が閉鎖されると、その後には、汚染された土壌と水によって、悪化した環境という負の遺産が残されました。当時、語られていたのは、都市を救えるかではなく、もはや救う価値があるのかどうかでした。実際、多くの人が救う価値もないと考えていました。

ところが、二一世紀に入る頃、新たな都市再生が花開きました。ニューヨークをはじめとする複数の都市が、若者を吸い寄せる磁石のようになったのです。若者たちは文化、コミュニティ、グルメ、そしてキャリアへの道という、これまで何世代にもわたって人々を惹き付けてきたものと同じものに、徒歩か公共交通機関ですべてアクセス可能であるということに魅力を感じました。そしてかつてないほど、都市がイノベーション、多様性、そして新たな発見の中心であることが再認識されました。これが歴史上初めて大多数の人々が都市部に居住している理由に他なりません。今世紀半ばには、実に世界人口の四分の三が都市居住者になると見られています。人々の選択によって都市部は圧勝しつつあります。

この変化にはたくさんのメリットがありますが、中でも際立って重要なものについて、私は市長になるまで気付いていませんでした。それは、都市が実は地球を救う鍵になるということでした。

本来、この事実はもっと注目されるべきですが、そうなっていない理由の一つは、都市があまりにも自然との対極にあるものとして見えてしまうということです。しかしながら個人が気候変動と戦うためにできる最善の行動は、人口が密集する都市環境で生活することなのです。それはなぜでしょうか。

それは、都市の住民のほとんどが、平均的な米国の住宅よりも狭く、冬の暖房や夏の冷房に要するエネルギーもはるかに少なく済むアパートに住んでいるからです。また、都市に住む人たちは、通勤や移動に徒歩、自転車、公共交通機関といった手段があるため、自動車の運転が少なくなる傾向にあります。その結果、ニューヨーク市では一人当たりのカーボンフットプリントが全米平均の三分の一程度となっています。

気候変動との戦いに都市が向いている理由は密集度だけではありません。他にも重要な理由が三つあります。

一つ目は、アトランタ元市長カシム・リードの言葉を借りれば、「都市は気候変動の最前線にいる。私たちがいるここでまさにいろいろなことが起きている」ということです。これは、排出の問題と危険の両面から真実です。温室効果ガス排出の約七〇パーセントが都市からのものであるなど、気候変動に関する問題のほとんどが都市で生まれます。単純に人の数が多いために、都市部の住民のほうが農村部などの住民よりも地球温暖化を加速させていますが、一方で、その代償が大きいのもまた都市部の住民です。有害物質を空気中に吐き出している発電所は都市の外にあるかもしれませんが、そこで造り出されている電力を使っているのは都市部の住民です。都市部で使われるエネルギーがどのくらいかによって、発電所からの排出量が決まります。こうした排出がもたらすリスクを最も深刻に受けるのが(後ほどもっと詳細に説明しますが)都市です。これは、都市のほとんどが沿岸地域に造られているため、海面上昇や、これまでより強力なハリケーンなどの暴風雨による危険に対して脆弱なのです。気候変動を加速させる中心となっている都市は、その対抗策についてもけん引しなければなりません。気候変動の被害者になる可能性が最も高いからには、取り組むインセンティブも一番大きいはずです。

二つ目は、一般的に市長は、連邦議会議員よりも現実的であって思想的ではないという傾向があります。これは市長のほうが、人々の幸福に対してより直接的に責任を負うからです。市長は、住民の数々の問題を解決し、必要なサービスを提供しなければなりません。汚れた空気のせいで子供がぜんそくの発作を起こして苦しんでいるとなれば、人々は市長に何とかしてほしいと要求します。自分たちの地域を選挙区とする上院議員や下院議員のところには行かないでしょう。また、コミュニティの生活を市長が向上させた場合、人々はその首長がどの政党に属しているかについてはあまり気にしません。かつてニューヨーク市長を務めたフィオレロ・ラガーディアに倣えば、「道路の清掃方法に民主党流や共和党流などない」のです。

三つ目は、市長が、気候変動との戦いを経済成長のスピードを上げるものとして捉えていることです。従来、各国政府は気候変動との戦いは、経済成長を鈍らせるコストだと捉えてきました。連邦議会議員の中には、このコスト負担に賛成の者も、反対の者もいます。一方、市長はこの問題を別のレンズを通して見ています。この視点の違いは、市長と連邦議会議員が負っている責任の違いによるものです。連邦議会議員は、全国の市町村や州から首都ワシントンに集められた資金をどのように再分配するか、について議論を戦わせることに多くの時間を費やします。市長は、実際に予算の収支を合わせる仕事をしているので、サービスを提供することや住民の生活の質を上げることを考えます。その際に、より多くの人や企業を呼び込むためにはどういった投資をすべきか、起業家や大学を卒業したての若者、ファミリー層の市場で都市が競争力を持つためにはどのようなサービスを提供すればいいだろうかと考えることは、市長にとってはごく自然なことです。

さらに、市長のほうが気候変動について真剣に取り組む理由の一つとして、都市の力を高めるためのモデルが進化してきていることも挙げられます。こうしたモデルは、かつては、振興策によって市内の産業が他に移転しないようにとどめ、新たな企業を誘致することに重点を置いた、よくある都市経済開発計画でした。しかし、新しい世紀に入ってからビジネスの機動性が高まり、また、世界がよりつながったことで、これまでとは違う、はるかに効果的なアプローチが生まれました。その中では、まず何よりも人が魅力を感じる条件を生み出すことに重点が置かれます。これにより、最も良い学校、最も安全な街、最も大きな公園、最も広域をカバーした公共交通機関、最も清浄な空気といったものを提供できる都市はどこか、という競争が都市間で生まれます。もし、今住んでいる都市ではぜんそく持ちのあなたの子供がたびたび病院に行くはめになっているのに、すぐ隣の都市の空気がもっと清浄だとすれば、あなたは市長に電話をして「この問題の対策を講じてくれなければ、次の選挙ではあなたには投票しません」と、言うかもしれません。

ニューヨークで見られる現象として、私がよく指摘している、人材が資本を呼び込むことの方が、資本が人材を呼び込むよりも効果的であるという現象が、世界中の都市でますます見られるようになっています。人々は、健康的でファミリー層に優しいライフスタイルを提供してくれるコミュニティで暮らしたいと思っています。そして、人々が住みたいところには企業が投資をしたいと思うものです。

二〇一五年に北京市が、市内の最後の四基の石炭火力発電所を閉鎖すると発表した際、私は驚きませんでした――なぜなら、都市のビジネス環境にとって、汚染された空気というのは大きな重荷だからです。北京市の石炭火力発電所がもたらしていた少しばかりの経済的恩恵も、市民の健康被害、遠のく海外からの投資などといった総合的なマイナス面の前では、その意義は薄れてしまいます。北京では汚染された空気が原因となって、優秀な人材とそうした人々によって成り立つビジネスを呼び込むことが難しくなっていたのです。

北京は、経済面および健康面の理由から大気汚染の改善に取り組んだ都市の、直近の事例です。民間からの投資を増やすには、市民の健康を守ることが必要であり、市民の健康を守るためには気候変動と戦わなければならないのです。なぜでしょうか。それは、公衆衛生上の脅威である大気汚染の最大の原因が、同時に地球温暖化をもたらしている温室効果ガスの最大の発生源でもあるからです。このことを市長たちが認識したことは、都市の統治に関する今世紀最大の変化の一つだと思います。

世界医師会の元議長であるダナ・ハンソンは、気候変動のことを「世界の人々の健康に対する巨大な脅威であり、死亡や感染症罹患の主たる原因として、二一世紀には現在知られている主なパンデミック（世界的流行を示す感染症）の存在感を薄めるほどのものとなる可能性が高い」と述べ、「世界人類の健康は、気候変動に関する議論の中の補足的なテーマではなく、中心的テーマの一つとして扱われるべきだ」と主張しています。これは非常に的確な指摘であり、所属政党を問わず、この問題に重点を置いて取り組む市長がどんどん増えています。

気候と健康と経済の関係は一気につながったわけではなく、私が市政に携わっていた頃、ある一つの数字に促された注意深い調査の結果、つながりが見えてきました。それは一〇〇万という数字です。二〇三〇年にはニューヨーク市の人口が、二〇〇〇年時点と比べて一〇〇万人増えるだろうという見通しが、市の都市計画部門によって二〇〇五年に出されました。これは、アトランタとマイアミの住民すべてと、さらにもういくらかの人たちがニューヨーク市に転入してくるのと同等の数です。ニューヨーク市の人口は、その時点で史上最高に達しており、既に過密が問題となっていました。そのうえ、市内のインフラの多くが一〇〇年以上前のものでした。いったいどうすれば、さらなる一〇〇万人の増加に対応できるのでしょうか。

誤解しないでいただきたいのですが、この問題は市長であれば誰でもが抱えてみたい、いわば成功ゆえの問題です。

都市というものは、静的になることは決してありません。成長しているか衰退しているか、常にいずれかの状態にあります。そしてニューヨークは、二〇〇一年のアメリカ同時多発テロから、人々の予想を上回って、迅速にかつ強力に立ち直っていました。私たちは雇用を創出し、企業や人を呼び込んでいました。予測された新たな一〇〇万人は、地球にとっても朗報でした。そうでなければ、この一〇〇万人のほとんどが、より大きな家に住み、より高い頻度で自動車を運転することになるからです。しかし、成功はまったく新しい一連の課題をもたらします。交通麻痺と言えるほど動かない渋滞、すし詰め状態のバスや電車、駐車場に並ぶ車の長蛇の列、電力供給網への過負荷、限界となった上下水道システムなど、起こり得る最悪のシナリオを思い描くのは容易なことでした。

これらすべての課題の上にのしかかっていたのが、拡大していく地球温暖化への懸念でした。タイムズスクエアの真ん中に立っていると忘れがちなことなのですが、ニューヨーク市は、計五二〇マイルの海岸線を持つ沿岸都市です。五つある区のうち、ブロンクス区のみが島でも島の一部でもないのですが、それでも三辺を水に囲まれています。市全体が港湾の周囲に建造されているのです。これは、さらに一〇〇万人を受け入れる必要があるという見通しに対応しながら、北極冠の融解や海面上昇によって悪化する、より強力なハリケーンなどの暴風雨、これまでよりも破壊力のある洪水への準備も同時に進めなければならないことを意味していました。そこで、連邦議会が延々と地球温暖化の科学について議論を続け、都市のインフラ面でのニーズを無視している間に、私たちは二一世紀に向け、ニューヨーク市について考え直すことにしました。

リーダーが未来を予想し、大きな夢を持つと、都市や国家は繁栄します。ニューヨークの歴史を見れば、この教訓は明らかです。一八一一年に、市のリーダーたちがマンハッタンに碁盤の目のような道路を敷設した当時、ほぼすべての市民がマンハッタン島南端（ロウアーマンハッタン）に住んでいました。それでも彼らは、巨大なメトロポリスを思い描き、当時は田園地帯であった地域まで道路のネットワークを広げました。ニューヨーク市の地下鉄ネットワークについても同様です。まだ農地や牧場が広がっていた時代に、それはマンハッタン島北部まで到達しました。

ニューヨーク市の水道設備、橋、トンネル、さらには公園に至るまで、次世代を念頭に造られたものです。一八五〇年代に広大なセントラルパークの計画が提唱された当時、まだマンハッタン島のほとんどが森林や草原に覆われており、多くの批評家が、広過ぎるしコストがかかり過ぎると主張しました。

市議会は、面積縮小まで図ろうとしました。今日では、セントラルパークは世界で最も有名な公園となり、反対派がもし勝っていたならば、などと願う人は誰もいません。

見込まれる成長について、市の人口統計学者たちから知らされると、私の下で副市長を務めていた一人であるダニエル・ドクトロフが、あと一〇〇万人をどこに住まわせることができるか検討するためのワーキンググループを招集しました。このワーキンググループは、当初、長期的な土地利用計画を策定するつもりでいたのですが、いざ仕事に取り掛かってみると、目の前にある問題が複雑であることに気付きました。新たな住宅創出によって発生する新たなニーズや課題について検討しないことには、新たな住宅供給計画を作ることができませんでした。子供たちはどこの学校に通えばいいでしょう。どの公園にファミリー層は行くのでしょう。住民は市内をどうやって移動するのでしょう。彼らが出すゴミをどこに置けばいいでしょう。大気の質のことも検討しなければ、これらの問題のいずれについても考えられません。エネルギーのことを検討しなければ、大気の質については考えられません。そして、気候変動について検討しなければ、エネルギーについても、それどころか市の未来に関するあらゆる側面についての検討もできませんでした。これらの問題は、すべて互いに絡み合い、影響し合っていました。

土地利用計画だけでは不十分なことは明白でした。市民生活を向上させながら気候変動と戦い、その影響から市民を守るような手法によって、市全体の発展を先導することができる。そのような総合的戦略計画を私たちは必要としていました。ニューヨーク市が人口増加による恩恵をすべて享受しながら、悪影響は避けることを可能にするというのが私たちの目標でした。

私の陣営では、温室効果ガス削減に関する取り組みは既に実施していました。グリーンビルディング（緑の建築）条例[*8]を全米で最も早く採択し、市の資金援助を受けるすべての新たな建物や設備投資プロジェクトは、厳しいエネルギー効率水準を満たすことが求められています。私たちが整備した固形廃棄物処理計画もまた、ゴミの運搬手段をトラックから電車や船舶にシフトすることで排出ガスを削減しました。

一九九七年の気候変動枠組条約京都会議（COP3）で採択された京都議定書から、二〇〇一年にブッシュ政権が脱退を表明した時には、京都議定書に定められていた米国の温室効果ガス削減義務量を上回る成果を出すことを誓う全米数百の都市の輪に、ニューヨーク市も加わりました。ここでは最終的に、一九九〇年の基準年から少なくとも七パーセントの削減を目指そう、という呼び掛けがなされました。しかし、人口が一〇パーセントを超える増加を示す中でそれをどうやって実現するのか、という疑問が出るのも当然のことでした。

私たちは、世界のリーダーの中でも特に気候変動に関して大きな目標を掲げている野心的な人たちが何をしているかを調べ始めました。二〇〇六年九月、当時カリフォルニア州知事であったアーノルド・シュワルツェネッガーとともに燃料電池工場の視察をするため、私はカリフォルニアに飛びました。シュワルツェネッガーも私も、気候変動をはじめとした国全体が直面している課題に、党派を超えて全力で取り組む共和党員でした（現在、私はどの政党にも属していません）。カリフォルニア経済を強化しながら同時にカーボンフットプリントを縮小できているというテクノロジー企業の数が増えつつあったのですが、私たちが視察した燃料電池会社はその一つでした。シュワルツェネッガーは、二〇二〇年までに州の温室効果ガスを二五パーセント削減するという野心的な計画を採択することで、カリフォルニア州を気候変動との戦いのリーダーに押し上げました。カリフォルニアにできるなら、ニューヨークにできないはずはないでしょう。

私たちの取り組みのガイド役として、長期計画および持続可能性担当局という新たな機関を設立しました。併せて、多様な産業や環境団体のリーダーによって構成される官民アドバイザー委員会も設立しました。その三カ月後、ニューヨークの未来計画を描くための取り組みの方向性を示してくれる一〇の目標を、私たちは採択しました。これらには、特に野心的な二つの目標が含まれていました。一つは、ニューヨーク市の空気を米国の主要都市の中で最も清浄なものにすること。もう一つは、二〇三〇年までに市のカーボンフットプリントを三〇パーセント縮小するというものでした。

どうやって実現するのでしょうか。当初、私たちにはその確証はありませんでした。そこで、何十ものパブリックフォーラムやタウンホールミーティングを開き、インタラクティブなウェブサイトを開設した他、一五〇を超える環境団体などとの議論の場を設け、アイデアと知見を収集しました。また、コロンビア大学の地球研究所とパートナーシップを組むことで、科学的見地からのアドバイザーの参画も得ました。

幅広いアイデアを収集し、分析したうえで、二〇〇七年のアースデイ[*9]に、アメリカ自然史博物館でPlaNYCを立ち上げました。博物館内のミルスタイン海洋生物ホールの天井から吊るされている巨大なシロナガスクジラの下に立った私は、一二七のイニシアチブを含む、環境的に持続可能な世界一の都市づくりを目指す計画の概要を発表しました。私は聴衆に問いかけました。

今、私たちが行動を起こさなければ、いつやるのですか。

そして私たちが行動を起こさなければ、誰がやるのですか。

わくわくすると同時にくじけそうになる瞬間でした。そして、その瞬間私たちは、未だかつてない大がかりな活動範囲を持つ都市計画の取り組みを引き受けたのです。

次の問いは、「どこから手をつけるべきか」というものでした。

市政に携わっていた頃に私がよく使い、今でも時々自分の会社や財団で口にする表現があります。それは、「測れないものは管理できない」ということです。これは、ビジネスでも行政でも慈善事業でも当てはまります。そして気候変動は、まさにその良い例です。気候変動との戦いがうまくいっているかを知るには、排出源ごとに温室効果ガスの排出量を測定し、そのうえで、対策となる新政策が施行された後で追跡するしかありません。そこで、ＰｌａＮＹＣの初期段階では、ニューヨーク市の温室効果ガス排出をすべて把握することになりました。これによって、市在住者、在勤者および訪問者すべてのカーボンフットプリントの全容が、初めて見えることになります。そうすれば、最大の排出源を特定して重点的にそこに取り組めるようになります。また、その進捗状況を測ることも可能になり、私たちが市民への説明責任を果たせるようになるので、市民へのエンパワーメントにもつながります。

この調査の結果は、驚くべきものでした。一九七〇年代に市の交通エンジニアが「グリッドロック現象」[*10]と名付けたニューヨーク市の交通量の多さを踏まえれば、ほとんどの炭素排出は自動車やトラック、バスからのものだろうと思われていました。ところが、実際にはあまりに多くの人が徒歩または地下鉄で移動していたので（私もほぼ毎朝地下鉄で通勤していましたが）、排出の約七五パーセントは建物から発生していました。

これらの排出を削減することは、ニューヨーク市がどのように機能しているか、さらにはどうすれば市がもっとうまく機能できるか、を検討することを意味していました。私たちは、可能性のあるすべての選択肢について検討し始めたのですが、早い段階で、重要な真実に気がつきました。それは気候変動をめぐる国家的な議論は誤っており、真実は、人々にとって、そして雇用の増大にとって良いことは、気候変動との戦いにとっても良いということなのです。

木々や公園は、人々にレクリエーションやリラクゼーションの機会を提供するだけでなく、空気中の炭素やすすを吸い取ってくれます。発達した公共交通機関は、人々を仕事や様々な可能性とつなぐとともに、交通量を減らして大気汚染を緩和します。自転車専用レーンは近隣区域をつなぎ、市民の健康を向上させます。また、安全な代替移動手段を与えることで、道路から自動車を遠ざけます。エネルギー効率を高める対策は、消費者の出費の節約につながり、空気を浄化し、市のカーボンフットプリントも縮小します。都市をきれいにし、健康を増進し、より生産性の高い場所にする、そのようなもののほとんどが、同時に温室効果ガスを削減するのです。

PlaNYCを作り上げていく中で、私たちは臆することなく他の都市の良いアイデアを取り入れました。都市に共通して見られる課題はたくさんあり、すべてをゼロからやる必要はありません。ある都市で成功したことが他の都市でも成功するとは限りませんが、それでも良い出発点にはなります。しかも、他の都市での結果を例示できたほうが、新たなアイデアへの支持を得ようとするには有利となります。特に、裏付けとなるデータが示せる場合には、そう言えます。

私たちは他の市長たちと話し合うことで、彼らの成功を足掛かりにすることができました。ボゴタやクリチバといった南米の都市では、公共のバスの速度を速める上手な方法を見つけ、道路から自動車を減らすことを可能にしました。バス専用レーンで高速バスサービスを提供するという、ニューヨーク市初の高速バス交通ルートを設計し展開するに当たっては、こうした事例から学びました。ヨーロッパでは、コペンハーゲンやパリが、専用化された自転車レーンや公共の自転車シェアリングといった革新的な施策を用いて自転車利用を促進しました。ベルリンは、屋上緑化を推進する上手な方法を見出しました。加えて私たちは、ロンドン、シンガポール、そしてストックホルムで有望な結果を示したアイデアについても調査をしました。これは、ラッシュアワーに市内中心部に入る車両に通行料を課すことで、交通渋滞を緩和し公共交通機関の利用を促進し、人々が呼吸する空気を浄化するとともに温室効果ガス排出も削減するというものです。交通渋滞が、輸送のスピードを遅くし消費者や企業が支払う価格を上げることで、経済にもダメージを与えます。ニューヨーク中心部の交通渋滞によって、価格が上がったり生産性が失われたりといった形で年間一三〇億ドル程度の損失が発生していると推定できました。

PlaNYCを立ち上げた二〇〇七年のアースデイの数週間前、市の職員がこの「混雑課金制度」についての分析結果と、ニューヨーク市で実施することの試案について、ブリーフィングしてくれました。ところが、マンハッタン島に入るルートは何通りもありますし、それらは非常に多くの異なった地域を通ります。さらに、ビジネス街と住宅街が一緒くたになっていて混雑課金制度のシステムをあり得ないほど複雑にしてしまうため、ニューヨーク市でこの制度が上手く適用できるとは私にはとうてい思えませんでした。ですから、私は再度検討するようにと彼らの試案を突き返しました。

このプロセスは、私のスピーチの前夜まで何度か繰り返されました。政治的な反対が強いだろうということは分かっていました。ですが、私はデータとニューヨーク市が得る恩恵を注意深く検討し、試してみる価値はあると判断しました。結局のところ、ここで問われているのは代償を払いたいかどうかではなく、どういった形で払いたいかだったのですから。ぜんそくの罹患率の上昇や過去最高の炭素排出によって、それを賄いますか。ビジネスチャンスの喪失や消費者がサービスなどに支払う価格の上昇によって、それを賄いますか。それとも、ドライバーに少額の料金を課して、それによって集められた資金で地下鉄やバスのサービスを向上し拡大することにしますか。私たちのチームは、混雑課金制度によって、ラッシュアワーの道路における交通量が六パーセント以上削減され、交通の流れが七パーセント以上改善するだろう、と試算しました。大したことがないと思われるかもしれませんが、用事を済ませるのであれ仕事に遅れそうなのであれ、あなた自身が渋滞に巻き込まれている立場であれば一秒一秒に価値があることは明白でしょう。おまけに、この計画によって毎年五億ドル近くの歳入が、公共交通機関の改善につぎ込めることになります。私は提案書を承認し、スピーチにその内容を加えました。

回収したお金が公共交通機関の改善に使われると知ると、大多数のニューヨーク市民がこのアイデアに賛成しました。このことは、発表後の世論調査によって示されていました。費用と便益について正直に伝えたことで、労働組合のリーダーや会社経営者、そして保守もリベラルも加わった賛同者の連合体が構築できました。

ニューヨーク市政をカバーする三大日刊紙である、ニューヨークタイムズ、ニューヨークポスト、ニューヨークデイリーニュースもすぐに支持してくれました。市議会も承認決議をしてくれました。しかしながら、他の多くの都市でそうであるように、一部の法律については州の承認が必要となります。それはニューヨーク市も同様でした。そして、つい先日、全米で最も機能していない議会として選ばれたニューヨーク州議会は、往々にして良いアイデアが葬り去られる場所でした。

一年以上にわたる、活気あふれるパブリックディスカッション、数えきれないほどのパブリックフォーラム、ミーティングや討論の後、ニューヨーク州議会の議長(後に別件の汚職容疑で有罪判決を受けた)は、私たちの混雑課金制度法案について、投票にすらかけないと発表しました。これで民主主義と言えるのでしょうか。その後の何年間にもわたって、公共交通機関への予算が少な過ぎると訴えに来る人がいると、私は、「そうですねぇ、公共交通機関のための歳入を確保して空気を浄化し、交通渋滞を緩和するようなアイデアを思い付いてくれる人がいたらいいですね。そうすればどんなに素晴らしいでしょう」と言うようにしていました。混雑課金は、しっかりとした理屈が通っているものですから、政治家はいつまでも無視はできないでしょう。しかし政治を動かすには時間がかかるので市民からの持続的な支持が必要になります。

幸い、その他のPlaNYCに関するイニシアチブについては、州議会で成果を出すことができました。二〇〇八年には、建物を断熱すると同時に、大気汚染や二酸化炭素排出の削減にも効果がある屋上緑地を設置する場合の税金控除について、それを実施するための州の承認を取り付けることができました。太陽光パネルを設置する建物に対する税金控除についても、州の承認を勝ち取ることができました。また、軽度の汚染があるために往々にして放置されてしまっているブラウンフィールドと呼ばれる用地について、これの清浄化を監督する権限を市が持てるよう、州を説得することもできました。この権限を得て、私たちは新たな環境改善局を設置しました。これによって、清浄化プロセスは劇的に加速し、市内各所に新たな公園や手頃な価格の住宅を開発することができました。さらに私たちは、州と協力して灯油に関する規制を強化しました。これによって、市内の空気を浄化し、市民の健康を守ることができました。

これらのイニシアチブ、そしてこれ以外のものについても、私たちは州のサポートに感謝しています。しかし一方で、国や州の議会には、市とは別の政治的関心事があります。市が自ら行動できる権限を強化することは、特にエネルギーや運輸交通に関しては、気候変動に対応するための最も重要なステップであると言えます。ところが、一部の州関係者は、気候変動の問題を断固として無視し続けているように見えます。フロリダ州知事リック・スコットの下では、「気候変動」「地球温暖化」そして「持続可能性(サステナビリティ)」といった語句を使用することが禁止されたと、フロリダ州政府環境保護局の職員たちは言っています。この認めないという州の姿勢は、市政にとって最大の敵です。

ではなぜ、気候変動との戦いについて市が果たせる重要な役割について、広く認識されていないのでしょうか。なぜかと言うと、それは、トップダウン型のアプローチによって地球温暖化を止めることに、環境分野のリーダーたちが長らくこだわってきたからです。つまり、自国の二酸化炭素排出量を削減することに力を入れさせるような何らかの国際条約を作ることに、世界各国が注力してきたのです。こうした国際公約に向けた取り組みは、一九九二年にリオデジャネイロで開かれた「環境と開発に関する国連会議(地球サミット)」から始まりました。地球サミットの成果の一つは、大気中の温室効果ガス排出量を一定に保つことを目標にする、気候変動枠組条約の署名が開始されたことです。条約が九四年に発効したことを受けて、翌年の九五年から締約国会議(COP)が毎年開催され、目標に向けた進展状況を評価しています。しかし、二〇年の間、良い報せはありませんでした。世界の温室効果ガス排出量は、かつてないレベルまで増加し続けました。

気候変動に関する全世界的な条約をめぐる交渉は、長きにわたり、他の様々な国際条約をだめにしてきたのとまったく同じ欠陥に苦しんでいました。それは、皆が同意しないと各国はどのような規制への合意にも消極的になる、ということです。一国が約束を守ることを拒否すれば、他のすべての国にとって、自分たちも拒否する口実ができてしまいます。まるで学校のようです。一人の児童がふざけ出すと、他の児童もふざけ出します。それによって罰を受けることがなければなおさらです。理論上は、排出削減目標数値で各国を縛る京都議定書への批准を米国が拒否した時、他の国々は、最大の炭素排出国が削減しようとしないのに、なぜ自分たちが削減しないといけないのだと言えてしまえるのです。

この問いは、多くの途上国から出ているものでしたが、ニューヨーク市では既にその答えを持っていました。それは、炭素排出量の削減が自分たちの利益になるからだ、というものです。アメリカ連邦政府が議定書から脱退した後、ニューヨーク市を含む全米の数百の都市が、京都議定書の目標を達成しようと合意しました。そして二〇〇五年に、当時のロンドン市長であったケン・リビングストンが、世界の一八の都市の代表者を集め、それぞれが行っている気候変動対策の取り組みの概要を説明し、戦略を共有する機会を設けました。これによって、都市というものが気候変動をめぐる議論の単なる脇役ではなく、変化を起こすための共同体として力を合わせられるのだ、と市長たちは初めて考え始めるようになりました。

一年以内に、参加する都市の数は一八から四〇になり、C40世界大都市気候先導グループ[*11]が生まれました。二〇〇七年に私たちがPlaNYCを立ち上げた一カ月後、ニューヨーク市はC40サミットを主催しました。現在では、C40には、世界のGDPの四分の一以上を生み出している九〇の都市が加わっています（私は、その理事長を務めています）。C40元議長であり、リオデジャネイロ市長時代には気候変動に関する大きな目標に向けた取り組みを率いたエドゥアルド・パエスの多大な努力のおかげで、今やC40に参加している都市の過半数が北米やヨーロッパ以外の都市です。

同じ二〇〇七年、私は、バリで開かれた国連気候変動枠組条約第一三回締約国会議（COP13）に参加しました。そこで、ニューヨーク市の取り組みの概要を紹介したうえで、都市が気候変動に関する交渉の場でもっと大きな役割を与えられるべきだと主張しました。取り組みは徐々に認識されてきていましたが、会議に招待された市長たちはいずれも政府代表団の一員という位置付けであり、国としての立場からではない自分たちの意見が述べられる資格をもらえたわけではありませんでした。国連は、二〇〇九年にコペンハーゲンでCOP15を開催しましたが、そこにも私は参加しました。この時は、米国大統領選挙でどちらの候補者も何らかの形の排出権取引のための法案を通すと公約していた後でした[*12]。ですから、京都議定書を改訂および改善したものを米国が批准し、他の工業国が仲間に加わってくれるのではないかという期待が高まっていました。しかしタイミングは悪く、世界はまだ大規模な世界的不況の余波を受けていました。

幸い、他の方向へ向けた推進力が生まれていました。米国、ヨーロッパ、そして中国が行っていた再生可能エネルギーへの大型投資がようやく、大きな成果を生み始めていたのです。特に、風力発電と太陽光発電は、化石燃料による発電よりもクリーンなだけでなく安価にもなってきていました。同時にまた、気候変動と戦うことの経済的メリットの根拠を示せる都市がどんどん増えていました。

私たちがニューヨーク市で行った投資は、ただ大気の質を改善しただけでなく、市内のあちらこちらで新たな雇用とビジネスにつながり、また納税者の出費を抑えていました。気候変動に対応するための責任の分担について各国がもめている間に、各都市はどんどん自ら責任を負っていきました。それは単独でのこともあれば、他の都市と協力することもありました。

コペンハーゲンでのCOP15の後、京都議定書のようなトップダウン型の合意ではなく、市、企業、そして国家などといった多様な当事者の取り組みによって形成されるボトムアップ型の解決策をつくることができるのではないか、ということに交渉担当者たちは気付きました。国連気候変動枠組条約の事務局長を務めたクリスティアーナ・フィゲレスは、「ビッグバンのように大胆な合意がポンと出てきてこの惑星が救われるというようなことはない」と宣言し、このことを強調しています。都市が昔から取り入れていた、グローバルに考えてローカルに行動せよ、という指針を、国連はここに来て初めて受け入れたのです。

二〇一四年に、当時の国連事務総長・潘基文《パンギムン》から、私に対して、都市・気候変動担当特使に就任するよう依頼がありました。私はこれを引き受け、各都市が気候変動に関する大胆な取り組みを取り入れることを促しました。また、気候変動に関する取り組みについての透明性と説明責任を高めることを支援することに注力しました。ニューヨーク市で私たちが行ったように、炭素排出量を測定し報告することを支援するための取り組みが、多くの都市で数多く準備されました。しかし、透明性のある報告についての単一の基準が、まだできあがっていませんでした。これでは各都市が互いの進展を比較すること、あるいは国が各都市の進展を評価することは困難でした。

私の特使としての仕事を通じて、ブルームバーグ・フィランソロピーズは、国連と欧州委員会とともに新たな組織の設立に携わりました。この組織は、その後、世界気候エネルギー首長誓約と呼ばれるようになっています。この誓約の下では、都市は標準化された評価システムを用いて自分たちの炭素排出量を測定し報告することに尽力します。現在、このグループには一一二カ国の七〇〇〇を超える都市が加わっています。

二〇一五年一二月、第二一回締約国会議（COP21）がパリで開催され、各国の元首や政府高官が合意に向かっての交渉のために集まりました。

その頃、パリ中心部にあるオテル・ド・ヴィル、すなわちパリ市庁舎では、市長のアンヌ・イダルゴがブルームバーグ・フィランソロピーズとパートナーシップを組んで企画した、世界初の自治体首長による気候サミット（Climate Summit for Local Leaders）に参加するために、一一五カ国の五〇〇近くの都市の代表者が集結していました。また、セーヌ川のすぐ対岸では、パンテオンの外で、芸術家のオラファー・エリアソンと地質学者のミニク・ローシングが、時計の形に並べられた一二個の氷河の氷の塊を設置しました。交渉担当者たちが慎重に検討している間にも、氷の塊「Ice Watch」はゆっくりと融けていきました。

オテル・ド・ヴィルに集まった市長たちは、気候変動の緊急性を理解していました。自治体首長による気候サミットは、市長たちが大胆な気候変動政策の実行に尽力すること、そして、国家のリーダーたちの間で野心的な合意に達することを強く求めています。首長たちによるサミットはこの意志を国家のリーダーたちに明確に示すための、古典的方法による力の誇示でした。この戦略は成功しました。力を見せ付けることで、私たちの意見がプロセスに反映されるという、これまでなし得なかったことが達成できました。パリ協定には、各国にきちんと排出削減目標を達成させることに加え、市長たちが作り上げていた前例のおかげで、報告に関する条項が盛り込まれました。これにより、世界がそれぞれの国の進捗状況を追跡できるようになっています。「私たちの人数の多さのおかげで、取り決めに使われる語句に影響を与えることができました。この国際合意が成功するためには、私たち、都市の協力が必要です。私は刺激を受けてパリを後にしました。グランドラピッズにできるなら、他のすべての都市でもできるはずです」と、ミシガン州グランドラピッズ市の元市長ジョージ・ハートウェルは述べました。

パリ協定は、国レベルで新たに見出された利他主義によって実現したわけではありません。これまで過小評価されてきた、排出量削減によって経済面と健康面の恩恵が各国にもたらされることに対する気付きによって達成されたのです。都市がこれらの恩恵が事実であることを示していたので、各国が高い目標を設定することを後押ししました。パリ協定は、正しい方向への大きな一歩でした。国際航空業界が排出量を制限する新たな市場ベースのメカニズムを採用する、そのための道を開きました。未だに多くのエアコンや冷蔵庫の冷媒として使用されている、熱吸収性が高いハイドロフルオロカーボン（HFC）[*13]の使用を段階的に禁止するまでのスケジュールについて、二〇一六年に世界が合意するための道を開いたのもパリ協定です。

二〇一六年の米国大統領選の後、パリで約束したことを米国がきちんと履行するかについて、様々な憶測が飛び交いました。選挙戦の最中、ドナルド・トランプは、米国のパリ協定への参加を「取り消す」ことを公約にしました。大統領候補になる以前のトランプは、気候変動は米国の競争力を弱めるために中国が作り出したデマだ、とまで発言したことがあります。二〇一六年の大統領選の二週間後に中国商業連合会が主催したイベントで、私はこう発言しました。首都ワシントンで何が起きようとも、トランプ政権がどのような規制を採択あるいは撤回しようとも、あるいは連邦議会がどのような法案を可決しようとも、市場の圧力、地方自治体(と、時には州政府)、そして消費者が清浄な空気を求めることなどが相まって、オバマ政権がパリで約束したことを米国に守らせ、約束した以上を達成させるでしょう、と。

理由は単純です。都市、企業そして市民は、排出削減をし続けるからです。それは、中国が行ったのと同じように、削減が自分たちの利益になるという結論に達しているからです。

これがあまりにも楽観的だと思うのでしたら、過去一〇年間、連邦議会は気候変動を直接標的にした法案を一つも通していない一方で、同時に米国は世界の排出削減をけん引してきたという事実を思い起こしてください。この進展は、都市や企業、そして市民によって主導されてきたものであり、どれ一つとしてその勢いは弱まっていません。撤回とはまったく逆で、皆が取り組みを拡大させようとしています。

米国がパリ協定の約束を守れるかは、国次第ではありません。住民を守り、未来への投資を続ける都市、費用を節約し利益を出そうとする企業、再生可能エネルギーを手の届く価格に下げようとし続ける技術、さらには自分たちの健康への被害やコミュニティの汚染をもたらさない、よりクリーンなエネルギーを求め続ける市民に、それは委ねられています。

国のより強いリーダーシップは大歓迎ですが、国には米国におけるパリ協定の命運を決定できません。世界中のビジネスリーダーや市民とともに市長が決定します。

ロンドン市長サディク・カーンの発言を引用します。

「気候変動はロンドンにとって最大でないとしても、最大級のリスクです。私は、ロンドンがこのリスクと最前線で戦えるようにしたいと思っています。しかしながら、ロンドン単独ではこの挑戦を受けて立つことはできません。だから私は、より清浄で緑が多く、健康な都市を創り出す方法を皆で一緒に考えるために、世界の都市のリーダーと手を組むことにしたのです」

気候変動は、エネルギー、水、交通といった行政サービスが市民にどのように提供されるかという点に解決策が委ねられている、初めての地球規模の問題かもしれません。ローカルおよびグローバルな恩恵を生み出すような変化を起こすための機会を、世界中の都市がようやくつかみ始めたのはごく最近のことです。しかし、ニューヨーク市が混雑課金制度について陥ってしまったのと同じ状況に、あまりにも多くの都市が陥っています。すなわち、もう一つ上の行政レベルの承認次第になってしまう、という状況です。

都市がよりクリーンなインフラを整備できるための権限を持つために、各国はもっと取り組む必要があります。エネルギーの例を見てみましょう。シカゴ、シアトル、ヘルシンキ、トロントなどの市長は、自分たちのエネルギー供給について、様々な形態の権限を持っています。自分たちで発電事業者を所有している都市、独自の配電網を持つ都市、さらには発電事業者を自由に選んで契約する権限のある都市まであります。中国政府は、深圳などの主要都市について、石炭からよりクリーンなエネルギーに移行するための権限を拡大させました。デンマーク政府は、コペンハーゲン市に対して独立した監督権限を与えようとしており、コペンハーゲン市は二〇二五年までにカーボンニュートラル、言い換えれば実質ゼロ排出を目指しています。

ＰｌａＮＹＣのおかげで、私の陣営がニューヨーク市政から去った二〇一三年末には、市のカーボンフットプリントが一九パーセント縮小していました。人口が増加し続けていたにもかかわらず、二〇三〇年までに三〇パーセント縮小するという当初目標よりも速いペースで進むことができました。また同時に、大気汚染については過去五〇年間で最低レベルにまで改善し、ニューヨーク市では記録的な数の新規雇用創出が見られました。もっと自治権限が与えられていれば、さらに成果が出せたのではないかと思います。

中央政府は、権限の委譲に時間がかかるとはいえ、自治体レベルに管理を任せることによる国家レベルの利益を理解するにつれ、以前よりも高い頻度で権限を委譲するようになっています。世界中で都市化が進み都市同士の連携が増すことで、国境を超えたベストプラクティスの共有が促進されると、この傾向はどんどん加速していくでしょう。市長たちは、国のリーダーに取って代わることを目指しているのではありません。国のリーダーの取り組みについての完全なパートナーとなることを望んでいます。そして、国家が都市をパートナーとして受け入れることが早くできるほど、私たちは気候変動対策でより速く成果を出せます。

私は、この傾向が加速していくことを楽観視していますが、それは連邦議会が今後、今よりも啓発されるからではありません。連邦議会は主導しません。後を追ってくるのです。少なくとも一般市民が変化を感じられる程度には、連邦議会はゆっくりではありますが確実に変わっていくと思います。ハリケーンなどの暴風雨が強さと頻度を増している様子や、これまで発生がなかった場所で洪水が起きている様子、また、これまで経験したことのない最悪の干ばつに苦しんでいる様子を見るにつけ、全米の有権者は、この変化が既に始まっていることを感じているはずです。

アメリカ国民は、自分たちが首都ワシントンに送り込んでいる選出議員よりももっとずっと賢いです。国民はこれらの災害を避けたいですし、そのためには何かができると知っています。清浄な空気を呼吸したいと思っていて、そのためには何かができると知っています。出費を抑えたいですし、そのためには何かができると知っています。だから、一般市民に対して最も反応が早く、説明責任も果たしている市長が行動を起こしているのです。そして市長たちは、既にその訴えを聞き届けています。いずれ連邦議会議員も、訴えを聞き届けることでしょう。

＊3　二〇〇一年、チェイニー副大統領を議長とするタスクフォースが「国家エネルギー政策（National Energy Policy）」策定。これをもとに二〇〇五年に成立した「二〇〇五年エネルギー政策法案（Energy Policy Act of 2005）」は、エネルギー供給力の拡大の柱に原子力発電を据えており、原発新設を促す様々な支援策が盛り込まれている。

＊4　大統領の日【President's Day】。二月の第三月曜日。米国の祝日。初代大統領ジョージ・ワシントンの誕生日（二月二二日）と、第一六代大統領エイブラハム・リンカーンの誕生日（二月一二日）を祝うもの。

＊5　グラノーラ【Granola】。オーツ麦、ナッツ、ドライフルーツなどに蜂蜜やメープルシロップで甘みをつけてローストした食品。オーガニックな商品も多数販売されており、エコなライフスタイルと親和性が高い。

＊6　フラッキング【Hydraulic fracturing】。水圧破砕法。石油やシェールガスの採掘法の一種で、化学物質を含む水を高圧で地中に注入し、地層に亀裂を入れて資源を取り出す。大気汚染や水質汚染、地震誘発などのリスクが指摘されており、各地で反対運動が起きている。

＊7　キーストーン・パイプライン計画【Keystone Pipeline System】。カナダから米国に原油を送るパイプラインで、二〇一七年までに一〜三期の全長約四〇〇〇キロメートルが開通。四期として計画されていた延長計画「キーストンXL」は、二〇一五年にオバマ政権が凍結したが、二〇一七年にトランプ政権が認可。環境保護団体や先住民団体が反対の声を上げている。

＊8　グリーンビルディング（緑の建築）条例【Local Law86】。アメリカ国内初のグリーンビルディング法。二〇〇五年採択、二〇一七年施行。市から一定以上の資金援助を受けて新増築される建物に、国際的な環境性能評価システム「LEED」の基準に従うことを義務付けるもの。

＊9　アースデイ【Earth Day】。四月二二日。一九七〇年、環境問題に対する関心を高めることを目的に、米国のネルソン上院議員の提唱によって始まった。世界各地で環境にまつわる集会などが開催されている。

＊10　グリッドロック現象【Gridlock】。交差点に想定以上の車が進入して身動きが取れなくなり、渋滞が連鎖的に広がる現象。ニューヨーク市の交通エンジニア、ロイ・コッタム（Roy Cottam）とサム・シュワルツ（Sam Schwartz）が、公共交通ストライキによって発生した大渋滞の分析の際に名付けたもの。

＊11　C40（世界大都市気候先導グループ）【The Large Cities Climate Leadership Group】。温室効果ガス排出削減に向け、都市間で連携して取り組む国際ネットワーク。二〇〇五年に開催された「第一回世界大都市気候変動サミ

ット」に参加した一八都市で発足。翌二〇〇六年までに四〇都市が加盟し「C40」と改名した。二〇一八年九月現在の加盟都市は九六になっている。

＊12　ブッシュ政権（二〇〇一～二〇〇九）は一貫して排出権取引に消極的だったが、二〇〇七年当時に次期大統領候補であったジョン・マケイン（共和党）とバラク・オバマ（民主党）は、両氏ともキャップ・アンド・トレード方式（国や企業ごとに総排出量の上限を定め、その排出枠の一部を相互に取引する方法）を柱とする排出量取引導入に賛意を示していた。しかし実際には、オバマ政権下（二〇〇九～二〇一七）での法案成立には至っていない。

＊13　ハイドロフルオロカーボン【Hydro fluoro carbon：HFC】。いわゆる代替フロン。モントリオール議定書（一九八九年発効）で、オゾン層破壊物質として規制された特定フロン（ハイドロクロロフルオロカーボン＝HCFC、クロロフルオロカーボン＝CFC）に代わる「オゾン層を破壊しない冷媒」として普及した。しかし、HFCは熱吸収性が高く温暖化を促進する原因になることから、パリ協定（二〇一六年発効）で規制対象となった。

PART

2

WHAT IT IS AND WHY IT MATTERS

◎

気候変動とは何か、なぜ重要なのか

CHAPTER 3

気候変動の科学

結構単純なことだ。熱吸収性の高い気体を私たちが大気中に出し過ぎただけのことであり、その他は全部枝葉末節に過ぎない。

――デンマーク・グリーンランド地質調査所　ジェイソン・ボックス博士

地球温暖化が喫緊の科学的事象であることを初めて知ったのは、一九八七年、かつての同僚ラフェ・ポメランスがシエラクラブに私を訪ねてきた時のことです。一八九六年にスウェーデンの物理化学者スヴァンテ・アレニウスが提唱した、化石燃料を燃やすことで大気中に蓄積された二酸化炭素が地球の気候を破たんさせるという懸念が、*14まもなく厳しい現実になると言うのです。彼によればそれは私たちの周りでもきわめて明白なものになるとのことでした。

当初の私の感想は「このことは人々のパニックを避けるために注意して説明しなければ……」というものであり、「これは石炭業界にとって非常に良くないニュースだ」というものでした。一つ目は的外れなものでしたが、二つ目はのちに事実であることが証明されました。ただし、それは長い時間が経ったあとのことで、その間、リスクは高まりました。

気候変動の科学的根拠を示すことによって起きる拒絶や抵抗が、いったいどれほどのものなのか、当時私は、それをかなり過小評価していました。科学的根拠は予想以上に急激な変化が起きることを示していたにもかかわらず、その対応に向けての行動は促されませんでした。むしろ、化石燃料に恩恵を受ける者や政府の行動に反発する人々による四半世紀に及ぶ、科学に対するイデオロギーの戦争につながってしまいました。

さらに、確かに石炭は大気汚染の最大の要因となっていましたが、実際にはたくさんの汚染物質が問題を起こしているということも、当時の私は理解していませんでした。

そもそも気候変動とは何か

太陽光が地球に到達すると、その一部が熱として吸収され、残りは反射されて宇宙空間に戻されます。濃い色のもの、すなわち森林や黒っぽい土壌、そして最も重要である海洋は、太陽光が持っているエネルギーをより多く吸収します。一方、より明るい色の土壌、雲や氷帽（氷冠）などは吸収量が少なく、より多くが反射されて宇宙空間に戻ります。

太陽光が大気中に到達する時、また、熱エネルギーとして地球外に向けて反射されている時、どちらの場合も、大気中の気体分子は太陽光エネルギーの一部を吸収します。これらの気体のことを、温室が太陽光エネルギーを保持して室内の温度を上昇させることになぞらえて、温室効果ガスと呼びます。この温室効果ガスがなければ、地球は月と同じような状態になります。つまり日中は華氏二五三度（摂氏約一二三度）まで上がり、夜になると華氏マイナス二四三度（摂氏約マイナス一五三度）まで下がります。大気中では、水蒸気が最も多くの熱を吸収することができ（約六〇パーセント）、二番目が二酸化炭素、三番目がメタンあるいは天然ガスです。こうして地球の大気中に蓄えられた太陽光エネルギーは、風、雲、ハリケーン、あるいは熱波といったものを発生させ、天候のサイクルを回していきます。

一八九六年のスヴァンテ・アレニウスの理論は、かなり単純なものでした。化石燃料を燃やすと、そして森林の伐採や土壌の劣化によっても、大気中の二酸化炭素が増えます。これによって地球を毛布の様に取り巻く空気の層が吸収して留めおく太陽光エネルギーが増え、二つの効果が示されます。一つ目は気温の上昇、つまり地球の温暖化。もう一つは、いわば大気の活発化です。これはちょうど、スパゲッティーのソースを鍋で温めると単に温度が上がるだけでなく、そのうち吹きこぼれるのと同じような状態のこと。入ってくる太陽光エネルギーを貯め込む量を増やして、反射する量を減らせば、まるで天候に筋肉増強剤を投与するようなものなのです。

アレニウスは当時知り得ませんでしたが、産業、資源掘削、そして農業が、地球の大気の化学組成を変えていました。例えば大気中のメタン濃度は、石炭、石油、天然ガスの採掘によって上昇しています。また、メタンガスを排出する家畜（げっぷやおならで排出）をこれまでにない大規模な頭数飼育することでも、大気中メタン濃度は上昇しています（げっぷやおならは人間もしますが排出量が少ない）。産業は、二〇世紀半ばには、熱吸収性のある様々な化学物質を大気中に放出するようになっていました。その中には、冷媒として冷蔵庫やエアコンに使われているハロカーボン類[*15]のように、太陽光エネルギーを吸収して蓄えるものも含まれます。

気候変動は、それが起きているかどうかが問題になっているのではありません。大気や気候について研究している科学者たちの意見は一致していて、現在の温室効果ガスの濃度は深刻な気候の混乱を招き、壊滅的な影響をもたらす可能性があり、既にその影響は目に見える形となって現れています。確かに反対する人たち（気候変動懐疑派）はいますが非常に少数であり、彼らの主張の根拠となる科学論文は実質的にありません。温室効果ガスはあるレベル以上放出されると、大気の化学組成や気象の示すパターンが変化します。

天気は、いわばカオスとも言える現象です。今日起きた小さな変化が、明日には大きな変化をもたらすことがあります。また、気候は複雑に絡み合ったシステムであり、一つの変化が複数の反応を生みます。空気が温暖化すれば、海洋から蒸発する水が増加し、その結果、カナダで降雪量が増えるかもしれませんが、同時にカリブ海ではより強力なハリケーンが生まれるかもしれません。したがって大気が温暖になれば、地球の気候は複雑で予測が困難になってしまうことは避けられないのです。

「気候変動懐疑派」と名乗る科学者であっても、この基本的な理論については反論しません。大気の化学組成の変化によって気候が変わり、それによって天気も変わることは、彼らも認めています。彼らはただ、影響の規模がどれほどで、その時期はいつなのか、それに対しどういう対策を講じることができるか、そして影響がどこまで人類にとって重要か、については不明だと主張しているだけです。また、懐疑派の一部は、過去五〇年間で華氏一度（摂氏約〇・五度）ほど、世界の平均気温や地域ごとの平均気温の上昇が計測されているのは事実だが、この上昇の一部またはすべてが、地球が元々温暖化傾向にあるから起きているのであって、人為的な温室効果ガス排出とは無関係なのだと主張しています。

さらに困ったことに気候変動懐疑派は、温室効果ガスによる気候変動の可能性や深刻さを小さくしようとするだけでなく、気候変動がもたらすリスクを低減するための行動にも反対しています。リスクがどのくらい大きいか、あるいはどのくらい早くやって来るかが明確に分からない、ということには同意しているにもかかわらずです。

私は、自宅が火事で焼けることは一度もないかもしれなくても、火災保険に入っています。具合が悪くない時であっても、健康保険に入っています。企業は、泥棒に入られることがなくても警備員を雇います。空港の警備員は、とてもテロリストだとは思えない(私を含む)七〇歳の環境保護活動家にもボディーチェックをします。不確実なことやリスクに対して、合理的な予防策を取るのが人間の普通の反応だからです。気候変動モデルの予測の不確実性が意味するところは、想定よりも物事が良くも悪くもなり得るということ。そして、悪くなった場合にはきわめて良くないことが起きるかもしれないということです。

気候の変化が私たちにどれほど大きな影響を与える可能性があるか、私がそのことに、なるほど、と思った瞬間は、二〇一一年二月にニューヨークのセントラルパークでの散歩の時のことでした。セントラルパークにある池の一つで、濡れた汚い看板が「危険!氷が薄くなっています」と警告していました。その日は華氏七二度(摂氏約二二度)もあったので、池の氷はとても薄かったことでしょう。そして一〇〇ヤード（約九一メートル）先にあるスケートリンクでは、整氷車がリンクの表面を凍らせてスケートができるように整備していました。整氷車は氷が融けた水の波を押していて、その姿はまるで水陸両用車が浜辺に乗り上げようとしているかのようでした。その時、この整氷車の窮状は、人類が何に直面しているかの良い比喩であることに、私は気付いたのです。

気候は常にテクノロジーより強大なものであり、気候の変化に勝つためのこれまでの私たちの戦略は、人類の持つ柔軟性を中心としたものです。私たちは、様々な場所において、天気のサイクルやパターンの中で生きていくことを学んできました。バフィン島の凍て付く寒さにも、カラハリ砂漠の灼熱の暑さにも、私たちは適応してきました。私たちは多様な気候パターンの中で繁栄するための能力を持っていることを示してきました。

そう、パターンという言葉を強調します。気候とは、予測可能な天気のパターンという意味なのです。少なくともこれまではそうでした。

化石燃料の採取と燃焼、森林伐採、熱吸収性が高い化学物質の合成など、産業の発達と規模の拡大によって、今や気候は不規則になっています。パターンと予測可能性という、まさに私たちが気候にうまく適応できてきたものを、地球温暖化は破壊しています。そして、何が起きるか分からないということが、私たちに恐れを抱かせるのです。セントラルパークでスケートができないというのは、この私たちの懸念事項の中での最も小さいことなのです。

一万二〇〇〇年にわたる安定した気候が文明化を可能にした

気候というパズルにおいて最も理解されていないピースの一つが、異例なほど恵まれた気候の時代によって人類文明は生まれ、そして発展したということです。気候変動を否定する人たちが指摘する通り、確かに過去には気候がしばしば変化し、時には非常に劇的な変化もありました。たった一万八〇〇〇年前まで、米国北部は厚さ一マイル（約一・六キロメートル）の氷河の下にあり、その氷が融けるのには六〇〇〇年もの時を要しました。現在、数フィート（一～二メートル）の海面上昇の脅威に直面しているフロリダは、かつて海面がさらに低かった頃には二倍近くの広さがありました。アラスカはかつてロシアと陸続きでした。こうしたことを考えると、「それなら大したことがないだろう。気候は常に変化しているのだ」と言うかもしれません。しかしそれは、人類にとって有利な変化であったとは限りませんでしたし、その変化のペースも一定ではありませんでした。地球の歴史において、ホモサピエンスが石器時代からアイフォンの時代へと発展していくことは非常に困難だったろうと思われます。あらゆる時代において、気候は（先ほどの巨大氷河の例のように）あまりに厳しく、定住コミュニティが適応するにはあまりに変化のペースが速かったのです。

北米から氷河が退行するにつれ、数多くの氷河湖が決壊して洪水を引き起こしました。もしもこの時代に都市文明が沿岸域に存在していたなら、おそらく全滅してしまっていたでしょう。こうした巨大氷河湖の最後のものがオジブウェー湖[16]でした。北側がハドソン湾に向けて決壊し、あまりにたくさんの湖水が海に流れ込んだため、湾の沿岸域だけでなく世界的にも、海水面を劇的に上昇させました。

いったんほとんどの氷河が消失すると、地球の気候は異例なほど恵まれた状態で安定し、完新世[17]と呼ばれる時代に入りました。例えばエリコ[18]のような都市が数千年間にもわたって同じ場所で存続できるような、安定した気候が一万二〇〇〇年近く続いています。この気候の安定があったからこそ、狩猟採集生活者たちは、作物を育て動物を家畜化する方法を編み出すことができたのです。例えば水田での稲作の方法は中国東部の沿岸域で完成しましたが、これは海面の高さがその間比較的一定であったからです。

新たな気候に慣れるまでには時間を要します。完新世であっても、気候のアップダウンと無縁ではいられませんでした。残っていた氷河の退行で地球は乾燥が進み、かつては都市や交易ルートが繁栄したアフリカ、アラビア、中央アジアなどには過酷な砂漠が広がりました。現在であればベルギーの一部に属していたであろう中世の定住地は、今では北海の底にあります。中世の一時的な温暖な時代に建造されたグリーンランドのバイキング定住地は、その後、寒冷な気候が戻ってきた時に、飢餓によって滅びました。適応できなかったのです。さらに、中央アジアで徐々に乾燥が進行すると、遊牧民族の大移動が起こり、まずはローマ帝国への襲撃につながりました。後には、モンゴル帝国による中国、ロシア、そして中東の征服にもつながりました。

この一万二〇〇〇年の間、私たちは文明が誕生し繁栄するためにぎりぎり必要な程度の安定した気候に恵まれてきました。ところが急速な気候変動は、コミュニティが適応に要する時間を与えてはくれません。しかも文明は、定住化と複雑化を進めていったことで、天気の小さな変化により脆弱になりました。遊牧民であれば、長距離であっても雨を求めて移動ができます。しかし、長引く干ばつに直面するアイオワの農家にはそれはできません。都市はさらに身軽に動くことができないので、気候変動によって予期せぬ困難がもたらされます。卑近な例ですが、これまで常にシロアリがいたシンシナティの住宅にはシロアリ対策がなされています。一方、シロアリにとっては冬が寒すぎるシカゴの住宅には、シロアリ対策はされていません。気候学者たちの研究を踏まえて、シカゴでは木造家屋のシロアリ対策のための高額で大規模な取り組みをするべきでしょうか。それは、いつやるべきでしょうか。どの程度、急いでやるべきでしょうか。複雑な定住社会では無知でいることは、非常にリスクが高いことなのです。

気候を脅かす汚染物質のジャズアンサンブル

これまで気候変動をめぐる議論のほとんどは、化石燃料から次のエネルギー源に進むべきかでした。しかし、問題は化石燃料に留まらず、はるかに大きいのです。化石燃料は、二酸化炭素の発生源の一つに過ぎないからです。

鉄鉱石から鋼を得るにも、石灰石からセメントを得るにも、石油から化学薬品を得るにも、二酸化炭素は発生します。こうした排出が二酸化炭素全排出量の約二〇パーセントを占めます。この他に約一五パーセントが森林伐採によるものです。数年前にブラジル政府がそれまでよりもはるかに効果的にアマゾンの熱帯雨林を保護するようになるまでは、この数字は二〇パーセントでした。また不適切な農法は、本来二酸化炭素を貯留してくれる土壌を排出源に変えてしまい、二酸化炭素が大気中に出て行ってしまいます。

さらに、二酸化炭素だけが問題を起こしているのではありません。太陽光からの熱を吸収し、宇宙空間へ熱が放射されていくことを妨げるような気体分子、その他の粒子がたくさん存在します。化石燃料は、二酸化炭素以外の温室効果ガスも生み出します。船舶やトラックの汚れたディーゼル油であれ、途上国で炊事の際にしばしば使われる木材やバイオマスであれ、化石燃料が不完全燃焼すると、〝すす〟が出ます。すすのことを科学者たちは「ブラックカーボン」と呼びます。黒いために太陽光を吸収して熱を蓄積してしまうので、温室効果を促す主要な汚染物質の一つとなります。氷河や氷帽の近くで放出されると、本来光を良く反射する氷の表面を黒くして、急速に氷河を融解させるため、特にその影響は大きくなります。よって現状では、ブラックカーボンが気候を乱す二つ目に大きな原因です。

二酸化炭素、ブラックカーボンに次いで、三番目の気候汚染物質は、天然ガスの一種であるメタンです。これまで何百万年にもわたって、沼地など湿潤な環境下において酸素が欠乏した状態で植物や動物の死骸が分解される時にメタンは生じてきました。現在もこの形でメタンは生み出されており、今日のメタン発生の約三分の一は沼地や泥炭地、森林などによります。残りの三分の二は人間の活動によるものです。その結果、大気中のメタン濃度は、二酸化炭素濃度よりも速いスピードで上昇しています。

この人的要因で作られるメタンの多くはゴミや農業に由来します。埋立地に送られる下水処理物やゴミが分解されることで、年間メタン発生量の一一パーセントを占めています。沼地と同様のメカニズムで水田から一二パーセントが発生します。消化管内のバクテリア、そして糞便の腐敗により、ウシをはじめとした家畜が二一パーセントを生み出します。

しかし、今日の大気中に放出されているメタンのうち、太古の昔に生み出されたメタンが占める割合がどんどん増えています。私たちが地球から化石燃料を採取する際には、石炭紀の森林が石炭、石油および天然ガスに変換されていくプロセスで生じたたくさんのメタンを同時に大気中に放出してしまいます。石炭の採掘と破砕が、全地球のメタン発生の八パーセントを占めています。石油井や天然ガス井、そしてあなたの家の暖炉やストーブ、あるいは近隣の発電所にガスを運ぶパイプラインがさらなる一二パーセントを生み出しています。

既知の物質のうち一分子当たりの熱吸収量が最も大きいのは、比較的最近になって合成されたハロカーボン類です。これらは、塩素、フッ素、臭素といったハロゲンと炭素が結合した工業用化学物質です。最も大きな脅威となっているのは、エアコンや冷却システムの標準的な冷媒として急速に普及しているハイドロフルオロカーボン類（HFCs）です。皮肉なことにHFCsは、オゾン層を破壊していたフロン類（CFC）の代替物として使用されています。

ハロカーボン類の一部は、二酸化炭素と比較して七〇〇〇倍の熱吸収能力があるため、年間排出量は比較的少ないにもかかわらず、今日までの地球温暖化の一七パーセントの原因となっています。幸い二〇一六年に、ルワンダのキガリで、世界はハロカーボン類の段階的使用禁止に向けたスケジュールに合意しました。これによって、これらの冷媒による気候変動リスクは大方消え、今後、安全で安価な代替品に取って代えられます。

気候汚染物質のライフサイクル

これらの気候汚染物質は、いったん排出された後にはそれぞれ異なる結末を迎えます。山火事、屋外での炊事やディーゼルエンジンから生じたブラックカーボンは、排出後半年以内に大気中から塵として落下します。メタン分子は二酸化炭素分子と比べて、熱を八四倍も吸収しますが、大気中で様々な化合物と反応して分解されるので、いったん排出された後の寿命はわずか一二年です。

科学者たちが最も不安を抱いている二酸化炭素は、海洋に吸収されるか、光合成で新しい葉を作ろうとする元気な若い植物に取り込まれなければ、大気中に一〇〇〇年ほど残ります。冷媒として使われるハロカーボン類は、最も効率よく太陽光エネルギーを吸収するうえに、分解されるのに何千年もかかります。

したがって、マイクと私がこの本を書き始める以前に汚れたディーゼルエンジンから生まれたブラックカーボンは、あなたがこの本を読んでいるこの瞬間よりもずっと前に既に大気中から塵として落下してしまっています。大気中に現存しているメタンはすべて、アル・ゴアが『不都合な真実』を書いたよりも後に放出されたもののみです。ただしその大気中の量は、『不都合な真実』が書かれた頃と比較すると、大幅に増えています。基本的に、これまでに排出されたすべてのハロカーボン類が、まだ熱を吸収し保持しています。そして、過去一〇〇〇年の間に化石燃料を燃やしたことで放出された二酸化炭素はまだ存在しているものの、およそ六〇パーセントは海洋、森林、土壌に吸収されています。

これらの物質のうち何種類を、今後も人類が排出するのかは分かりません。また、互いにどのように作用し合うか、あるいは天気とどのように影響し合うかについては断言できません。したがって、未来の気候を厳密に予測することは不可能です。しかし、この不確実性は、何もしないことの言い訳に利用されるのではなく、私たちが気候変動の様々な要因を解決しようとする動きを促進するものであるべきです。

不確実性と気候変動の否定

経済であれ、政治であれ、あるいは気象であれ、未来の予測は常に困難なことでした。しかし、この能力不足を楯に、今日、地球上で人類が生きていくうえでの最大の脅威に対して何もしないというのは呆れた事態です。

シエラクラブのリーダーとして気候科学について何年も議論を続けていた頃、具体的にどの気象事象を気候変動によるものだと断言しても問題ないのかということにばかりメディアが執着していることに、私は失望させられてきました。

ハリケーン、猛吹雪、干ばつなど大きくてドラマチックな気象は、地域コミュニティに壊滅的な打撃を与え、いかに私たちが穏やかな気候に依存しているかをあからさまに見せ付けます。ところがメディアは、天候をどこまで荒れさせることができるか見るための地球規模での化学実験を続けるのはいい加減にやめたほうがいいという、自然からの警告を聞き入れるのではなく、個別の気象災害が気候変動のせいだと結論付けられるか否かという問いについて議論をします。

典型的な例を一つ紹介します。二〇一三年にニューヨークタイムズは、これらの問いに対する答えを示せないことは気候科学の失敗であり、「地球規模で平均気温をはじめとしたいくつかの指標についてはある程度の信頼性を持った予測ができるのだが、ローカルなレベルでこれから起きる変化についてはいまだに信頼できる予測ができない、という気候科学を何十年も悩ませてきた核心的な難しさが、またもや新しい報告書では示されている」と言い切りました。タイムズのブロガーは、追い打ちをかけるかのように「極端な気象のパターンの変化が、温室効果によるものであることを示そうとする取り組みの前には、巨大な不確実性が立ちはだかっているというのが現実だ」と言いました。

これに対し、私はまったく異なる見方をします。ある特定の地域において、気候がどのようになっていくのか明確に予測することができないのは、気候科学の失敗ではなく、いかに気候の混乱が危険になり得るかの警告なのだと、私ならば主張します。

バリー・ボンズの筋肉増強剤使用疑惑を受けて、彼のホームラン記録を抹消するよう批評家たちが大リーグに訴えた時に、どのホームランが薬物のおかげなのか、あるいは薬物なしでは打率がどのくらいになったかなどについて、厳密に割り出そうと試みたりなどしたでしょうか。筋肉増強剤を容認できないのは、誰か特定の選手がある打席に立った時に何が起きるかが分かっているからではなく、増強剤が打者の持つ可能性を変えてしまうからであるということを、批評家は理解していました。

気候というものは単独の事象ではなく、時間の経過の中における天気の統計的なまとめです。一打席の話ではなく、何打席にもわたる打率の話です。そして、「地球規模の気候」という考え方では、何千カ所にもおける何十年間にもわたる個別の気象事象を足し合わせて俯瞰することが求められます。このため、地球規模で気候がこれまでにどのように変化したかを示すことは大変難しいのです。

リスクを理解するほうがはるかにシンプルです。

ここで、キッチンを舞台にしたたとえ話をしましょう。先ほど話題にしたスパゲッティーソースの鍋の話に戻ります。鍋がガス台に乗っているところを想像してください。火がついていない時にソースがどうなるかを予測するのは簡単です。ソースは、そのままそこにあるだけでしょう。では次に、コトコト煮ているところを想像してください。ソースは穏やかに沸騰しますが、まだ何か劇的なことが起きる心配をする必要はないでしょう。これが、過去一万二〇〇〇年間にわたって地球が恩恵を受けた、完新世の気候です。個々の竜巻や洪水、サイクロンや干ばつなどがあっても、多様な地域で文明が発展しました。天気がそこまで変化しなかったので、人類およびその他の生物たちが、新天地をすみかとするための方法を編み出す時間がありました。シカゴには寒い季節と暖かい季節があっても、年によってサウジアラビアのリヤドにいるような厳しい夏になることはありませんでした。

さあ、火を強めましょう。強めたままにしておくと、ソースはさらに熱くなります。ある時点でスパゲッティーソースは跳ね始め、いずれは吹きこぼれるでしょう。火をどんどん強めていった場合に、正確にいつどこへソースが跳ねるかを予測することは非常に難しいでしょうが、跳ねることは確実です。

化石燃料を擁護する人たちは、地球の気候が危機に瀕していることに関する十分な科学的根拠を弱体化させようと、この予測可能性の探究にしがみついています。「ほら見たことか。あいつらは、アイオワで雨が少なくなるか多くなるかも分からないんだ。そんな不正確な科学をどうやって信じろというのだ」と、彼らは言います。でも、それこそが問題の核心です。この不確実性の増大は、既に気候が変わりつつあることの副産物なのです。

懐疑派の重要な主張の一つに、雲の量を増やせば奇跡的に他の気候汚染物質による温暖化の効果を打ち消してくれるかもしれないというものがあります。大気中において、熱を最も貯留しているのは水蒸気です。水蒸気の増加は確かに雲の増加を意味し、雲は白いために確かに太陽光を反射して宇宙空間に戻してくれます。しかし、雲の増加が温暖化を抑制するからといって、水蒸気の増加の効果が自動的に気候を安定させてくれると信じる根拠はありません。地層に残されている記録を見れば、過去に二酸化炭素濃度が上昇した際には気候が大幅に混乱したことが分かります。

大気の化学組成を人類が変え、ひいては大気中に保持されるエネルギーの量を変えれば、天気や、単純に天気の一定のパターンである気候は、今よりも予測が困難になります。

来年の八月二〇日に中西部アイオワ州のデモインの天気はどうなるかと聞かれても、現時点の私たちには答えられません。もしかすると、そのような質問に答えられる日は今後もないかもしれません。したがって、今後五〇年間で二酸化炭素濃度を三倍にしてメタン濃度を二五パーセント削減した場合に、五〇年後の夏のニューヨークの天気がどのようになるかを、気候モデルがかなり正確に予測できるようになるだろうと信じられる特段の根拠はありません。

カオス的な現象においては、まさにこの不確実性こそが予想されるのです。とは言え、天気にはパターンがあり（数学者はこれをアトラクターと表現します）、一年後にデモインがどのくらい暑くなるかは私たちには分かりませんが、平均気温と平均降水量がどのくらいになりそうかは言えます。カオス的現象である天気というものの根底にはこうしたパターンがあるのです。

もし私たちがこのまま気候汚染物質を大気中に放出し続けるならば、これまでよりも極端で猛烈な天気が増えるだろうというのが、科学と経験が私たちに伝えていることです。現在のパターンを一度乱してしまったならば、間違いなくその後の新たな気候を知ることができるとは思わないほうがいいでしょう。

この見つかりもしないであろう確実性への執着は、非常に危険な混乱をもたらしています。吹きこぼれる鍋を冷ますのに要する時間が分からないからといって、火を強め続けたりしますか。あるいは、筋肉増強剤がバッターにどのくらいの強さを付加したかが正確に算出されるまで、野球選手が筋肉増強剤を使用することを正当化しますか。私たちの相手が単にスパゲッティーソースの入った鍋であれば、解決策は火を弱めれば良いだけであり、簡単なことです。ところが、産業文明ははるかに複雑です。

気候変動のことを、エネルギーを得るために化石燃料を燃やすことで生じるという一つの問題として捉えるのではなく、複数の問題の集合体として捉える必要があります。石炭採掘、鋼やセメントの生産、林業や農業、石油やガスの採取、冷蔵や冷却などは、いずれも異なった方法で大気の化学組成を変えています。これらの異なる変化が組み合わさって、気候の安定性を危機にさらしています。

化石燃料をクリーンエネルギーに置き換えていくことは、気候変動との戦いの出発点としては素晴らしいですが、安定的な気候を取り戻すためには十分な計画とは言えません。

一つの戦いには複数の前線がある

人類は初めて石炭を燃やした時よりも、はるか遠い昔から天気に影響を与えてきたのだと知れば、驚かれるかもしれません。何千年もの間、狩猟採集生活者たちは森林を燃やしてきました。その後、ヨーロッパやアジアでは、材木の需要、あるいは河川の氾濫原に沿った農業のための開墾によって森林面積が劇的に減り、二酸化炭素が増加しました。近代以前には、地中海諸国、中国、そしてインドなどで、過放牧や不適切な農法によって土壌中の二酸化炭素が放出されました。一九六〇年までは、化石燃料よりも森林伐採と農業が気候をより速く変えていました。

産業革命以降、私たちが居住し働く建物が、地球温暖化の主たる要因になりました。住宅やオフィスで、照明、コンピューター、電気製品やエレベーター、そしてとりわけ冷暖房に使われる電力や燃料を含めると、気候変動の約三分の一は建物に起因します。私たちの自動車やトラック、飛行機への極度の依存、そして交通や輸送の九〇パーセント以上が石油によって動力を得ていることで、交通や輸送もまた、問題に大きく関わるようになりました。交通や輸送において石油の代替物を見つけることは、化石燃料を使わずに発電や建物の冷暖房を実施することに比べれば、未だに困難です。

私たちの電力への依存もまた計り知れません。ニューヨークにあったエジソンの最初の火力発電所は石炭を燃やしていたので、世界で初めて電球を灯した電子でさえ、わずかながら気候への影響を与えていました。それから数十年間は水力発電が最大の電力供給源だったので、私たちが大気へ与える影響は軽減しました。しかし時とともに、水力発電用の新たなダム建設に適した用地がなくなってくると、発電のための燃料は石炭頼みとなりました。

その結果、発電は気候変動をめぐる議論の中心になっているのです。石炭、石油および天然ガスという三つの化石燃料はいずれも電力の主要な供給源です。温暖化の二五パーセントほどが発電によるものです。しかしながら、多くの場所で風力と太陽光の双方が今や石炭のような化石燃料よりもはるかに安価に電力を供給している通り、発電分野は同時に私たちが化石燃料の必要をなくすために最も劇的な進歩を示せたエリアでもあります。

最後に、鋼、アルミニウム、セメント、プラスチック、玩具、衣服、家具、化学薬品、車両など、私たちが生産している様々なものは、まとめて気候変動全体の二一パーセントの要因になっています。このうちの三分の二は、鉄鋼業、石油化学工業、そしてセメント産業の核となっている工程によって放出される炭素なので、特に取り除くことが困難です。

つまり、別の言い方をするならば、気候変動は単一の特効薬によって解決される単一の問題ではないということになります。気候は多様な汚染物質によって混乱させられており、これらの汚染物質は、私たちの生活の様々な部分から生じています。影響の仕方はそれぞれ違い、寿命も異なります。代替物が見つけやすいものもあれば見つけにくいものもあります。

残念なことに、気候変動に関する多くの議論が、単一の解決策の必要性に重点をおいてきました。一部の人たちは、研究に基づく「エネルギーの奇跡」が第一だと考えています。確かに私たちは、クリーンエネルギーの研究にもっと重点的に取り組むべきですが、仮にエネルギー分野における二酸化炭素排出問題の解決策となる奇跡が手に入ったとしても、セメント窯からの気候汚染、家畜からのメタン、あるいは冷蔵庫からのハロカーボン類についての解決策にはなりません。

京都議定書からコペンハーゲンでのCOP15まで、政治の世界のお気に入りであった排出量取引制度も特効薬とされました。キャップ・アンド・トレード型の排出量取引制度を採用したプログラムでは、気候汚染物質の上限排出量を定め、それらの物質を排出する権利を割り当てます。割り当てられた量よりも多く排出したければ、排出量が上限より少ない者から排出権を買っても良いことになっています。政治家は排出量取引制度を好むことが多いのですが、これは、何かを他者に譲っている、つまり排出権をあげていることを強調できるためです。しかし、この制度はヨーロッパで導入されたものの失敗しています。

米国では、民主党が連邦議会を制していた時代であっても世論に受け入れられず、導入案は葬られました。一方で、カリフォルニア州では導入され、機能できる仕組みであることは実証されています。経済学者の大半は、炭素税のほうがよりシンプルで良いと考えています。政府を財政的に潤す方法として、生産活動に税を課すよりも良い方法です。一般市民も支持し、特に税収がクリーンエネルギーのために使われると知ると支持が拡大します。しかし、値上げによって行動を変えることができるのは、市場に競争原理が働いている時だけです。航空業界がそうであるように、独占的な市場であれば、高価なジェット燃料は単に航空券の値上がりを意味します。なぜならば、それでも人々は飛行機で移動するからです。よって、経済のすべてのセクター、あるいは世界のすべての国で上手く機能する単一の解決策など存在しません。

温暖化の要因は複雑ですが、裏返せば、朗報にもなります。排出削減のための強力な解決手段は一つでも二つでも三つでもなく、たくさんあるということになります。実質的には、すべての国におけるすべての社会セクターが、気候を守るための何らかの目に見える貢献ができるということです。さらに、そういった貢献をしたほうが短期的にも良い効果があるということです。

これより後の章で、その方法については説明していきます。

マイケル・ブルームバーグ

CHAPTER 4

危険な賭け

マイアミで伝説のアトランティス大陸が体現されるという運命は、受け入れることができない。

――フロリダ州パインクレスト元村長　シンディー・ラーナー

物心がついた頃から私は科学が大好きでした。子供の頃の私は、土曜日になると毎週のようにメドフォードの自宅から、ボストン湾に流れ込むチャールズ川の河口近くにあるボストン科学博物館に通いました。人生に多大な影響を与えてくれた最初の先生のことを私たちは皆よく覚えているものですが、私にとっての先生はボストン科学博物館でした。科学館に通うことで質問をすることを学び、物事の仕組みを理解することに生涯を通して興味を持つようになりました。それがきっかけで、高校生になると小さな電子機器会社で夏休みにアルバイトをするようになり、そこで私の世話係をしてくれた人にジョンズホプキンス大学の受験を勧められました。当初、私はジョンズホプキンス大学で物理学の学位を取りたいと思っていました。ところが、カリキュラムの土台となる業績のほとんどがドイツ人物理学者によるものであったため、物理学科ではドイツ語の学習が必須でした。ドイツ語の授業を三日間受けた後に、私は専攻を電気工学に変えました。その後、私はビジネスのキャリアを選びましたが、科学への愛や物事の仕組みを解明する興味を失うことはありませんでした。それは、ボストン科学博物館のおかげです。

二〇一六年に私は、私の両親であるシャーロットおよびウィリアム・ブルームバーグを称えた寄付をボストン科学博物館にすることを発表しました。両親とボストン科学博物館という、私にとって最も影響を与えてくれた先生たちを称えたいと思ったからです。彼らを結び付けたうえで、より多くの子供たちが私と同じような機会を得られるようにするためには、ボストン科学博物館の教育活動を拡大すること以上に良い方法はないだろうと考えました。当然気候変動についても、子供たちがボストン科学博物館で学ぶことの一つになるでしょう。

気候変動は、他に並ぶものがない形で地球上の生命を脅かします。万が一核戦争が起きてしまったとしても、この惑星の生命のほとんどが生き残りはします。しかし気候変動は、人類の生存がかかっているような天然資源に取り戻しようのない被害を与える可能性があります。何も対策を立てなければ、長期的にその結果は恐ろしいものになります。しかし過去二〇年間見てきたように、世界が終わるというシナリオに固執するのは逆効果です。現実は、遠い未来に予想される危害についていくら警告しても、政治家を行動に駆り立てることはできません。彼らは、短期的な利益が動機になるのです。

一方ジャーナリストは、遠い未来の危険に注目することが好きです。大惨事や災害は、目立つ見出しになるからです。また経済学者も、気候変動の長期的なコストについて議論するのが好きです。たぶん、数字が桁外れに大きいからでしょう。カールが一つ前の章で説明してくれた不確実性によって、気候変動のコストの総額は、当然のことながら推測を越えません。しかし、懸念するには十分過ぎるほどのものだということを私たちは知っています。

イギリス学士院長であるニコラス・スターン卿が二〇〇六年に発表した『スターン報告：気候変動の経済学』によると、気候変動対策が何も取られない場合、全世界のGDPの五〜二〇パーセントのコストが生じてきますが、問題に対応するためのコストは全世界のGDPのたった一パーセントほどで済むそうです。

私が米国の元財務長官ヘンリー・ポールソンと、ヘッジファンドの役員であったトーマス・スタイヤーと共同で立ち上げたイニシアチブであるリスキービジネス・プロジェクトでは、「気候変動の経済的リスク」という報告書を作成しました。この報告書は、米国が支払うコストは巨額となることを示しました。今後の数十年間で、沿岸域のハリケーンなどの暴風による損害は年間三五〇億ドルにまで増大し、農業は一〇パーセントを超える収穫減になるほか、気温の上昇に伴う電力需要の拡大によって、利用者の公共料金負担は年間一二〇億ドルが上乗せされるようになります。

しかしながら、今後一〇〇年間にわたって何もしない場合に降りかかる巨大な問題を強調してしまうと、問題が大き過ぎて手に負えない印象を人々に与えます。確かに人々はやる気を失ってしまいますが、手に負えないというのは誤りなのです。また、長期的なリスクにばかり注目すると、気候変動と戦うべき最も説得力のある理由が見えなくなってしまいます。その理由とは未来の危険ではなく、現在既に直面している致命的とも言える現実でしょう。

世界保健機関（WHO）によれば、大気汚染が原因の死者は世界で年間七〇〇万人に上るそうです。これは、ヒューストン、シカゴ、フィラデルフィア、そしてサンフランシスコの四都市の全人口が、吸っている空気のせいで毎年死亡しているのとほぼ同じ数字です。大気汚染が、地球全体での死亡リスク要因のうち最大規模のものであることを、この痛ましい犠牲者数は示しています。毎年、寿命を迎える前に死亡している人の八人に一人が、大気汚染によって命を落としています。そして、この大気汚染の原因の多くが、地球温暖化の源になっている化石燃料であり、特に石炭に負うところが大きいのです。

燃える石炭から出る微粒子は、脳卒中、心疾患、肺疾患、がんなどの発生の原因となります。仮に中国とインドの石炭火力発電所だけでもなくすことができれば、年間五〇万人の命を救えます。もちろん、そのようなエネルギー転換をこの一～二年で完了することなどできません。今後一〇年間でも達成できないかもしれません。それでも、その方向に向けて歩む一歩一歩が、人の命を救うことになります。これは未来の話ではなく、現在の話なのです。

公人の主たる役割は人々の健康と幸福を守ることである、と私は常々信じてきました。政治家が科学をゆがめ化石燃料会社の利益を守ることに費やしている一日一日、人々が犠牲になります。そして何か行動を起こさなければ、人口が増えるにつれて化石燃料による汚染の犠牲者数は増え続けます。

クリーンエネルギーへの転換のスピードを加速し気候変動と戦うことが、世界中の市民の健康を改善するために私たちができる最も重要なことの一つです。私を環境問題に注目させ取り組ませたのは、この市民の健康と地球の健全性とのつながりなのです。そしてこれが、今すぐ大気汚染と炭素排出の原因との戦いのために行動せねばならない理由のうち、最も重要なものです。ただし、これが唯一の理由ではありません。

海面上昇

地球の歴史上、海面は上がったり下がったりを繰り返してきましたが、カールが前の章で説明した氷河湖の決壊のような突発的な事態という例外を除けば、最近までこうした変化はきわめてゆっくりと起きていました。一九〇〇年当時までは、数千年にわたって海面の高さは安定していましたが、その安定の時代はもう終わりました。大気中の温度上昇によって、極地の氷や氷河が融けて海面を上昇させています。また温度の上昇は水を膨張させるので、さらに海面を上昇させます。二〇世紀ほど海面が大幅にかつ速いペースで上昇した例は、歴史上で類を見ないものです。

数値が小さく見えるため潜在的な危険の大きさについてだまされやすいのですが、数字は一気に累積して大きくなることがあります。一九〇〇年以降、地球の海面は一〇年ごとに〇・六インチ（約一・五センチ）程度のペースで上昇してきました。しかし一九九二年以降、このペースは約二倍になりました。今後の上昇ペースについては見解が分かれており、南極大陸とグリーンランドの氷がどこまで融けるかで、結果は大きく変わります。私たちが温室効果ガス排出量をどのくらいの速さでどのくらい削減できるかに今後はかかっています。もしも世界中のすべての氷河が融けた場合、海面は最大で二三〇フィート（約七〇メートル）も上昇し、世界の人口が集中している地域のほとんどが海面下に沈んでしまいます。政治家の中には海面上昇がまだ始まっていないふりをする者がいますが、科学者でなくても私たちは、海面上昇の証拠を目にすることができます。

フロリダ南部は、海面上昇に対して最も脆弱な地域の一つです。フロリダ半島の大半が、海抜ゼロメートル、またはわずかに高いという程度です。さらに、フロリダ南部の都市は穴がたくさん空いている多孔質石灰岩から成る土地の上に形成されています。よってフロリダ南部の都市には、周囲から流れ込んでくるだけでなく、地下からも水が流入してきます。こうした理由から、マイアミビーチ市にとって満潮は常に脅威でした。そして海面上昇とともに市内のより広範囲が脅かされています。アメリカ地質調査所（ＵＳＧＳ）によれば、米国の東海岸沿岸の一部では、海面上昇のペースが世界平均の三〜四倍速くなると予測されており、フロリダ南部では既にその影響が出始めています。

二〇一六年にマイアミ大学が行った研究では、マイアミビーチ市において満潮時浸水の発生回数が、二〇〇六年と比較して四〇〇パーセント増加したことが分かりました。これらの浸水の大半は晴れた日に発生していたので、強い低気圧が原因となって発生する高潮がない穏やかな天気の日でも、満潮時浸水が高頻度に起きてしまっていたことになります。潮汐や月齢といった情報に基づいて、マイアミのどの辺りで、いつこうした浸水が発生するのかを予測することは以前よりも容易になっていますが、ますます多くのフロリダ州の住民が予防策を講じる必要が生じています。

例えば、自動車を安全な場所に移動させておく、自宅を土のうで守るといった対策があります。浸水は住宅、企業、自動車などに損害を与え、下水道の逆流を起こし、交通渋滞を発生させます。あふれた水は、海に帰って行く前に汚水、汚物、泥などを集めてしまうので、砂浜や入り江を汚染してしまいます。

マイアミビーチ市の名誉のために言いますが、市は行動を起こしています。マイアミビーチ市は、浸水を緩和するために、排水ポンプの設置、道路のかさ上げ、防潮堤の建造などに膨大な予算を割り当ててきました。しかし、いかなる市であっても資金が無限にあるわけではありません。上昇し続ける海面との戦いでは、その費用も上昇し続け、納税者の負担も増えていくでしょう。一例を紹介すると、二〇一四年にマイアミビーチ市では、住民の高潮対策税を八四パーセント引き上げることで、新たな排水ポンプの費用を賄おうとしました。しかし、これらはただの一時的な処置に過ぎず、長期的な問題の解決策にはなりません。浸水が今後も悪化し続ければ、巨額の投資が必要となります。そして、私たちが気候変動対策を何も講じなければ、ほぼ間違いなくそういうことが起きるでしょう。

一般的に、米国の都市においては、浸水の危険性を検討する際には、国が発行している浸水予測マップを利用します。マップで、一〇〇年氾濫原と書かれているエリアは、一〇〇年に一度しかないであろうレベルの浸水災害があれば被害を受けるという意味です。別の言い方をすれば、そのような大規模な浸水の発生確率が毎年一〇〇分の一あるということです。時間枠の設定がやや恣意的ではありますが、危険性の確率の良い指標を示してくれています。浸水マップはまた、直近の実用的な役割も果たしています。マップは連邦緊急事態管理庁（ＦＥＭＡ）が、全米洪水保険制度のフレームワークを示すために作成したものです。従来の住宅保険は浸水には適用されないことが多いため、この地図は、浸水の危険がある地域に住んでいる国民が公的な保険で自分たちを守ることができるよう支援しようというものです。

FEMAのマップはまた、ハリケーンなどの暴風雨が接近している時に市町村の職員が活用できる有益な公共安全情報を提供すると共に、将来の都市へのリスクがどのように増大するかを測るための良い足掛かりとなります。残念ながら、マップは指標を提供することしかできません。気候変動の影響を考慮し、未来を見据えた浸水保険マップをFEMAが作製することを連邦議会が認めないためです。連邦議会議員の中には、次の選挙で落選することを恐れるのとほぼ同じくらい科学を恐れている人もいます。そう、ほぼ同じくらいです。

幸い、連邦議会は、科学者が個別に予測することを阻止できません。そして、これらの予測は不安にさせるものです。例えば、ボストン港湾協会の研究によると、一〇〇年に一度規模の暴風雨に見舞われた場合、ボストン市の七パーセントが水浸しになり、被害のほとんどがウォーターフロントエリアの特に海沿いで発生します。そして、海面上昇によって二一〇〇年までに、ボストン市では同じだけの範囲が満潮によって一日に二回浸水するとされています。それまで私たちが何もしなければ、強い暴風雨の後にはバックベイ地区、サウスエンド地区と金融街の大半、ファニエルホール、マサチューセッツ総合病院、そしてフェンウェイパークが浸水するようになります。チャールズ川対岸のケンブリッジ市では、マサチューセッツ工科大学（MIT）やハーバード大学のキャンパスも海面上昇によって浸水する可能性があります。ボストン科学博物館も浸水するかもしれません。

事態を深刻にしているのは、FEMAが発行しているマップの多くは現状のものではないということです。例えば、ニューヨーク市の一〇〇年氾濫原は一九八三年に定められたものです。海面がその後上昇し市内の開発も進んでいたにもかかわらず、私たちが二〇〇二年に市政の指揮を執り出した時点で、マップは古いままでした。私たちは自力で事態に対処することにしました。PlaNYCを通じてコロンビア大学とロックフェラー財団とともに設立したニューヨーク市気候変動パネルは、気候変動のローカルレベルでの予測としては、世界のどの都市よりも完全なものを作ってくれました。このパネルの知見によって、私たちはニューヨーク市の浸水マップの最新版を作製した後に、海面上昇についての最新情報を新たに取り込んでマップに反映しました。私たちの予測では、二〇二〇年代までにニューヨーク市の一〇〇年氾濫原は最大で二三パーセント拡大し、二〇五〇年代までには全市の二五パーセントに達する可能性があることが示されました。

予想される二〇五〇年代の氾濫原には、既に八〇万人を超える市民が住んでいます。これはボストン市の全人口を上回ります。

ニューヨーク、ボストン、そしてマイアミの三都市が特殊なのではありません。中程度の海面上昇によって、全米の何百万もの人々の家が浸水する可能性があります。世界人口の三分の二は沿岸域に居住しており、この中には世界最大規模の都市の住民も含まれています。ムンバイは海面上昇による危険にさらされている人の数が世界で最も多いと言えるかもしれません。ムンバイ市には、二〇〇〇万人を超える市民が住んでいます。このうち浸水する地域に住んでいる人数が既に二八〇万人に及ぶのですが、二〇七〇年までには一一〇〇万人を超える可能性があります。

こうした数字は地球上の誰にとっても、都市から遠く離れた地域に住んでいる人々であっても無関心ではいられません。なぜでしょう。それは、国家というものが繁栄するためには強い都市が必要だからです。世界のGDPの八〇パーセント以上が都市から生み出されていますが、世界人口がますます都市に集中していくにつれ、この割合は伸び続けます。都市というものは、住民にとって欠かすことのできない雇用、医療ケア、学校などへのアクセスを人々に与えます。多くの人が気付いていませんが、極度の貧困状態にある人の割合がこの四半世紀で急激に下落した大きな理由が、都市の成長です。ところが気候変動はこの進展にとっての脅威となります。

世界で最も急速に成長している都市の一つである、バングラデシュのダッカを例に見てみましょう。ダッカ市の人口は一九九〇年には六〇〇万人であったのが、二〇一六年には一七〇〇万人を超えました。このままいくと、二〇二五年には二三〇〇万人になります。世界中の他の都市同様、より良い生活を求める人々が流入することによって、ダッカの成長は加速しています。しかし、別の理由でダッカにやって来る人も増えてきています。それは、気候変動によってそれまでの家を追い出された人々です。海面上昇によって土地が浸水すると、住宅が破壊され、作物は枯れ、土地は肥沃でなくなってしまいます。海水はまた、作物の灌がい用水人々の生存にとって最も重要な資源である飲み水に海水が混入します。海水はまた、作物の灌がい用水もだめにしてしまいます。さらに、道路や電力供給などといった生活に必須のインフラも機能しなくなります。農業に依存するコミュニティでは、人々は家族を養う手段を失ってしまうのです。毎年、浸水や異常気象によって、首都を目指してバングラデシュの沿岸域や地方からたくさんの人々が移動しています。これらの人々の多くが貧しく、仕事もない状態でダッカにやって来るので、水辺にある粗末な造りの家に身を寄せます。国際移住機関（ＩＯＭ）によれば、ダッカの最貧地域に住んでいる人々の七〇パーセントが環境破壊によって、そこに住むしかなくなってしまったとのことです。

フロリダ南部同様に、バングラデシュもまた、海面上昇に特に脆弱な地形になっています。国土の広範囲が海抜ゼロメートル以下となっており、複数の河川によって区切られた三角洲の上に広がっています。バングラデシュの国土はヒマラヤの麓にあるため、状況はさらに危険です。ヒマラヤの氷河が融け出して、河川をさらに増水させ、ベンガル湾への水の流入量を増やしているからです。ヒマラヤの氷河が融けると、他にも深刻なリスクがもたらされます。ヒマラヤの氷河は、インド、バングラデシュ、ネパール、そしてパキスタンの膨大な数の人々の飲み水の供給源となっています。気温の上昇によって氷河が消失してしまえば、世界がこれまで経験したことのないような危機的な水不足が起きる可能性があります。

世界中の都市が似たような問題に直面しています。「私たちは継続的に洪水と干ばつの両方を経験しており、これによって時には人命が失われています。ですから私たちはアクラ市の気候変動問題に精力的に取り組んできたのです」と、ガーナ・アクラ市の市長アルフレッド・オコ・ファンデルプアイーは言いました。

海面上昇の影響の大きさは、最終的にはどこまで進行のスピードを遅くできるか、どこまで私たちが適応できるか、の両方によります。適応の話は、後ほど重点的に説明します。

マイアミビーチ市のような場所では、時間との戦いであり、刻一刻と時間がなくなってきています。バングラデシュのような場所では、審判の時がやって来てしまっています。

過酷な暑さ

二〇一四年は最も暑い一年でした。ところが二〇一五年がその記録を更新し、その更新幅はこれまでで最大でした。すると二〇一六年には、さらにその記録が塗り替えられただけでなく、もう一つ良くない兆候が見られました。観測された北極海の氷の量がこれまでで最も少なかったのです。二一世紀になってからの一六年間のそれぞれの年が、記録がある中でこれまで最も暑かった一七位まですべてランクインしました。

多少暖かくなることの何がそれほど悪いのかと聞いてくる人もいます。今よりも地球が暑くなるという話を二月中旬のニューヨーク市で聞けば、確かに悪い話には聞こえません。それに夏は元々暑いのだから、あと数度気温が上がったところで大勢に影響がないのではないか、そのためにエアコンというものがあるのではないか、と思う人もいるかもしれません。しかし、大気中のエネルギーを過剰に増やして、極端な天気になる確率を上げる以外にも高温の影響はあります。高温自体が深刻なリスクであり、既に恐ろしい数の犠牲者が出ています。

歴史上、最大級の犠牲者数を出した熱波の多くが二〇〇〇年以降に発生し、世界中で一二万五〇〇〇人を超える人が亡くなりました。それどころか、これだけ恐ろしいハリケーンなどの暴風雨の話を耳にしているにもかかわらず、実際に米国で最も犠牲者を出しやすい自然災害は熱波なのです。ハリケーン、雷、竜巻、地震と洪水をすべて合わせたよりも多くの年間平均死者数が、熱波だけで出ています。しかも、温室効果ガスの大気中濃度の上昇と連動して、死者数は増え続けています。二〇一五年のインド史上二番目の熱波による死者数は約二五〇〇人でした。二〇一〇年のロシアの熱波は、一部の推定では五万五〇〇〇人を超える人々の死につながったとされています。そして、二〇〇三年八月のヨーロッパの記録的熱波によっても何千人もの犠牲者が出ました。世界気象機関（WMO）によると、二〇〇〇年から二〇一〇年の間の高温による死者数は、その前の一〇年間と比較して二〇〇〇パーセント以上増えました。しかも、高温は様々な死亡の原因となるので、これでも死者数は実際よりも低い可能性があります。

気候変動に急ブレーキをかけないと、極端に暑い日の数は増え続け、それに伴い、死に至るほどの熱波の数も増えます。そして既にこれは始まっているのです。一九五〇年前後には、過去最高気温が記録された回数と過去最低気温が記録された回数が毎年ほぼ同じでした。ところが過去一〇年間では、過去最高気温が記録される頻度は、過去最低気温が記録される頻度の二倍になりました。

そして、エアコンを強めるという選択肢を、誰もが取れるわけではありません。世界中では何億もの人々が屋外での労働を生業にしており、その労働によって提供される製品やサービスにさらに何十億人もの人々が依存しています。その最たるものが食料です。気温と湿度の組み合わせがある一定の値を超えると、人体は余分な熱を汗の蒸発によって体内から取り除くことができなくなり、そのままでは熱疲労、脱水症状、脳卒中、そしてひいては死につながるため、屋外で働くことは物理的に不可能になります。この限界値に達する頻度がどんどん高まることが想定されますが、これは熱帯地方に限ったことではなく、全米の様々な場所で起きる可能性があるのです。

このように高温というものは十分深刻な公衆衛生問題ですが、加えて重要な経済的リスクにもなります。厳しい高温状態の中では、たとえまだあまり酷くなっていない状況であっても、人は疲れやすくなり、喉が渇きやすくなり、仕事の速度が落ちるので、生産性が下がります。世界中で、過剰な高温によって喪失された労働時間は徐々に増えてきています。「今後一〇〇年間で、米国はかなり暑さが厳しくなります。それ以降も悪化し続けます。モンタナの夏は、あと少しすると現在のニューメキシコ並みになります」と、ジョンズホプキンス大学ブルームバーグ公衆衛生研究所の元所長アルフレッド・ソマーは言います。

高温の影響を最も大きく受けるのは、世界中の貧しい人々です。多くの人々が、自らの安全と家族を養うことのどちらを優先するかという選択を迫られることになるでしょう。その結果、これ以上ＧＤＰが下がれば持ちこたえられないような国で、生産性の低下によって何十億ドルもＧＤＰが下がることが考えられます。

海面上昇によって住まいを追い出される人々がいるのと同じように、気温上昇によって世界の一部地域では住むことが不可能になるかもしれません。一九七〇年以降、北アフリカおよび中東において、極端な高温を記録した日数の年間平均は二倍になっています。二一世紀の終わりまでにこの数字が五倍に、また、熱波の発生回数は一〇倍になる可能性があります。特に暑い日には、当たり前のように摂氏五〇度、つまりおよそ華氏一二二度に達するようになるかもしれません。中東と北アフリカでは、合わせて五億人以上が暮らしています。海面上昇と同じように、世界的な気温上昇によって、地方から都市への大規模な移住が起きると、暴力的な紛争へと発展しかねない多くの軋轢を生む可能性があります。

政治的不安定

国連は二〇一〇年、シリア史上最悪レベルの四年間にわたる干ばつにより、大規模な作物の不作が生じ、食料供給の危機、食料価格の高騰、そしてそれによって極度の貧困に陥る人が増加していることを警告しました。自給農家をはじめとする大勢の人たちが、新天地でやり直すために農村地域を離れ、首都ダマスカスを含む都市部を目指しました。

シリア政府に対する不満は長年にわたってくすぶっており、干ばつの発生は火に油を注ぐものでした。貧困、失業、都市の過密化の急激な進行は、元々あった緊張関係を悪化させ、二〇一一年の暴動をあおり、現代における人道上最悪の危機へと悲惨な進展を遂げてしまいました。

シリアの危機は、様々な複雑な要因の結果であり、気候変動によって引き起こされたわけではありませんが、気候変動によって悪化したと考えられる干ばつの壊滅的被害が政情不安に火をつけてしまいました。チュニジアやエジプトで革命を引き起こした暴動は、部分的には食料価格の高騰によって増幅されたものでした。こうしたリスクに直面しているのは、何もこの地域だけに限ったことではありません。気候変動は、何百万ではなく何十億もの人々の食料および経済の安全保障に影響を及ぼす可能性があります。

歴史上、最初の農業革命をもたらした作物である小麦について考えてみましょう。世界全体の食料供給を見れば、小麦が最も重要な作物となっています。最近の研究では、気温が摂氏一度上昇するごとに、世界の小麦の収穫量がざっと七パーセント下がると予測されています。仮に小さな収穫量の減少であっても、食料価格の値上がりと、農家の減収を意味するので、特に世界人口が増えるほど、貧困と飢餓につながります。

多くの人が農業に、収入源としてだけでなく、最大の食料源としても依存しています。このような農民が気候変動の影響を最も大きく受けるのは、アフリカのサハラ以南の地域です。世界中のどこよりもアフリカでは、経済が農業に依存しているうえ、サハラ以南の地域の農業のほとんどが自給自足型であり、収穫は降水量に大きく依存しています。アフリカ大陸の全農地のうち、灌がいがされているのは約七パーセントにとどまり、アフリカの農地とそこに依存している人々は、とりわけ気象の変化の被害を受けやすいのです。過去一〇年間で、アフリカは生活水準の向上と貧困の撲滅に関して、素晴らしい進歩を遂げました。気候変動はこの進歩を逆戻りさせ、人々から家族を養う手段を奪うような脅威となっているのです。

気候変動はたとえささいな変化であっても、自給自足の農民に損害を与え、大規模な商業的農業経営者にとっても脅威となります。カカオやコーヒーといった作物のグローバルサプライチェーンを形成するために、二〇世紀には何十億ドルもの資本が投資されましたが、現在、そういったサプライチェーンが気候変動によってリスクに直面しています。実は、多くの地域において気温の上昇をはじめとした気候変動の影響により、既にコーヒー豆の収穫量は減少しています。価格高騰、失業、そして収入減、これらが組み合わされると、世界中の多くの場所で政情不安の材料になります。

環境変化は社会の均衡を崩壊させる恐れがあります。これが、アメリカ国防総省という、木に抱き付くような環境保護活動家集団とはおよそ程遠い組織が、気候変動のことを「脅威を増幅するもの」と呼び、それが「各国政府が国民の基本的ニーズに応える能力」を弱めるとしている理由なのです。国防総省の役目は、国の安全を保ち、国民を新たな脅威から守ることです。そのためには、すべての不測の事態や物事の予期せぬ展開について、短期的および長期的な視点から計画を練っておく必要があります。そこで気候変動が検討されないはずがあるでしょうか。

私たちが二酸化炭素を大気中に送り込んでも、そのすべてがそこにとどまるわけではなく、かなりの量が海洋に吸収されます。およそ二五〇年前に産業革命が始まってからの全二酸化炭素排出量のうち、ほぼ半分が海洋に吸収されています。

海洋が大気中の二酸化炭素を吸収してくれると聞くと、良いニュースだと思うかもしれません。しかし、そうではありません。二酸化炭素は、海水中に溶けると炭酸になります。大気中の二酸化炭素濃度が上昇すると、海洋はよりたくさんの二酸化炭素を吸収するため、海水はどんどん酸性になります。私たちが排出した二酸化炭素によって、海水の酸性度は三〇パーセント近く強くなったと試算されています。酸性度が強くなると、化学反応が連鎖的に起きていき、多くの海洋生態系にその影響が波及していきます。二酸化炭素が水と反応することで、多くの生物種が殻や骨格を形成するために必要とする様々な化合物が海洋から消失することにつながります。酸性度が強い海水は、貝類の殻を溶かしてしまいます。また、あらゆる生物種に生息地を提供し、豊かな海を創っているサンゴにもダメージを与えます。

今日、世界の約三〇億人が水産物を主なタンパク源、あるいは収入源としているため、この問題は特に深刻です。二〇三〇年には、世界全体の水産物の需要は約二〇パーセント、あるいはそれ以上に増加すると見込まれています。しかしながら同時に、世界の海の水産資源量は、破壊的漁業や不十分な政策によって激減しており、これに加えて気候変動によって多くの生物種の生存そのものが脅威にさらされる可能性があります。

地球全体の気温が上昇していく中で、二〇世紀に私たちが生み出した熱エネルギーの九〇パーセント以上が海洋に蓄えられてしまいました。温められると水、そしてほぼすべての物質は膨張するため、これが海面上昇の一因です。また、海水温の上昇はサイクロンを強めてしまうので、サンゴ礁をはじめとした海洋生態系や水産業などにダメージを与えてしまいます。気温の上昇は、陸上において生き物たちの移動をもたらしますが、海の中では変化がより速く起きています。既に一部の生物種において、海水温の変化によってこれまでの生息地から個体群全体が移動してしまった事例が観察されています。

海水温上昇の最も劇的かつ目に見えるサインがサンゴの白化現象と呼ばれるものです。通常見られる健康的なサンゴ礁の色は、サンゴと共生する褐虫藻の色です。また、褐虫藻が光合成によって生成する糖類などがサンゴの餌にもなっています。海水温が高くなり過ぎると、サンゴは褐虫藻を追い出してしまうのですが、そうなるとサンゴは病気にかかりやすくなり、また餌も足りなくなって餓死しやすくなります。

オーストラリアのグレートバリアリーフは、世界最大のサンゴ礁であり、世界で最も壮大な景観と豊かな生物多様性を有する場所の一つですが、あまりに激しい白化現象が進んでおり、科学者たちが「生態系の完全崩壊」が近いと警告しています。これが環境問題であるだけでなく、公衆衛生や経済の問題でもあることは想像に難くありません。水産資源量が減り続ければ、世界中の何億もの人々が生業を失います。多くの人々が食料不足、あるいは飢餓に直面します。

近年、ブルームバーグ・フィランソロピーズでは、主に乱獲や破壊的漁業によるダメージを回復するための活動を通じて、食料資源としての魚介類の保護に取り組んでいます。世界の漁業生産量の八パーセントを占めるブラジル、チリ、フィリピンの三カ国と連携していますが、賢い漁法で、水産資源量は劇的に回復すると同時に地域での経済を強化することが可能であると証明されています。これはたいていの場合、農家が畑を休耕して再生させるのと同様に一定期間ある海域で漁をせずに放置するといった良いマネジメント、そして関係機関による効果的な取り締まりにかかっています。しかし、現在のペースで温室効果ガスが大気中に排出され続ければ、こうした努力も意味がなくなってしまいます。

気候変動によって均衡が崩されているのは海洋生態系だけではありません。温度上昇によって生じる様々な変化は、食物連鎖を通して波及していきます。さらに、これまで寒冷であった場所が温暖になると、感染症のリスクも高まります。気温が上がれば、蚊が媒介するジカ熱、ウエストナイル熱、デング熱[*19]などの感染症が発生する地域が拡大し、これまでよりも勢いを増します。

ここで説明している変化はすべて氷山の一角に過ぎません（この比喩も危機に瀕していますが）。私たちが気候変動によって受けている危機は、すべてが互いに絡み合っています。危機同士は互いを複雑化し悪化させ合いますが、どのような結果になるかを正確に知り得る人は誰もいません。

確かに地球の歴史上、気候は数多くの劇的な変化を経てきました。しかし同時に、カールが説明した通り、異例の安定した気候によって現在のグローバルな文明が可能となり、これほどまでに人間の居住地の規模が拡大し、同じ場所に定着し続けたことはこれまでなかったのも事実です。狩猟生活者の移動型のコミュニティは、生活が脅威にさらされれば移動できます。しかし、私たちは荷物をまとめて移動するというわけにはいきません。マイアミ、ニューヨーク、広州、ムンバイなどは動かせません。この現実を無視できるほど余裕のある人は誰もいません。なぜならば、気候変動の影響はローカルレベルで感じられる一方で、その余波は地球全体に及ぶからです。人が手を加えて気候の安定性を損なえば、深刻かつ予想もできない政治的、生態的、経済的および人道的な被害が伴う可能性があります。

私たちは既に、これまでよりも激しい気候の時代を生きており、何もしないままでは今後さらに深刻な状況がやって来ることを、すべてのデータが示しています。こうした危険を回避すると同時に、膨大な数の人々の生活を向上させる機会が私たちにはあるのです。その機会をしっかりと両腕でつかまなければ、それは愚かなことです。

＊14　スヴァンテ・アレニウス（Svante August Arrhenius、一八五九～一九二七）は、一九〇三年にノーベル化学賞を受賞した物理化学者。彼が一八九六年に発表した論文『大気中の炭酸ガスが気温に及ぼす影響について（On the Influence of Carbonic Acid in the Air Upon the Temperature of the Ground）』の中で、大気中の二酸化炭素濃度が二倍になると気温が摂氏五～六度上昇することを示し、いち早く温暖化現象を予見している。

＊15　ハロカーボン類。フッ素、塩素、臭素、ヨウ素を含んだ炭素化合物。そのほとんどが人工的な物質で温室効果ガスとしてはたらくほか、一部はオゾン破壊に影響をもたらす。

＊16　オブジウェー湖【Lake Ojibway】。現在のカナダのオンタリオ州、ケベック州の北部にあった先史時代の巨大な氷河湖。
＊17　完新世。地質時代区分の一つで、約一万年前から現在にいたる時代。
＊18　エリコ【Jericho】。パレスチナ東部に位置するエリコ県の県都。発掘により、紀元前八〇〇〇年頃から集落が存在したことがわかっており、世界最古の町と称されてる。
＊19　ジカ熱、ウエストナイル熱、デング熱【Zika fever, West Nile fever, Dengue fever】。いずれも蚊が媒介する感染症で、ワクチンや治療薬がない。主に熱帯、亜熱帯エリアで発生するが、近年、ジカ熱がブラジルで流行したり、ウエストナイル熱がヨーロッパや米国で流行したりするなど、世界的な広がりが懸念されている。

PART

3

COAL TO CLEAN ENERGY

◎

石炭からクリーンエネルギーへ

マイケル・ブルームバーグ

CHAPTER 5

石炭の代償

私たちの家族には清浄な空気を吸って暮らす権利がありますが、もうあまりに長いことそれができていません。

――ミシガン州在住のアリーシャ・ウィンターズが、リバールージュ市の石炭火力発電所について地元電力会社に宛てて書いた手紙

二〇一一年七月二一日、バージニア州アレクサンドリア付近でポトマック川に浮かぶフェリーの上に私は立っていました。お昼頃で、日差しは強烈で湿度は耐え難く、気温は華氏九九度(摂氏約三七度)、地獄のような暑さになっていました。そもそも、こんなアイデアを出したのは誰なんだと言いたくなるような天気でした。

その日私は、米国でも環境汚染の最もひどい発電所の一つであったジェンオン・エナジーのポトマック川発電所を背に、二〇二〇年までに米国の石炭火力発電の三分の一を即時または段階的に閉鎖していくために、ブルームバーグ・フィランソロピーズが五〇〇〇万ドルを助成することを宣言しました。米国経済がもっとクリーンなエネルギー源を利用することを推進する――シエラクラブの「石炭のその先へ」運動は、その時点である程度成功を収めていました。それまで環境団体に大きな寄付をしたことは

なかったのですが、この運動を大きく拡げるために支援するようカールに説得されました。私は、ドン・キホーテの風車への突撃のような戦いはしません。勝算のある戦いが好みです。ところが、この時私は、風車（そして太陽光パネル）のために戦うことになったのでした。この志の高い戦いは、十分に支援する価値のあるものでした。

私は筋金入りの資本主義者なので、必ずしもシエラクラブに近いグループに属している人間ではありません。しかし同時に、行政の最重要任務は人々の健康と安全を守ることだと思っています。

私は、利益を追求することで公衆衛生が危機に瀕し、その製品やサービスによって病人や死者がたくさん出るような事態を引き起こす産業に対して同情などしません。しかし、だからといって、こうした産業をすべて法的に禁止したいわけではありません。例えば私は、タバコ業界が存続する権利のために立ち上がったことがあります。しかしながら、タバコに税金を課すこと、タバコがもたらす危害を緩和するために規制すること、さらには危険性啓発のための宣伝によってタバコの需要を減らすことでタバコ業界を廃業に追い込むことを皆のために目指すべきだと思っています。これは、石炭会社に関しても同じです。

これから、地球を暖めている気候汚染の要因への対処法を検討していきます。最大の要因である石炭から始めることにします。

かつて石炭が必要な時代がありました。トーマス・エジソンの時代から比較的最近まで、米国の主たる電力源は石炭であり、全国の電力供給の半分を賄っていました。残りは石油精製物、天然ガス、水力、そしてもっと最近では原子力、その他の再生可能エネルギーの組み合わせによって賄われていました。安価で入手しやすく量も豊富な石炭によって、各家庭に明かりが灯され、鉄道、蒸気機関、工場などが動力を得ました。石炭はまるで天からの贈り物のようでした。優に一世紀以上にわたり、石炭エネルギーに基づく経済から抜け出すことはもはや不可能に思えました。そもそも、石炭の代替物があったでしょうか。

米国を偉大な国へ押し上げていった石炭は、同時に米国の人々の中で特別なイメージを獲得しました。たくましい体で真っ黒になって働くアパラチア地方の炭鉱労働者は、成長し続ける米国の工業力の象徴になりました。しかし幻想のロマンというものは、私たちが見たくないものを隠してしまうものです。坑道の落盤や爆発、児童による労働、労働者の激しい暴動、炭鉱夫のじん肺や早期死亡、すすで充満した空気、有毒物質で汚染された水など、石炭の負の側面は常に醜いものでした。

一九四〇年代の米国では、炭鉱の作業中の事故で毎年少なくとも一〇〇〇人が命を落としていました。世界的では今も、多くの人が亡くなっています。中国では一九九六〜二〇〇〇年の間に、一日当たり平均二〇人の炭鉱労働者が命を落とし、年間の犠牲者数は七〇〇〇人を超えていました。二〇一四年に、炭坑での死者数が一〇〇〇人を切った（九三一人）ことを中国政府が発表した際には、祝い事として受け取られていたほどでした。

私たちはよく、危険の前兆を警告するものとして「炭坑のカナリア」というたとえを使います。この表現は、坑道内のメタンや一酸化炭素の濃度が作業をするには危険なレベルかどうかを見るためにカナリアを用いた慣習のことを指しています。カナリアがさえずりを止めると、坑道から退避して外に出なければならないことを作業員は知ることができたのです。石炭業界の安全対策は改善されたものの、石炭が社会に押し付ける負担は大きなものになっていきました。

石炭が汚染のひどい燃料であることは、私もなんとなく知っていました。しかし、二〇一一年にカールが統計を見せてくれるまで、どれほど致命的なものなのかは認識していませんでした。それは衝撃的な数字でした。呼吸器疾患や肺がんをはじめとした疾病によって、毎年一万三二〇〇人が寿命よりも前に死亡していました。これは一日当たり三六人に相当します。加えて、毎年二万人のアメリカ人が石炭による汚染に関連性のある心臓発作を起こしており、ぜんそくの発作を起こしている人も毎年二一万七〇〇〇人いました。この損害は、医療費の面では年間一〇〇〇億ドルを超えていました。石炭火力発電によって、ヨーロッパでは毎年二万二〇〇〇人、インドでは毎年一〇万人が早期死亡しています。インドネシアでは、新たに建造される石炭火力発電所一基につき、その四〇年間の使用期間のうちに二万四〇〇〇人以上が死亡すると予測されています。

有毒な水銀による水産物の汚染原因としても、石炭を燃やすことは群を抜いています。獲れた魚を妊婦が食べることが危険になっている水系がたくさんあります。そして、アパラチア地方の計二〇〇〇マイル（約三二〇〇キロメートル）の沢や小川や河川が、既に失われたか、間もなく消滅します。山頂を爆破して露天採掘をした後の廃棄物などで埋まってしまっているからです。

石炭を燃やすとフライアッシュ（飛散石炭灰）が残りますが、これは過去何十年間にもわたって、そのまま大気中に放出されていました。今では連邦政府の規制によって、フライアッシュの回収が義務付けられています。しかし回収した灰は貯留池に捨てられており、これも同じくらい環境にダメージを与えます。特に、「石炭灰スラリー」[*20]と呼ばれる液体が貯留池から漏れると深刻です。油流出事故を想像してみてください。その油がとりわけ濃縮され、汚染もひどく、しかもそれが陸上に流れ出たらどうなるでしょう。石炭灰スラリーの流出は、そのような状態です。動植物の生息地を破壊し、地下水に浸透して河川にも流入します。環境保護庁の試算では、こうした流出により合計二万三〇〇〇マイル（約三万六八〇〇キロメートル）以上に及ぶ河川や沢が汚染されたと見られています。米国の河川や沢を汚染している有毒物質の半分が、石炭灰貯留池から来ています。

石炭は私たちの健康にとって有害であり、同時に気候汚染物質として最大のものです。米国においては、温室効果ガス排出の四分の一近くが石炭由来です。

参戦

私がシエラクラブの「石炭のその先へ」運動を知ったのは、偶然のことでした。ある朝のミーティングで、大口寄付者を探している団体による教育改革についての提案を聞いていました。ところが、あまりピンと来る内容ではなかったので、私は部下に、他に何か見たほうが良い分野がないかと聞きました。

すると、副市長の一人であるケビン・シーキーが、少し前にカールと昼食を共にしたと話しました。カールは、ちょうど「石炭のその先へ」を拡大するための資金集めを始めたところでした。シーキーは、彼の話に非常に感銘を受けたと言うのです。そこで、カールと私とのミーティングがセットされました。

カールは、石炭が起こしている公衆衛生上の課題について説明を始めました。それは衝撃的なものでした。続けてカールは、石炭の政治的な課題について説明をしましたが、これもまた同じくらい説得力のある内容でした。排出量取引制度法案は、連邦議会で死んだも同然になっているという状況を踏まえると、気候変動対策で効果を上げるには、石炭火力発電所を閉鎖することが現実的だというのです。次に、石炭の経済的な課題の説明がありましたが、これも理に適っていました。電力会社が新たな石炭火力発電所を建設し、老朽化したものとの長期契約を更新するという誤りを犯し、石炭業界は向こう数十年間にわたって活動を拡大できてしまうという危険が現実になる可能性が高まっているというのです。再生可能エネルギーのコストが安価になりつつあるにもかかわらずです。これらの契約更新が実現してしまうと、向こう数十年分の公衆衛生上の問題が確定し、気候変動と戦う取り組みの劣勢を永遠に決定付けてしまいかねません。

経済、政治、公衆衛生の各側面からの主張は説得力があり、明快だったのですが、実践に向けたカールの戦略はかなり弱いものでした。

私はこれまで常に、ダビデとゴリアテの戦いのように強大な力に挑むことを好んできました。そして、何度も戦いに挑んで勝利してきました。しかし私は、戦いに入る前には成功への道筋が見えていて、成功の度合いを測定するための指標が設定できていることを心がけています。シエラクラブは情熱に基づいて行動することは長けていました。しかし、情熱というものは注意深く方向付けを行い管理しなければ、たくさんのエネルギーと資金が無駄になりフラストレーションが生まれます。

「石炭のその先へ」チームには熱意がみなぎっていましたが、仕事の進め方はあまり順序立てられていませんでした。どの石炭火力発電所の閉鎖を目指すのかについての定量的な分析は行っておらず、進捗を評価するための指標も設定していませんでした。ブルームバーグ・フィランソロピーズのスタッフは、シエラクラブに対して戦略的な計画を用意するよう後押しし、数カ月かけてその活動を評価しました。シエラクラブは、石炭火力発電所一つひとつについて分析し、環境インパクトと政治的な情勢、つまりどの程度の反発が見込まれるかについての評価指標を設定しました。そして閉鎖の標的とした場合の結果予測を数値化しました。そのうえで彼らは、閉鎖を目指す難易度を、低、中、高の三グループに分類しました。ブルームバーグ・フィランソロピーズのスタッフも独自に分析を実施し、その結果の傾向はシエラクラブのものと一致しました。二つの団体は、「低難易度のものについてこれだけ、中程度のものについてこれだけ、高難易度のものについてこれだけ勝てると見込まれているならば、成果はどのようになるだろうか、現実的に期間はどのくらい必要だろうか、コストはどのくらいになるだろうか、それだけの価値がある結果が得られるだろうか」と自問自答しました。

これらの問いに対する満足のいく答えを得たうえで、ブルームバーグ・フィランソロピーズはシエラクラブに五〇〇〇万ドルの助成金を提供しました。これによって「石炭のその先へ」運動は、それまでの一五州から四五州へと活動を拡大することができました。また、それまでよりも質の高いデータ収集や分析ができるようになりました。これらは、より計画的に石炭業界に挑むための力になりました。私たちの目標は、二〇二〇年までに米国の石炭火力発電所の三分の一を引退させ、別の言い方をすれば、米国の石炭火力発電能力を三分の一削減することでした。

戦いを始めた頃の相手となったのは、シカゴ近隣の住民の健康を害していた二つの老朽化した石炭火力発電所でした。私たちの試算では、これらの発電所は年間当たり七二〇件のぜんそく発作と四二件の早期死亡の原因となっているうえ、医療費を一・二億ドル増加させていました。

さらに、「クラウドメーカー（雲製造機）」と呼ばれていた発電所の大煙突の真下には、プール、野球グラウンド、児童遊園といった数多くの公園施設があり、地元の子供たちが使っていました。発電所の所有者たちは閉鎖を発表することには同意しましたが、その内容は、あと一〇年稼働することを含んでいました。私たちは、それでは同意できないと言って、シカゴ市長のラーム・エマニュエルと協力し、二〇一四年に両発電所を閉鎖する協定をまとめました。

この事例では、エマニュエル市長という欠かせない協力者がいました。しかし、その他のほとんどの事例では、公衆衛生面の議論だけでは不十分でした。「石炭のその先へ」がこれほど成功してきた理由の一つは、私たちに協力してくれた市民活動家が、人々の心の琴線に触れるような話をするだけでなく、人々の財布の紐にも注目したことです。多くの事例において、石炭に味方をするような経済性は見出せなかったのです。

米国の平均的な石炭火力発電所は建造後五〇年を超えており、これは想定されていた使用年数をはるかに超えています。汚染対策設備の改修（排出ガスから有害なガスの分子や粉じんを除去する）や洗浄塔の設置は、よりクリーンな別の発電方法に替えるよりもコストが高くなります。ところが電力会社は、しばしば老朽化した発電所をそのまま使い続け、高い電気代を利用者に押し付けています。電力会社にとって経済的に賢明な道は、石炭ではなく、太陽光、風力、あるいは天然ガスを使うという道なのだということを地域の人々が主張できるように、「石炭のその先へ」は支援します。経済学が環境保護活動家の最良の友となることもあるのです。

例えばケンタッキー州では、アメリカン・エレクトリック・パワー（ＡＥＰ）が所有する石炭火力発電所の一つが、環境保護庁の定める汚染基準を満たせるように、一〇億ドル相当の改修を行うことを提案しました。費用をねん出するために、ＡＥＰは三〇パーセント程度の電気料金の値上げを実施して、電力利用者に負担を求めることを望んでいました。ところが天然ガス火力発電所という代替案にすれば、費用は安く済み、汚染もさらに減らせるのでした。地元の事業主や消費者、さらには州検事総長事務局の反対を受けて、ＡＥＰはこの火力発電所の一部を閉鎖し、残りを天然ガス火力発電に切り替えました。

市場が挑む石炭戦争

政治家はあたかも石炭会社が理不尽な攻撃の被害者であるかのように、「石炭に対する戦争」という表現を用います。残念ながら、環境保護活動家たちはこの挑発に乗ってしまい、防戦に回っています。議論をここで整理しておくと、これは戦争ではありますが、人々を無用な病気や死から守り、深刻な被害から環境を守るための戦いなのです。驚くには及びませんが、石炭に対する戦争を批判する人たちは、決して実際の犠牲者の数には触れません。そして困ったことに、環境保護活動家たちも触れないのです。気候変動対策の運動をしている人たちはしばしば、理解しづらい専門用語、あるいは炭素に換算して〇〇トン相当、ppmなどといった数字を並べます。ですがこれらは、多くの人びとにとってはほとんど意味を持ちません。全米で最悪の石炭火力発電所がどれかを指さして、年間二七八人の死と四四五件の心臓発作の原因になっているのですと言うほうがはるかに効果的です。こう説明すれば、誰もが、これは戦う意味のある戦争で、勝たねばならないのだということを理解するでしょう。

石炭を支持する人たちは、石炭エネルギーは安価であり、安価なエネルギーが米国経済を活性化して、人々の繁栄をもたらすのだと反論します。この主張はかつては真実でしたが、今では違います。二〇一〇年には、石炭火力発電は風力発電よりも安価であり太陽光発電より大幅に安価でした。ところが今日では、かつての競争力が石炭にはもうないのです。私は、石炭業界で働く人たちに対して同情的です。行政は、彼らが他の雇用機会を見つけるためのサポートにもっと力を入れるべきだと思っています。しかし実際のところ、政府や非営利組織が石炭に対する戦争を指揮しているわけではありません。市場が指揮しているのです。そして市場が戦争を始めた時には、捕虜は取りません。

石炭が今や経済的でない理由は四つあります。一つ目が天然ガス生産ブーム、二つ目が技術の進展、三つ目が汚染削減規制の厳格化、そして四つ目が消費者の意識の変化です。

●新しいガス

天然ガスは安全かつ適切な方法で抽出されれば、環境と市民の健康にとって天からの贈り物です。一〇年前には天然ガスは高額過ぎたために、米国の天然ガス火力発電所は稼働を停止したままになっていました。エネルギー会社は、海外から液化天然ガスを輸入するための船のターミナルを建造していました。

シェールガス革命が、この状況を変えました。米国には天然ガスを豊富に含む頁岩《けつがん》がたくさんありましたが、頁岩からシェールガスを抽出するコストはあまりにも高いものでした。そのため米国は、国産の天然ガスが枯渇してきていると言われてきました。ところが、二〇〇〇年代初頭からガス会社は突破口を見出しました。水圧破砕法(フラッキング)によって、高密度の頁岩からガスを効率よく分離する方法を見つけたのです。

この技術開発によって天然ガスは、量が乏しく高価な資源から、米国を天然ガスの輸出超過国にするのに十分なものへと変わりました。二〇〇八~二〇〇九年のたった一年間で、天然ガス価格は単位量当たり八ドルから四ドル以下へと一気に半分に下落しました。稼働していなかった天然ガス火力発電所は、再び役に立つようになりました。二〇一六年には、米国史上初めて、石炭よりも天然ガスの発電量が多くなりました。

ガス採掘の拡大によって、多くの環境保護活動家の間で反フラッキング運動が起こりました。他の抽出技術と同様に、フラッキングは安全対策が不可欠です。河川の流域などは特にデリケートな場所ですし、どこででも採掘をすることは許されません。しかしながら、最も効率良く天然ガスを抽出できる方法はフラッキングなので、天然ガスが必要である限りフラッキングの実施は妥当だと思います。

天然ガスは燃焼時には石炭よりもクリーンですが、燃やしていない状態では石炭以上に強力な温室効果ガスの排出源です。天然ガスの優位性を活かしたいのならば、メタンガスの漏出をゼロにするか、少なくとも絶対に減らさなければなりません。最善の手段を正しい方法で用いることができれば、天然ガス抽出の悪影響は劇的に小さくすることができます。しかしガス会社は揃って、こうした最善の手段を採りませんでしたし、自主的には取り組もうとしませんでした。

これが、ブルームバーグ・フィランソロピーズと環境保護基金（ＥＤＦ）が二〇一二年に連携した理由です。両者は、フラッキングを規制するもっと良い枠組みが必要であることを理解しました。そして、メタンガス漏れや地下水汚染、そして時に誘発される小規模な地震を減らして、地域の住民と環境を守ることができる規制枠組みを策定するために連携したのです。こうした常識的な規制は、エネルギー会社にとっても最善の利益につながるでしょう。

そもそも、メタンガスを漏らして逃がしてしまっているエネルギー会社は、同時に利益も逃がしてしまっています。コロラドなどの州でエネルギー会社と協働した際には、企業と私たちには多くの共通する目標があることが分かりました。

批判をする人たちは頑なに、天然ガスも化石燃料に過ぎず、炭素への依存を長引かせるだけだと主張します。天然ガスは永久的な解決法ではないということについては、彼らは正しいのです。仮に、現在燃やしているすべての石炭を天然ガスに置き換えたとしても、大気が持ちこたえられる二酸化炭素濃度の限界を突破してしまいます。これでは突破までにかかる時間が長くなって延びるだけであり、それを許すことはできません。批判する人たちが忘れているのは、ただ明かりを消せばいいわけではないということです。すべての非再生エネルギー資源の利用を一気に止めれば、停電で文字通りたくさんの明かりが消えてしまいます。それをするには、まだ再生可能エネルギーは不十分なのです。十分な能力になるまでは、天然ガスが必須の代替品となります。

天然ガスをよりクリーンにし、フラッキングを可能な限り安全なものとするための取り組みは続けていくべきです。しかし、再生可能エネルギー利用能力が需要に応えられるようになるまでは、天然ガスが脱炭素社会を達成するためのつなぎの燃料となります。それだけでなく、石炭業界の市場シェアを縮小するための主要な力にもなります。石炭に対する戦争に勝利するには、私たちの武器庫に天然ガスが必要なのです。

●新たな技術

近年、クリーンエネルギーの価格は急落しました。米国のエネルギー省の報告によれば、二〇〇八〜二〇一六年の間に、風力エネルギーは四一パーセント、太陽光エネルギーは六四パーセント、そしてL

ED照明については九四パーセントも価格が下落しました。二〇一五年には、新たに設置された発電設備の三分の二が風力か太陽光でした。あらゆる新技術の改善や進歩に伴って見られるトレンドに沿って、この価格下落も生じています。一九六〇年代、最初の電卓は何千ドルもして重さも五〇ポンド（約二三キログラム）ほどありました。一九七〇年代初頭にもたらされたポケットサイズ電卓は数百ドルしましたが、一九七八年になると一台につき一〇ドルでした。今や電卓は、Ｗｉ－Ｆｉがあれば誰でも無料で手に入れられます。太陽光パネル、風力発電用タービン、電池、ＬＥＤ、これらも同じような価格下落曲線をたどっています。それとともに、再生可能エネルギーへの官民双方からの投資が増えています。

他の産業でもそうであったように再生可能エネルギーについても、政策が技術進歩の促進に重要な役割を果たしてきました。連邦政府は、風力や太陽光発電の関連技術開発費用を補助すると共に、関連するプロジェクトには税額控除制度を設けています。ただし、化石燃料産業が受けている控除に比べると手厚さに欠けますが。

各州もまた、再生可能エネルギーに関する目標を制定し、これは、各電力会社によるクリーンエネルギー技術関連プロジェクトの構築にもつながりました。米国以外の国も、重要な役割を果たしました。風力タービンが最初に普及したのはデンマークでした。制度によって太陽光発電のコストを下げ、初期の太陽光パネル業界を成長させたのは、ドイツ、それに続いて中国でした。

太陽光や風力が、価格競争力で石炭に勝るようになるにつれて、投資、そして雇用も後者から前者へと流れていきました。今や再生可能エネルギー業界のほうが、石炭業界よりも多くの人を雇用しています。「クリーンエネルギーは、テネシー州で最も雇用拡大が速い分野の一つであり、州全体の雇用成長の三倍近くの速さで伸びている。これが未来のエネルギー雇用だ」とテネシー州ノックスビル市長マデリン・ロヘロは言います。

二〇一五年にはクリーンエネルギー分野への投資が、石油・ガス分野への投資を追い抜きました。これを受けて、税負担を下げようとするエネルギー会社数社が、自分たちの所有する石炭火力発電所の資産評価を下げるよう提訴しました。天然ガスの過剰な供給、そして太陽光発電と風力発電の価格競争力に照らしてみると、石炭火力発電所にはかつてのような高い価値がないというのが、彼らの主張でした。

米国では、最新で、表向きは最もクリーンな石炭火力発電所の一部は、無用の長物となってしまっています。GEは、ペンシルベニア州最大級の発電所であるホーマーシティー発電所の設備を七・五億ドルかけて最新式にした後、再稼働後たった一年で、この発電所への投資総額二〇億ドルのうち八億ドルが回収不能であると判断しました。コロラド州の電力会社は、所有する複数の石炭火力発電所のうち、設備を更新して動かし続ける価値があるものがどれかを選び出しました。しかし選んだ一〇カ所のうち七カ所について、その三年後には、稼働コストが新たな風力発電所にもしも替えていた場合にかかった総コストを上回ってしまいました。テキサス州では、築三年の石炭火力発電所の評価価値を、当初の一七億ドルから四・三二億ドルへ下げることを成功させた発電所側の弁護士が、法廷に対して「これがテキサス最後の石炭火力発電所」になると言いました。

彼の発言通りになることを願いましょう。この弁護士は、「未来はクリーンエネルギーと天然ガスにある」と、最後にうまくまとめました。

そのような未来を現実にするためには、時には政府には立ち入らないでもらう必要があります。例えば、誕生間もない米国の太陽光発電業界を守りたいと思ったオバマ政権は、中国や台湾からの太陽光パネルに二〇〇パーセントを超える関税を課しました。この政策は特定の業界が利益を得るようにするためのものだったのですが、米国の経済、そして気候変動と戦うための能力の両方にとって痛手となりました。太陽光パネルは製造よりも設置のほうが多くの雇用を生むので、国内での太陽光パネル供給を制限することは逆効果でした。この関税によって、ほぼ確実に雇用の喪失が起きました。さらに、太陽光パネルの価格を上げたため、再生可能エネルギーの導入が遅れることになりました。太陽光発電のコストが急落した理由は、中国の安価な太陽光パネルです。こういった種類のイノベーションは、たとえそれが中国生まれであろうと、ドイツ生まれであろうと、あるいはオハイオ生まれであろうと、必ず物にしなければなりません。保護主義的な貿易障壁を立ち上げることは、ただ低炭素経済への転換を遅らせるだけです。

●適正な規制

過去一世紀以上にわたって、採掘会社やエネルギー会社は石炭が生む利益を私有化し、費用を社会化することが可能でした。分かりやすく言うと、企業が金儲けをして、納税者が費用を負担するという状態でした。これは現在でも、おそらくは事実です。しかし、石炭の採掘と燃焼によるコストを私たちに課すための様々な方法は、滅多に認識されることがありません。発電所によって健康を害する人々のケアについても、発電所から排出される有害物質を除去して空気を清浄にすることについても、石炭会社はコストを負担していません。炭素排出が強いる気候変動に関するコストの負担についても、言うまでもありません。適切に機能している市場であれば、石炭会社は自らが社会に強いているコストの責任を負わざるを得なくなります。ところが、このコストの大半が未だに、社会によって負担されているのです。

石炭が、企業側ではなく人々にコストを負担させることができるのは、偶然そうなったわけではありません。石炭の使用が始まった頃に戻ってみれば、石炭会社はルールを自分たちで決めていましたし、石炭産業をクリーンにしようという取り組みを阻止していました。一九七〇年代に連邦議会が大気浄化法を作り、また改正した際には、環境保護活動家たちは、既存の石炭火力発電所に最新の公害防止設備の設置を義務付けるべきであると主張しました。

石炭のロビイストたちはこの動きを阻止し、古い石炭火力発電所は近いうちに最新のものに替えられることになるので、規制をする必要がないと約束しました。ところが、これらの古い発電所は、その後数十年もの間稼働し続けました。いまだに現役のものもあります。

政府はその後の四〇年間に、発電所の清浄化にあまり力を入れませんでした。二〇一〇年に排出量取引制度の法案通過に失敗すると、オバマ政権は二〇一五年にクリーンパワー計画（CPP）を採択しました。そして各州の排出を、二〇〇五年の水準と比較して平均で三二パーセント下回るよう義務付けました。これが実現すれば重要な進展になりますが、聞こえばかりがいい目標です。なぜでしょう。数多くの老朽化した石炭火力発電所の閉鎖のおかげで、二〇一五年の排出量は二〇〇五年と比べると既に二一パーセント低くなっていたのです。ですから、CPPの目標は実際には、二〇一五年から二〇三〇年までの間にたった一一パーセントの削減を目指すものだということになります。別の言い方をすれば、前の一〇年間で達成した削減ペースの半分以下での排出量削減を目指しているということです。これでは、まったく革新的ではありません。さらに言うと、石炭火力発電所の閉鎖が続く中では、CPPがなくてもこの目標を達成できてしまう見込みなのです。

それでもCPPは各州や電力会社に対する良い刺激となり、石炭火力発電所をなくそうとしている市場の強力な支えとなりました。ただ本来目指すべき大胆さはありませんでした。そして、トランプ政権がCPPを骨抜きにする可能性はあるものの、排出量が減り、多くの石炭火力発電所が閉鎖された二〇一〇〜二〇一五年の間に起きたことを覚えておくことは意味があります。この期間に、電力卸価格は四分の一下落したものの、停電の頻度は上昇しませんでした。私たちは、信頼性や人の生活を損なうことなくコストや排出量を削減することが可能なのです。

●消費者需要

市場は、消費者の需要に基づいて動きます。消費者は、民主党を支持しようと共和党を支持しようと、選択肢が与えられれば汚れたエネルギーよりもクリーンエネルギーを買いたがります。理由は簡単です。

呼吸する空気や飲み水が有害な化学物質で汚染されるのは嫌だからです。

これにより米国中の市民が結束して、石炭火力発電所の稼働を段階的に停止してよりクリーンなエネルギーに置き換えるよう、自分たちの地元の電力会社に対し圧力をかけています。

過去六年間で「石炭のその先へ」運動は、二四〇を超える石炭火力発電所の閉鎖または段階的な閉鎖につながりました。これは米国全体の発電能力の三分の一に相当します。自分の財布の中身が気になる消費者として、そして住んでいる地域の人々の健康が気になる市民としての個々人の力が、石炭の急速な衰退をけん引してきました。これが、米国の発電量に占める石炭の割合が二〇〇五年には半分だったのが、二〇一七年には三分の一以下まで下落した大きな理由でもあります。

「石炭のその先へ」がどのように動いたかを示す良い例を、ネブラスカ州オマハに見ることができます。地元の電力事業者であるオマハ電力公社は六〇年以上にわたって、ノースオマハ発電所という大型石炭火力発電所を所有し運営してきました。この発電所は、大気浄化法の制定よりもはるか前に建造されていたので、公害防止技術が用いられていませんでした。もちろん、大気浄化法にはこれに対応する規定があり、発電所の建て直しや改修をする際には、必ず公害防止設備を最新のものにすることを義務付けていました。ところが、オマハ電力公社は一度も改修をしなかったので、ノースオマハ発電所はネブラスカ州最大の大気汚染源の一つになりました。ネブラスカ州議会の調査では、ノースオマハ発電所は一年当たり二四〇件のぜんそく発作、二二件の心臓発作、さらには一四人の死につながっており、地域に一億ドルの健康および環境関連のコストをもたらしているとされました。

シエラクラブのネブラスカ支部は、この発電所が「石炭のその先へ」運動が閉鎖を目指す筆頭候補であると判断しました。ネブラスカ支部は、それまで何年も地元に対して、発電所の健康への危害を説明してきました。そして、シエラクラブが、石炭から移行することが費用面でも効果が高いということをオマハ電力公社に示すことで、初めて状況を変えられました。二〇一四年六月にオマハ電力公社は、二〇一六年末までに石炭火力発電ユニット五機のうち三機を引退させる計画を承認しました。同時に、残りの二機については、二〇二三年までに天然ガスを燃焼するよりクリーンなユニットに置き換えることを約束しました。さらに素晴らしいことに、オマハ電力公社は、エネルギー効率向上対策やかなりの量の新たな風力発電のための投資にも力を入れ始めました。二〇一八年には、この地域の電力の三分の一が再生可能エネルギーによって賄われることになります。

過去への補助金

健康への危害が懸念され経済性も悪いにもかかわらず、石炭の価格競争力が、再生可能エネルギーや、よりクリーンな燃焼が可能な燃料と比べて有利になるような補助金を、政府は未だに出し続けています。ワイオミング州とモンタナ州をまたぐパウダー川盆地を見てみましょう。この盆地には世界最大級の炭鉱が二つあり、この二カ所だけで米国の石炭産出量の五分の一を占めています。パウダー川盆地は米国の石炭産出量の四三パーセントを占めており、これは年間五億トンにもなりますが、実質的には公有地の資源なのです。それにもかかわらず、驚くべきことにアメリカ内務省はパウダー川盆地一帯を石炭産出地には分類していません。

もしも石炭産出地として分類されると、ここの石炭は、公有地で採れた石炭として公正な市場において競争入札で売らなければならなくなります。しかし現行のルールでは、石炭会社は好きなように設定した価格で公有地の石炭を買うことができます。これは、納税者から公有地の石炭の真の経済的価値を奪ってしまうだけではありません。補助金の入った安い石炭でエネルギー市場をいっぱいにして、石炭採掘会社は天然ガスや再生可能エネルギーを相手に不当に優位な競争をしています。納税者は、こうした取引によって年間三〇億ドル近くも損をさせられています。二〇一六年には「不正操作された」経済の話題がたくさんありましたが、エネルギー市場でも、石炭に有利なように不正操作されています。そして石炭は、採算性を悪化させながら、私たちに被害を与えながら衰退していっています。

このような石炭の無償譲渡に近いような取引が制限されるようになったのは、二〇一六年にオバマ政権が、公有地にある石炭の採掘に関する新たなリース契約への一時停止措置を課した時でした。しかし既存のリース契約は、市場相場よりはるかに安い価格設定であっても有効なままになっています。国の補助金を廃止するだけで、パウダー川盆地の石炭の需要は最大で二九パーセント下落すると推測している研究もあります。公有地の石炭の販売を終わらせれば、石炭価格は市場相場と同じくらいまで上昇し、石炭は、再生可能エネルギーや天然ガスなどといった、よりクリーンなエネルギー源と同じ土俵で、より公正な競争にさらされることになります。

石炭業界の政治的な力により、連邦政府は他の方法によっても石炭会社にテコ入れをしています。労働者の年金や環境対策費など本来、負債として計上しなければならないものをペーパーカンパニーに移し替え、その会社を経営破たんさせてしまう。こうした粉飾会計によって企業を守ることを連邦政府は黙認してきたのです。

このような不正を許してしまっていることで、米国の連邦議会および州議会や監督機関は、炭鉱労働者にダメージを与え納税者にはコストを押し付けています。採掘会社が資金繰りが上手くいかなくなると、年金として積み立ててあった資金を自社の経営に充当し、それでカバーしきれないコストは市民に負担させるということを、これまで幾度となく裁判所は認めてきました。例えば二〇一五年には、インディアナ州の二〇八人の炭鉱労働者とその配偶者や未亡人の年金として積み立ててあった基金を採掘会社が取り崩して、弁護士費用をねん出することを破産裁判所が認めました。ところが、破産して労働者や近隣住民を見捨てても、石炭会社はなお、自分たちを守ってくれた政治家に政治資金を払い続けることができています。二〇一六年には破産した石炭会社が、社内の政治活動委員会を通じて、連邦議会および州議会の議員候補者たちに計一〇〇万ドル近くを寄付しました。いやはや、何と公共意識の高い業界なのでしょう。

世界の中の石炭

二〇一四年の初めに私が、当時の国連事務総長・潘基文から受けた、都市・気候変動担当特使に就任してほしいという依頼を承諾した頃、インドも中国も気候変動に関する全世界的な合意に対する貢献をしたいという意向を示してはいませんでした。この二つの国は、米国と合わせて、世界の七〇％以上の石炭を燃やしています。

その九月、私はインドのナレンドラ・モディ首相と面会し、「スマートシティ」を一〇〇カ所整備するという彼の取り組みをサポートする旨を伝えました。その数カ月後、私は、インド初の再生可能エネルギーサミットに参加するために、またモディをはじめインド政府の関係者と会うために、インドに行きました。モディは既に、それまでの政権の時代よりも、インドは再生可能エネルギーに関する目標について精力的に取り組むことを示唆していましたが、このサミットは、彼の下でインド政府がきちんとこの方針に従っているのかを見る、初期段階のテストでした。

サミットの場で、私はインドのエネルギー大臣と会いました。彼は、インド政府が二〇二二年までの再生可能エネルギーに関する達成目標を五〇〇パーセント高くしている中で、民間資本をもっと集めることができれば、自分はこの目標をさらに三〜四倍に上げることが可能であると私に言いました。

そして彼は、これをサミットの壇上で発表すると述べると共にそれを言葉通り実行しました。サミットに参加していたビジネスリーダーたちはこの提案に好意的に反応し、当時の世界全体の再生可能エネルギーによる発電量を上回ることができるほど多くの発電所の受注に手を挙げました。

公衆衛生や気候変動の問題以上に、インドが石炭から再生可能エネルギーに転換したい別の理由がありました。それは、確実性の欠如です。インドの石炭火力発電所はしばしば稼働を休止していましたが、その理由は、入手が確実で価格も手頃な石炭の供給がない、発電所の稼働に必要な水の供給が不足している、のいずれかでした。そこでインド政府は、今後一〇年間、新たな石炭火力発電所の建設は行わないことにしました。この建設中断によってインドの石炭需要の縮小は、さらに長期的なものとなる可能性があります。

世界的に見ると石炭の最大の用途は発電であり、ここが「石炭のその先へ」運動が注力しているエリアです。しかし多くの石炭が、鋼の精錬やセメントの焼成にも使われています。また中国では、かつての米国やヨーロッパと同じように、未だに膨大な量の石炭が家庭の暖房に使われています。実は、世界の石炭生産と消費の半分が中国によるものです。しかし中国でも、インド同様に近年重要な進展がありました。大気汚染の危険性についての認知度が高まるにつれて中国政府は迅速に動きました。老朽化した石炭火力発電所を閉鎖し、すべての新規発電所については新たな規制を定めました。一部地域では、石炭火力発電所計画をすべて白紙に戻しました。

こうした政策によって、二〇一七年に汚染に関連した理由で死亡する中国人の数は、それまでと比べて年間一一万人以上減少し、これに加えて二一〇万人が重篤な肺疾患から救われるだろうと一部の専門家は予測しています。世界にとっても、より良い結果がもたらされています。地球全体での温室効果ガスの排出が過去三年間で安定した理由は、少なからず中国のこうした動きによります。

中国とインドが石炭を卒業するまでの道のりはまだまだ長いですが、両国とも進展は見られます。ほかの国々は、さらに速いスピードで動いています。イギリスは、二〇二五年までに自国の最後の石炭火力発電所を閉鎖することを発表しました。

二〇一六年には、イギリス国内において石炭による発電が一切行われていなかった期間が、非常に短い期間ではありましたが、何度かありました。これは、一八八二年以来の出来事です。ポルトガルでは、発電が定期的に再生可能エネルギーのみになる期間が何日もあります。そしてミャンマーからチリにいたるまで、様々な国で、市民は石炭に反対し勝利してきています。国際エネルギー機関（IEA）は、二〇一五年には、世界全体の発電能力の増大の半分以上が風力や太陽光などといった再生可能エネルギーによるものであったとし、この傾向は今後の五年間においても加速していくと見ています。

米国でもその他の国々でも、まだまだやるべきことはたくさんあり、聞こえてくるニュースのすべてが良い内容だというわけでもありません。中国やインドで新規の石炭火力発電所の市場価値が失われていく中、石炭輸出国であるインドネシアでは輸出できなくなった石炭を自国で消費しており、石炭の燃焼量が増加し続けています。トルコもまた、多くの研究結果により、ロシア産の天然ガスへの依存を減らすための風力と太陽光に基づくエネルギー戦略のほうがはるかにコストを下げられることが示されているにもかかわらず、未だに石炭火力発電に依存し続けています。既存および計画中の石炭火力発電所はその九割が、たった二〇カ国程度の国にあるのです。米国で現在進行中のエネルギー転換と同じことができるように、これらの国がもっと注目され、もっとサポートが受けられるようにする必要があります。米国においては、石炭に対する戦争で私たちは勝利しつつあることは、疑いはありません。

「石炭のその先へ」やオバマ政権のクリーンパワー計画（ＣＰＰ）を批判する人たちは、これらが世界の終末をもたらすものであるかのように言います。しかし、「石炭のその先へ」運動についてもＣＰＰについても、それらが、石炭産業を破壊する、雇用を喪失させる、消費者の支払うコストを上げるといった彼らの主張の大半は間違っています。石炭は、自らが抱えている弱点によって衰退しているのです。石炭は環境を汚染し、今や市場競争力もなく、そして何より人命を奪います。一方、市場の力や技術の進歩、そして一般市民からの清浄な空気や気候関連の対策に対する要求が相まって、代替エネルギーが経済的により魅力的な選択肢になりました。

「石炭こそが文明社会とこの惑星に生きるすべての生命にとって、最も大きな脅威になっている」と、科学者であり気候変動に取り組んだ先駆者であるジェームズ・ハンセンは言いました。米国は、世界が産業革命に突入することをけん引してきましたが、いまやその最大の負の遺産の一つからの脱却をけん引しているのです。

二〇一五年、シエラクラブとブルームバーグ・フィランソロピーズは、「石炭のその先へ」の目標を上方修正しました。当初は石炭火力発電を三分の一削減することを目指していたのですが、今では、二〇一七年までに半分を削減することを目指しています。あの暑い七月の日にプロジェクトのキックオフを発表した時の背景に写っているジェンオン・エナジーのポトマック川発電所は、今では閉鎖されています。石炭から脱却できた世界がやっと見えてきています。

カール・ポープ

CHAPTER 6

グリーンパワー

私たちの自治体の公益電気事業者は一〇〇パーセント再生可能エネルギーに移行する。(中略)市庁は熱狂的な環境保護活動家たちに乗っ取られたわけではない。私たちの風力や太陽光への移行は、第一義的にビジネス上の判断である。

――テキサス州ジョージタウン市長(共和党) デール・ロス

二〇〇九年九月二日、インドの広告業界とそのサポートを受けているメディア王たちがムンバイの五つ星ホテルに集結しました。そして、「ライティング・ア・ビリオン・ライブズ(一〇億人の生活に明かりを灯す)」(LaBL)と名付けられたインド最大、おそらく世界最大の公共サービス広告キャンペーンを立ち上げました。このイニシアチブは、インドを代表する気候学者ラジェンドラ・パチャウリが率いています(パチャウリは、アル・ゴアと共に二〇〇七年のノーベル平和賞を受賞した気候変動に関する政府間パネル[IPCC]の議長を務めました)。その晩私は、インドではまだ四億人に電気が届いておらず、この人たちはロウソクか灯油(ケロシン)ランタン以外に夜間に明かりを取る方法がないという衝撃的な事実を知りました。電気のない生活を送る人々が地球全体では一二億人おり、その三分の一がインド一国に暮らしています。

五〇年近く前に私がインド東部の辺境の貧しい村で二年間過ごした際には、私も近隣住民も電灯と電力は入手できていました。テネシー川流域開発公社（TVA）をモデルにした、ダモダル河谷開発公社*21による米国の開発支援プロジェクトがこの地域を電化していました。驚くことに、あの頃から電灯の普及は大して進んでいませんでした。この間に流れた半世紀に、いったい何が起きたのでしょうか。

国内の電化に向けて、インド政府は以下のような段階を想定しました。まず、大型の発電所を建設し(そのほとんどが石炭火力発電か水力発電)、村々に銅線を引き、そして電力を供給して、白熱電球を灯す、という計画です。いざ実行してみると、この計画はあまりに無駄が多すぎました。残念なことに、石炭が持つエネルギーのうち光に変換されるのはほんのわずかでした。さらに、銅線の多くが盗まれてしまいました(同時に、かなりのまとまった量の電力も盗まれました)。こうして、国の三分の一が未だに現代的エネルギーへのアクセスが一切ないという結果になっています。

今はもっと良い方法があります。太陽光パネル、小型電池、そしてLED照明があれば、送電網なしで各家庭に明かりを灯すことができます。コストは最小限で、一世帯平均二〇〇ドル程度の初期コストで済むようです(灯油ランタンに代わることができる簡易的なソーラーランタンはたった四〇ドルです)。パチャウリのLaBLのビジョンは、ソーラーランタンの充電センターを村々に造り、フィランソロピーの力、つまり寄付によって村ごとの取り組みの資金を集めるというものです。

インドの政権与党の有力者で、紛争地域であるカシミール州で人気を誇るファルーク・アブドラが、就任したばかりの新・再生可能エネルギー大臣でした。彼は、ムンバイのホテルの大宴会場にいる私たちに、インド政府が毎年二〇億リットルの灯油に補助金を出しており、その額は年間およそ一〇億ドルであると伝えました。

テーブルの上のナプキンの裏にメモを取っていた私は、驚くべきことに気付きました。二五〇〇万個の灯油ランタンをソーラーランタンに替えることが可能な金額を、インド政府は毎年、灯油の補助金に使っていたのです。電気のない生活をしているインド家庭七五〇〇万世帯に太陽光発電による電力が行き渡るようにするために必要な金額を、インド政府は三年ごとに消費していたのです。別の言い方をするならば、村落部の住民に太陽光エネルギーを提供するために要するよりもはるかに多くの金額を、危険で毒性のある灯油に補助金を出すために政府は拠出していたということです。

エネルギーへのアクセスの問題はコストや価格の問題ではなく、何か他のことが破たんすることで引き起こされています。

そこで私は、一部で「Utility2・0」と呼ばれている二一世紀の電力システムについて探求を始めました。

ムンバイでの会議以降も、太陽光発電による電力の価格の急速な下落は続きました。太陽光パネル、LED照明、電池も格段に安くなりました。太陽光エネルギーは、灯油やディーゼルとの間の価格差の拡大という強みを得ました。ところがこのトレンドの中にあっても、これまで通りのやり方を続けていた場合、電灯へのアクセスがない人の数は減るどころか増えてしまうと、二〇一〇年にIEAは結論付けました。これは、人口増加のペースが新たな送電線網の拡大のペースを上回るためです。一〇億人を超える人々が電灯のない生活を送っていることを私が知ってから九年が経った今日も、そのほとんどの人の状況は変わっていません。この人々に太陽光発電による電灯を供給するコストはどんどん下がっているにもかかわらずです。

二〇一一年には、当時の国連事務総長・潘基文（韓国での少年時代に灯油ランタンの明かりの下で勉強をした経験を自らも持つ）が自身のSE4All（万人のための持続可能なエネルギー）[*22]というイニシアチブの中心に、すべての人に電力を提供することを据えました。これは国連にとって初のエネルギー分野への進出ですが、発電は世界の温室効果ガスの二五パーセントの要因になっていることから、気候変動の問題のパズルの重要な一ピースです。しかし急速にイノベーションが起きているものの、まだ乗り越えねばならない重大な問題が複数あります。

電気をあまねく供給するという取り組みは、特に農村地帯や貧困層の場合、常に大きな課題に直面してきました。発電と電力の分配は資本集約型です。そのためのシステムの構築に、多くのコストを要します。一九三〇年代の米国の農家の九五パーセントには、電力が届いていませんでした。それは、彼らの住んでいたコミュニティがこうしたコストを負担することが経済的にできなかったためです。農村地帯の電化に携わっていた私の父は、フランクリン・ルーズベルトが問題をシンプルな方策で解決しようとした理由はこれであると、私が子供の頃、夕食の席で説明してくれました。農村で協同組合を結成する農家に対して、連邦政府は低金利融資を保証したのです。ものの一〇年も経たずに、米国中に電力が行き渡りました。

また父がさらに説明してくれた通り、農場を電化することは良いビジネスにもなり、農村電化局は政府のための資金を生むことができました。あの晩、ムンバイで私が行った太陽光と灯油を比較した計算から、このフランクリン・ルーズベルトの政策が二一世紀の今になってもビジネスとしてさらに優れていることが想定されました。

農村地帯の貧しい家庭が直面する最大の課題である、購入費用の問題を乗り越えるために、融資を受けられるようにすることさえできれば、太陽光パネルは安価な電力を提供することができます。

灯油は汚染をもたらすうえに高価ですが、地元の市場でグラス一杯分なら買うことができます。これで、一週間分の明かりが賄えます。一方太陽光パネルは、クリーンで安価なうえ約二〇年間にわたり電力を供給することができる代わりに、最初にすべてのコストを一度に支払う必要があります。自分たちの所有名義の不動産がなく、銀行口座も信用格付けもない家庭であれば、太陽光パネルを買うための融資を受けることは困難です。見方を変えれば、クリーンな再生可能エネルギーによって得られた電力の日々のコストを負担することは、貧困層にもできます。二〇年という期間の一日当たりのコストは、微々たるものだからです。しかし、二〇年分のエネルギーのコストを前払いする資金を用意することは彼らにはできません。そのためには融資機関が必要です。世界銀行とその地域別の関連機関である、アジア開発銀行、アフリカ開発銀行、そして米州開発銀行などの国際開発金融機関が、こうした貧しい人々のニーズを満たすための資金を提供すべきです。ところが、長年にわたってこれらの銀行は抵抗してきました。そもそも、政治的権力を持つ者たちには既に電力は届いていました。開発銀行は、各国政府への大口の融資をしたがっていました。政治的な権力やつながりのない層の人々が恩恵を受ける小口融資のポートフォリオを寄せ集めても、世界銀行では出世につながる評価にはならないのです。

それでもいくらかの資金は、エネルギーアクセス向上の分野に流入しました。自分たちの携帯電話基地局への電力供給のより安価な手段、そして顧客がより確実な方法で携帯電話を充電できる方法の両方を求めるインドやアフリカの携帯電話会社は、送電線網に頼らない太陽光発電による電力の新たなビジネスモデルに投資を始めました。同時に、グリーンピースやオックスファム、そしてシエラクラブなどといったNGOは、開発銀行に対して、貧困層向けの太陽光発電電力のための融資を始めるようにロビー活動を継続しました。海外援助組織も最初は消極的にこの分野に参入しました。民間セクターへの資金支援を行う米国の団体である海外民間投資公社（OPIC）は、アメリカ国際開発庁（USAID）と共にアフリカ向けのクリーンエネルギー融資制度を創設し、たった四〇〇〇万ドルの政府からの投資によって、クリーンエネルギーに対する一〇億ドルの民間投資を呼び込むことが可能であることを示しました。民間セクターが求めていたのは補助金ではなく、公的な信用でした。

このビジネスモデル、人材そして資金の問題を最も真摯に受け止めたのはバングラデシュでした。マイクロファイナンスの始祖であるムハマド・ユヌスのグラミン銀行によって生み出された組織「グラミン・シャクティ」は、家庭用屋上太陽光発電の導入の草分けです。バングラデシュ政府は、インフラ開発公社（IDCOL）のソーラーホームシステムというプログラムに従い、二〇一四年にはバングラデシュの三〇〇万世帯が太陽光発電設備を備えるまでになりました。これは、世界でドイツに次いで第二位です。

パリ協定の一年前である二〇一四年の夏、インドの政権与党は交代し、インド人民党（ＢＪＰ）が率いるモディ政権が誕生しました。ほどなくしてモディは、二〇一九年までに、すべての家庭に少なくともソーラーランタンがある状態にすることを約束しました。インドはスタートラインに立ったところでしたが、既に競争は始まっていました。

二〇一六年に、オバマ大統領が首都ワシントンにモディ首相を国賓として招待しました。首脳会議の最も重要な成果は、インドの太陽光発電業界の初期の資金調達を支援するインド政府、米国政府および米国のいくつかの財団によるパートナーシップの発表でした。貧困層向けのエネルギー資金として、世界銀行とアジア開発銀行の両方が低金利融資という形でかなりの金額を投じてきています。インドの村落に電力をもたらしてくれる金融機関をようやく見つけることができたようです。残る課題は、エネルギーへのアクセスに乏しいインドの四億の人々に電力を供給するのに必要なソーラーネットワークを構築するための人材を確保し、専門的知識を広めていくことです。現在インドが必要としているのは、これまでも繰り返し発揮されてきた、インドの偉大な資質の一つである村単位の組織力です。ガンジーも微笑んでいることでしょう。

屋根の上のソーラー戦争

その頃、米国では、太陽光パネルの驚異的な安さと国内送電網の送電コスト増大を活用して、新たなプレーヤーたちが既存の電力会社に戦いを挑んでいました。サンジェビティー、サンラン、ソーラーシティーといった企業が、住宅所有者に対して、初日から電気代が下がることを保証するような条件での太陽光パネルのリースを売り込みました。二〇〇八～二〇一五年の間に、一〇〇万戸以上の屋根に置く太陽光パネルシステムを設置しました。

これらのルーフトップ太陽光発電システムは、明るい午後の時間帯には、住宅所有者が必要とするよりも多く発電して余剰電力を生みます。大手電力会社はまさに、この時間帯に最も料金を高くして利益を上げてきました。カリフォルニア州のように、ルーフトップ太陽光発電の先進的な州では、通常の午後の電力需要が急落しました。電気事業を監督する機関である州の公益事業委員会は、現状を変えないと、米国西部では間もなく午後の太陽光発電による電力の余剰が生じると警告し始めました。こうなると、その時間帯の料金設定を上げていた電力会社が利益を得ることが妨げられます。つまり、電力会社の目線から別の言い方をすれば、太陽光発電による電力が安くなり過ぎたので、これ以上の下落を防止しないといけなくなったのです。

米国の家々の屋根の上で、戦争が始まりました。ルーフトップ太陽光発電の台頭に対する電力会社の激しい反撃は、米国西海岸では二〇一六年春にピークを迎えました。住宅所有者が送電線網に送り込み、その後、電力会社が再販売する電力について、電力会社が住宅所有者に小売価格で支払う義務を廃止してほしいと、カリフォルニアの電力会社は要請しました。カリフォルニア州公益事業委員会（CPUC）は、これを拒否しました。

一方、米国のどの州よりも太陽光エネルギーの占める割合が高い、すぐ隣のネバダ州では、州の監督機関がもっと電力会社寄りでした。太陽光発電システム所有者が支払う使用料を大幅に上げ、一方で電力会社が電力買い取り時に太陽光発電システム所有者に支払う価格を劇的に下げました。新たな規則によって、ルーフトップ太陽光発電システムはネバダ州ではもはや競争力を失ってしまいました。

これは、太陽光対化石燃料という戦いではありませんでした。カリフォルニア州の電力会社は、はるか以前に再生可能エネルギーを受け入れました。ネバダ州の電力会社であるNVエナジーは、米国でも最も安価な太陽光エネルギーの契約を誇っています。電力会社は、太陽光エネルギーを自分たちが独占できている限りは、再生可能であろうと、炭素排出ゼロであろうと、さらにはそれによって得られる電力が無料であろうと気にしません。しかし太陽光発電の供給元が分散されてくると、電力会社の顧客は競争相手に変わります。リターン率が保証されて、発電を独占してきた従来の硬直化したビジネスモデルに対して、ルーフトップ太陽光発電システムは脅威を与えます。電力需要のピーク時間帯にルーフトップ太陽光発電システム所有者たちが生み出す電力の対価を支払うことを拒否することで、NVエナジーは収益の流れを確保しようとしました。太陽光発電の競争力が失われると、電力会社たちはすべての人を対象に、午後の電気料金を値上げしました。

社会全体にとってみれば、これは気候変動が直面する大きなチャレンジの一つに過ぎません。排出量削減のためには、旧来の炭素集約型技術から、よりクリーンな新技術への交代を加速することが求められます。この交代によって、発電所や工場、精製所などを動かすために使われる石炭や石油を採掘することで報酬を得ていた人たちだけでなく、これらの施設そのものから利益を得ていた人たちも行き場を失うことになります。施設所有者たちは、行き場のない資産と共に取り残されるような状況には陥りたくないので、稼働させ続けようと戦います。

電力会社にとって、クリーンで地域に分散された電力への転換を進めるには、ルーフトップ太陽光発電の新たな市場で競争する以外に方法はありません。これまでのところ、ほとんどの電力会社がこれを拒否し、旧来の中央集権型のビジネスモデルに必死でしがみ付いています。しかし、民間電力業界のボスの中のボスであるサザンカンパニーは、別の方法を選びました。ジョージア州がルーフトップ太陽光発電市場を開放すると、サザンカンパニーは自社のルーフトップ太陽光発電システムのブランドを立ち上げました。これによって同社は、自社の調達コストの安い資本と顧客から信頼のあるブランド力を利用して、ジョージアの家々の屋根をサンランやサンジェビティーなどといった新規参入者に譲ることなく支配するための土台を築きました。サザンカンパニーのCEOであるトーマス・ファニングは、サザンカンパニーのサービスの長い歴史がある地域に部外者が参入し、戦うことなく容易に家々の屋根を横取りすることを許すつもりはないと、この太陽光発電のための同社の新たなベンチャー設立の発表時に明言しました。ファニングはまた、再生可能エネルギー電力について、「もうすぐやって来る。浜辺に波が来ないようにすることはできない」と好んで言います。

ニューヨーク州もリーダーシップを発揮し、電力会社とルーフトップ太陽光発電パネル開発会社の間の停戦交渉に当たっています。電力会社は、開発会社が顧客へアクセスすることを容易にし、送電線網が最も太陽光パネルの力を必要としている場所への太陽光パネルの導入をしやすくします。その見返りとして、開発会社は電力会社における送電線網のコスト負担を、一部担うことに同意しました。

現状では、自宅の屋根用に太陽光パネルのリースができる住宅所有者の大半が、裕福か、少なくとも生活に困っていない人々ではないか、それは不公平に見えるとの議論が時々あります。しかし、そうでなくてもいいはずです。家の屋根が平坦で日当たりが良いという低所得世帯は多く存在します。太陽光パネルで彼らの電気料金が下げられる可能性があります。

ルーフトップ太陽光発電の会社は、高収入層および中間層だけでなく、低所得層にもサービスを提供できるような政策面でのサポートを必要としています。同時に電力事業の監督機関は、この屋根の上の革命の誕生を阻止するのではなく助けるべきです。電力事業者は、屋根の上でも競争できるような新たな電気料金体系やビジネスモデルを必要としています。

したがって、すべての関係者にとって、ルーフトップ太陽光発電が持つ可能性を発揮させていく速さの決め手となるのは、技術進歩と同様にビジネスイノベーションなのです。

太陽は夜には輝かない

クリーンで再生可能なエネルギーのみを利用し、限界費用が生じないような電力供給の最大の障壁としてしばしば挙げられるのは、太陽光や風力は、時々途切れてしまう資源であるということです。つまり、日光や風はいつもあるというわけではありません。実際、これが化石燃料による発電の推進派が頼れる最後の大きな主張です。

しかし、米国や中国、インドの一部の地域では、風力や太陽光発電量が十分すぎるほどあり、地域の送電網ですべてを賄いきれないために、一部が無駄にされる事態も起きています。二〇〇九年のテキサス州では、風力発電で生み出した電力のうち一七パーセントの送り先がなく、使用できずに無駄になりました。ところが、この一見すると巨大な障壁には、シンプルな解決策があります。発電されている地域から電力を必要としている地域まで、速やかにかつ安価に電気を届けることができる国有送電網が米国にもあれば、米国の電力供給の確実性を高め電気代を下げることができます。さらに、電力供給の少なくとも八〇パーセントを風力や太陽光といった再生可能エネルギーに頼ることも可能になります。実は、小規模ではあるものの、テキサス州では十分な量の新たな送電線を引いたので、今や風力発電から得られた電力をすべて利用することができています。二〇〇九年と比べると大きな進歩です。

太陽光が届くのは昼間だけで、また曇っていれば届きませんし、どこにいても風は実に変わりやすいですが、米国全体を見れば、どの瞬間であっても米国の需要を満たすのに十分な量の太陽光と風力があります。必要とされている場所に届けることさえできればいいのです。

したがって太陽光と風力の解決策は、送電網への接続性ということになります。

ここでもまた、より効率的にいろいろな物事を管理することが、気候変動問題に対応する方法の答えになります。米国のインフラへの投資は不足しています。定期的に「D+」という専門家からの厳しい評価をもらっています。最大の弱点は運輸交通セクターで、二番目が電力セクターです。アメリカ土木学会は、送電および配電に関する投資が九億ドル不足すると、国の歳入が毎年一八億ドル減ると報告しています。

これらの試算でさえ、今日の電源構成を想定しています。安価な電力が風力と太陽光由来となる将来のシステムでは、送電能力の縮小ではなく強化が必要です。夏のシカゴでは、日没以降に電力需要のピークがやってきます。ところが、ちょうどその頃、アリゾナでは午後早めの時間帯の発電量のピークを迎え、ソーラーファーム（大規模太陽光発電所）では発電量の余剰が生じます。もし米国でも、中国と同じように地方と地方をつなぐような直流高圧（HVDC）送電システムが整備されれば、仕事から帰宅してエアコンの電源を入れるシカゴの住宅所有者たちの需要に合わせたタイミングで、アリゾナの午後の豊富な電力がシカゴに届きます。

米国の未来の電力需要に対応するための安価な方法について、国立再生可能エネルギー研究所の科学者たちが研究したところ、HVDC送電システムを構築すれば、電力供給に要するコストが三パーセントほど上昇するものの、このように豊富で安価な風力と太陽光による電力を米国が手に入れられると、二〇三〇年には電力のコストは一〇パーセント下落し、電力一キロワット時当たり放出される二酸化炭素は八〇パーセント削減されるだろうと結論付けられました。こう考えてみてください。石炭の存在しない送電線網で炭素排出量が八〇パーセント少なく、既存のネットワークよりもコストが安く、これまで通りの働きをしてくれるのです。

新たな電力をめぐる駆け引き

風力と太陽光による発電コストの下落のスピードは、コストベースでは電力供給源としての石炭を完全に打ち負かします。再生可能エネルギーのほうが安価であるにもかかわらず、大きな市場の障壁に直面しているという現状を、貧困層のエネルギーへのアクセス、ルーフトップ太陽光発電、送電網の系統接続という三つの面からここまで見てきました。価格競争力は大きな強みであることが分かっていますが、それだけで十分であるとは限りません。十分な資金調達や、誰にとっても公平なビジネスモデル、そして送電と接続性のためのインセンティブも併せて必要になります。

これらが欠けている理由は、単純です。電力市場はまさしく二〇世紀初頭の実情に基づいてできているのです。当時は、すべての家庭を電線でつなぐ必要があったために、電力は独占が当然のように見えました。電力事業者は、破格の好条件での契約をもらうことができました。電力供給を途絶えさせることさえしなければ、支出に対して固定された利幅を上乗せすることが許され、利益が保証されました。監督機関は、電力会社の資金投入のレベルと利用客が支払う料金の両方を設定しました。約束された利益がきちんと電力会社に渡るように料金が設定される一方で、常に十分な電力を供給することが求められました。監督機関が料金を低く設定し過ぎると、電力会社に損失が生じ、しばしば電力供給が止まりました。監督機関側に価格と資金投入のレベルを最適な状態に設定するための知見が足りないことは、よくありました。しかしながら、以下の二つの現実がこのモデルを持続させたので、これが問題になることは長らくありませんでした。

① 冷蔵庫よりもエアコンが多くの電力を必要とするように、次世代の技術が登場するたびに、それまでの技術よりも電力への依存が高まったので、電力需要が伸び続けた
② 発電所は大型化し続け、資本集約化が進み、効率も上がったため、より多くの電力を、一キロワット時当たりのコストを下げながら発電できるようになった

したがって電力会社は、あなたの家までの電線を独占できただけでなく、その電線に電気を送り込む権利についての競争もなかったのです。

監督機関が無駄な資本投入を承認してしまった場合、この誤りの代償を支払わなければならなかったのは利用客の側でした。利用客はいわば囚われの身でした。

以下の三つの現状を踏まえた新たなモデルが必要です。

① 発電効率が向上し、また、ローカルな発電量が増えると、大型発電所からの電力への需要は減る

② 一キロワット時当たりのコストは、大規模な原子力発電所および石炭火力発電所については上昇しているが、風力と太陽光については下落している。現在、大きいほど割安になるような選択肢を電力会社が求めても、必要としている条件に見合うものが建設できない。石炭火力、原子力、大規模水力、そして新たな送電設備建設候補地など、電力会社が持つ発電所関連の中心的な技術は、近隣コミュニティから嫌われ、反対されるため、大型化すればするほど用地の確保が困難である

③ 需要家の力が増している。いずれ近いうちに、何百万という人々が、必要な電力の一部または全部を自力で発電できるようになる。送電コストも考慮すると系統線から供給される電力よりも安価なルーフトップ太陽光発電によって、電力会社の独占はなくなり、電力会社の需要家が独立を宣言できるようになる

こうした破壊的イノベーションにつながった研究は、当初は多くの場合、気候変動についての懸念に影響を受けたものでした。しかし、再生可能エネルギーは今や自立した競争優位性を獲得したので、気候変動関連政策への依存ももうありません。電力セクターは、これから劇的に変わります。電力会社は、現在のビジネスモデルでは生き残れません。

しかしながら電力会社も、まだ完全に落ちぶれたわけではありません。一九二〇年代に米国中を電化していた頃、あるいは一九五〇年代に第二次世界大戦後の家電製品中心の電力依存型の郊外型「オール電化」生活への転換を可能にした頃のように、変革者になりたいという意志があれば、電力会社には大きなチャンスがあります。少し前にＩＢＭが実施したように、電力会社は自らを革新する必要があります。彼らはエネルギーサービスを届け、顧客に柔軟性と信頼性を提供したうえで、住宅所有者や企業がお互いに電力を融通し合ったり、これまでのように電力会社の送電線網から電力を受けるといった多様なアイデアを歓迎すべきです。

このモデルでは、電力会社は投資のリターンが保証されているのではなく、顧客が選択するサービスの料金に依存することになります。経済のほとんどがこの方向に進んでいるのですから、電力会社も追い付く必要があります。

今日の公益電気事業者が、資本に基づく独占モデルから、より適正で現代的な仕組みに基づくビジネスモデルに移行するためには監督機関の許可を必要とします。例えば、顧客が選んだエネルギーサービスの提供に応じて電力会社が様々な料金設定を可能とすることもあり得ます。料金体系に多様性を持たせることで、送電コストがカバーできるかもしれませんし、残りのわずかな分は発電の利益によって回収できるかもしれません。電力会社はもっと銀行に近いような業務形態になり得ますし、それは現在の状況を見れば、利益獲得戦略としては悪いものには見えません。しかし、こうした革命をけん引するのではなく、断固として旧態依然のビジネスモデルにこれ以上長いことしがみ付くのであれば、電力会社はこの革命によって取り残されてしまうでしょう。

電力セクターの劇的かつ急速な変化によって脅威にさらされるのは電力会社だけではありません。四〇年、五〇年も稼働している汚染源の石炭火力発電所を閉鎖して、より安価でクリーンな再生可能エネルギーに替えれば、炭鉱や発電所の作業員の生活を脅威にさらし、石炭の採掘が主要産業になっている地域や、発電所が最大の税源となっているような小規模自治体の税収の土台を危うくする可能性があります。自分たちの投資の価値や生業を守るためならば、発電所の所有者や企業、地域、そして労働者は、手に入るあらゆる手段を用いて変化を遅らせようとすることをいとわないものです。老朽化した石炭火力発電所を改良するという、穏健で長い間延ばし延ばしにされてきた計画をオバマ政権が提案した際の政治的な反発は、適切な代替手段を示さなければ、利益をもたらしうる変化も阻止されてしまうことの一例に過ぎません。

電力という、貯蔵が利かず常に入手可能な状態にしておかねばならない資源の管理の問題について、国ごとに異なる政策があります。したがって、クリーンなエネルギーの未来のためには、国ごとに異なる改革のための政策が何通りも必要となります。理解しておくべき重要な点は、真の経済学的な観点からは、現在の風力発電と太陽光発電による電力は、世界がこれまで手に入れてきた電力の中で最も安価であるということです。したがって、それらを重点的に開発した者は、大きな利益を上げることができます。そして問題はこの朗報をどのように分かち合うかであって、痛みを分け合う方法ではないのです。

＊20　石炭灰スラリー【Coal fly ash slurry】。石炭灰が水と混ざり合って、粘性の強い流動物となった状態。埋め立て地盤の構築などに使用される。

＊21　ダモダル河谷開発公社【Damodar Valley Corporation（DVC）】。ダモダル川はインド東部の川で、流域はインド最大の石炭産地を擁する工業地帯。一九四八年以後、ダモダル河谷総合開発計画により、灌漑、洪水防止、発電、水運の活性化などを目指す多目的ダムが建設され、流域の発展に寄与した。米国でニューディール政策の一環として一九三三年に始まったテネシー川流域開発公社（Tennessee Valley Authority：TVA）の開発事業がモデルとなっている。

＊22　SE4All【Sustainable Energy for All】。二〇一一年九月に潘基文国連事務総長（当時）が「エネルギーはすべての国の経済開発の根幹にある」として提起した。二〇三〇年までの目標として「近代的エネルギーへの普遍的アクセス達成」「世界全体でのエネルギー効率の改善ペースの倍増」「世界全体での再生可能エネルギーのシェア倍増」の三点を掲げる。

PART

4

GREEN LIVING

◎

環境に優しい暮らし

CHAPTER 7 私たちが住む場所

市の関与なしに、国家的取り組みなどできません。

——ジョージア州アトランタ市長　カシム・リード

エンパイアステートビルは世界でも有数の、象徴的なビルの一つです。一九三一年にオープンし、一〇二階建てという高度な建築技術で建てられた二〇世紀におけるニューヨーク市の発展を象徴する建物でした。しかし時を経て、世界で最も高いビルではなくなりました（一九七〇年代初頭にワールドトレードセンターに第一位の座を譲りました）。それればかりか、老朽化して、冬場は熱を逃がし夏場は冷気を逃がすなど、最新のビルに比べてはるかに非効率なビルになりました。これは、テナントと所有者の両方にとってコストが高くつくことを意味します。

トニー・マルキンの一族は、長年エンパイアステートビルを経営してきました。マルキンは、このビルが多くの見えない貴重な価値を有していることを理解していました。そのため競争力を維持するには、現代的な建物に変える必要があったのです。二〇〇八年マルキンは、暖房、換気、空調、照明システムを全面的に改修して、米国グリーンビルディング協会（ＵＳＧＢＣ）のゴールド認証を獲得しようとチームを編成しました。彼の目標は、エネルギー効率が良いために運営コストがかからない、より優れたオフィス空間を提供することでした。

彼のチームが行った改修には、六五一四個のガラス窓を断熱ガラスに替えたり、室温より暖かくなったり冷たくなったりしやすい外壁（そのことで簡単に空調機が動いてしまう）からサーモスタットを離すなど細かな変更をしました。他にも、センサーを設置して、自動で照明の減光や消灯ができるようにする、冷房および排気システムを現代的設備に変える、エネルギー使用量を個別測定にすることで、テナントが自分のエネルギー使用を監視できるようにする、オフィスのレイアウトを最適化して、自然光を最大限に取り入れるようにするなどの変更を施しました。

マルキンは、環境に配慮したビルにすることで利益を得ました。「改修」と呼ばれたこのグレードアップ計画は全部で約二〇〇〇万ドルかかりましたが、年間の節減額は四〇〇万ドル以上にもなります。リノベーションが複雑になり費用がかさみがちな歴史的建造物でさえ、改修は利益を生むことを、マルキンは証明したのです。

世界の温室効果ガスの七〇％は都市が排出していることは既に述べてきました。都市のビル群が主な原因です。ビルのボイラーや冷暖房機が使用する大量のガス、石油、ハイドロフルオロカーボン（HFC）とともに、世界の電力の半分以上をビルは消費しています。加えて、セメント、鋼鉄、プラスチック、ガラス、アルミニウムなどの建設資材が、大量排出のもう一つの大きな要因となっています。中国では、建設ブームのある時期には二酸化炭素排出量の三分の一がセメントの製造と関連していたことがありました。

古いビルをより効率的になるように改修すること、より高い設計基準で新しいビルを建設することは、気候変動との戦いの根幹です。これらの変更は大きな財政上のメリットをもたらすので、不動産所有者はますますマルキンと同じ手法を踏襲するようになっています。

ブルームバーグ社では、オペレーションと情報システムによる排出を半分近くに低減することで、この一〇年間に約四〇〇〇万ドルを節減しました。また、風力および太陽光への投資により、電力の二三パーセントを再生可能エネルギーから調達しました。二〇二〇年までに三五パーセント、そして二〇二五年までに一〇〇パーセントを再生可能エネルギーとするのが、私たちの目標です。ロンドンに建設中のヨーロッパ新本社（編集注：二〇一七年10月に完成）は、ガスを電力に転換する自前の発電設備を備えています。無駄な熱をエネルギーに変え、そのエネルギーで冬にはビルを温め夏には冷やすことができるように設計しました。また、自然換気を念頭に置いたビル設計により、空調の必要性を最小限にとどめようと試みました。

このような努力は、一つには経費節減がその理由ですが、他にもいくつかある理由をお話ししたいと思います。第一に、大学卒の入社希望者がしてくる質問の一つが、気候変動に対して貴社では何をしていますか、ということです。私は、同じ質問を雇用者側からする世界にいるわけですが、企業が必要な人材を引き付けたいと思うならば、この質問に対する明確な答えを持っていなければなりません。第二に、今日では通常、顧客や投資家も企業に対して環境問題への方針を尋ねます。その方針が気に入らなければ、彼らは他へ行ってしまうかもしれません。私たちの業界ではまだそのようなことは少ないですが、それでも日々この傾向は強まっています。現在では、企業のブランド戦略とイメージ向上に有効ということから、多くの企業が自社の環境対策を宣伝しています。気候変動対策は、好むと好まざるとにかかわらず、いまでは求められる企業になるためには欠かせないものになっています。

もちろん、どんな環境対策でも注目を集められるわけではありません。ビルの効率改善は、熱帯雨林の保全活動のようなアピール力を持ってはいません。多くのセレブリティが自らの社会貢献活動として取り組んでいるなどということはありません。しかし、温室効果ガス排出と、死者や患者を生み出す汚染問題において可能な限り大きな前進を遂げるには、ビルに注目しなければならないことは事実です。そして、それは人々が自分たちの住む場所でできることなのです。

より良いビルへ

排出量を削減するためには、ただ古いビルを壊して新しいビルを建てればいいというわけではありません。大部分の場所において、それは可能でも、合法でも、魅力的でも、効率的でもありません。私たちは、ニューヨークにおいて、所有者、地主、不動産開発事業者と協力し、様々な方法でビルのエネルギー効率を改善するべく取り組みました。

● 協力者たち

一〇年間に市が所有するビルのカーボンフットプリントを三〇パーセント削減すると宣言した後、主な不動産所有者を招いて、私たちと共に同じ誓約をしてもらおうとしました。多くの方が参加し、彼らの光熱費を一億七五〇〇万ドル以上節減するとともに、炭素排出を大幅に減らすことができました。

● 白い屋根

屋根は暗色だと熱を吸収して建物を温めるため、冷房により多くの電力を必要とします。一方、淡い色、あるいは高反射材の屋根であれば、熱を反射してビルの最上階内部の気温を劇的に下げることができます。これにより、家主やテナントは経費を節減することが可能になり屋根の寿命も長くなります。必要なのは、特別なコーティング剤とローラーだけです。二〇〇九年、私は元副大統領アル・ゴアと協力し、クイーンズのあるビルの屋上で「ＮＹＣクールルーフス」と呼ばれるボランティア活動を立ち上げました。報道機関は屋根でローラーを転がす私たちをからかいましたが、この単純な改良が多くのニューヨーク市民の公共料金節約を助けると共に、気候変動との戦いにも貢献しているのです。また私たちは、新しい屋根をクールルーフにすることを義務付ける法案を可決させました。一六億平方フィート（フットボール競技場約二万八〇〇〇個分に当たります）もの総屋根面積を持つニューヨークでは、経費と炭素排出の両面におけるこの節減は大きな意味があります。

●クリーンな暖房

多くの住居で使用される暖房用の六番燃料油は、クリーンではないことは分かっていても、それがどれほど大気汚染の原因となっているかを十分に示すデータがありませんでした。この答えを得るために、二〇〇八年にニューヨーク市全域で通りごとの大気の汚染状況を監視するモニターを設置しましたが、その結果は予想よりも深刻なものでした。六番燃料油はニューヨーク市における大気汚染の原因の中で、最大かつ圧倒的なものでした。また、わずか一万棟、全体の一パーセントのビルが大気汚染の大部分の原因であり、ニューヨーク市の全車両とトラックを合わせたよりも大きな排出源となっていることが判明しました。私たちは六番燃料油の使用制限を検討しましたが、よりクリーンな代替品もあり、人々と環境に及ぼす害を考えると、使用を継続をする正当な理由は見当たりませんでした。そこで、二〇一五年に六番燃料油を禁止しました。このことを不動産業界はあまり歓迎しませんでしたが、それでもビルの所有者は、より効率的な燃料を使用することで、いくらかの先行投資は必要なものの、長期的にはビル所有者そしてテナントも経費節減ができることを理解しました。そして彼らの投資資金の調達を支援するために、私たちは連邦プログラムを活用して低金利ローンを用意しました。

データによると、この比較的小さな改善がニューヨーク市の大気の質に大きな影響をもたらしました。私たちはわずか三年で、二酸化硫黄汚染を七〇パーセント近く、すす濃度をほぼ二五パーセント低下させました。その意義を分かりやすく言い換えると、この削減により年間八〇〇人近くの人命が救われ、二〇〇〇人の人々が緊急治療室に入れられたり入院したりせずに済むのです。加えて、この改善は、通りから一六万台の車を一掃したことに匹敵する温室効果ガス排出の削減をニューヨーク市にもたらしました。素晴らしい成果ではありませんか。

●建築基準

行政機関は、環境対策への投資の妨げとなることがあります。ニューヨーク市では、空間が貴重なものであるという認識から、ビルの高さや大きさの制限が改修を阻むことがあります。断熱材を入れるため壁を数インチ厚くしたり、屋上に数フィートの高さの温室を設置することで空間を犠牲にしたくないとビルの所有者は考えるかもしれません。私たちはビル所有者がこの種の措置を取りやすくするよう建築および区画制限の適用外としました。現在、ニューヨーク市のビルの所有者は、高さ制限の対象とされることなく屋上に太陽光パネルやタービンを設置することができます。

多くのビルが非効率なままとどまる理由は、かなりの確率で暖房費や電気代を支払っているのが家主ではないことによるものです。テナントは公共料金が安くなるエネルギー効率のいいビルを好むでしょうが、家主にとっては設備改善を行う理由はほとんどないからです。その結果、ビルは必要以上に運営コストの高い、炭素排出量の多いままにとどまるのです。

この問題の改善策は、家主がエネルギー使用のデータを容易に収集できるようにすること、テナントもそのデータを利用してよりエネルギー効率のいい物件を見て回って選択できるようにすることから始まります。現在、大規模ビルには定期的なエネルギー監査が法律により義務付けられています。これにより所有者は、自分のビルがエネルギーをどのように無駄にしているかを知ることができます。また監査により、テナントはグレードアップを要求するか、または、より費用のかからない物件を見つけることができます。私たちは、各ユニットがどれだけのエネルギーを使用しているかを示す電気メーターを個々に設置するよう義務付けました。ビルによってはビル全体の電気代を、テナントが均等負担しているところもあります。そのため、空調機器を使い過ぎても悪いと思わないテナントもいるかもしれません。これではまるで、食事をする時に他の人がメニューで最も高い品を注文すると分かっていながら、全員が代金を均等割りにするようなものです。彼らがほしいままに食べた分をあなたが払わなければならないのであれば、彼らがあなたが食べた分も支払うのは当然ではないですか。電気メーターを個々に設置することは、夕食で自分が食べた分の請求書だけを受け取るのと同じことでしょう。ビルの電気代を個々の支払いにすれば所有者やテナントに節約する動機を与えることになり、彼らにとっては、経費節減ができるとともに温室効果ガスの排出量を減らすことができます。

これらの変化の多くは、エネルギー効率を高めることに重点を置いて建築基準法を全面改定した「グリーナー・グレーター・ビルディングプラン」と呼ばれる一連の法律によるものです。新たな建築基準法が訴訟に持ち込まれることなく無事に施行されるには、不動産業界の支援が必要です。そこで私たちは前もってその支援を求め、不動産業界が有意義かつ押し付けがましくないと感じる方法で、基準法を策定するための助力を要請したのです。

当初、所有者とビルで働いている人を代表する多くの組合は、改修費があまりにも高くつくことを懸念していました。しかし、私たちの目標は一定水準のエネルギー効率を達成することであり、どのように達成するかはそれぞれのビルが決めることだという点をはっきりさせました。これが、話し合いの流れを変えました。建築エンジニアたちは、「レトロコミッショニング（復性能検証）」というものを行うと、私たちが求める効率性向上の大部分を達成できると伝えてきました（この生真面目な名称のせいで、セレブリティがこの活動に関わることはなさそうです）。ビルのレトロコミッショニングとは、建物を検査して性能を高めることを意味します。これは、窓はコーキングされているか、お湯の給水管は断熱されているか、コンセントの電流漏れはないか、などを確認します。これらは簡単で比較的安価に修理ができ、またビル関連の労働者に仕事を創り出します。

不動産業界と組合のリーダーたちは、懸念に積極的に耳を傾ける市当局を評価するようになりました。私たちの計画は彼らの望むものではなかったかもしれませんが、最終的には両グループとも計画を支援してくれました。これが完全に実行されると、私たちのビルのエネルギー効率政策は、年間七億五〇〇〇万ドルを節減し温室効果ガス排出量の五パーセントを削減することでしょう。ブルームバーグ・フィランソロピーズが支援する都市エネルギー計画は現在、同じエネルギー効率原則を全米二〇都市に適用しています。市と業界、労働者が協力すればどれほどのことを成し遂げることができるか、それは驚くばかりです。

勢いをつくる

ニューヨーク市は、学校や病院、役所、その他公共の建物で使用するエネルギーの削減に率先して取り組んできました。エネルギー情報局によれば、二〇〇三～二〇一二年の間に商業ビルの効率はわずか一二パーセントしか向上していません。これに対して市所有のビルは二五パーセント効率が高まりました。公共セクターの効率が高まることには理由があります。ビルのエネルギー効率を高めるには、所有者は高額な改修費用を先払いしなければなりませんが、多くのビル所有者にとってはこれが難しいということが分かりました。その資金を持つ者はほとんどなく、金利は法外に高くなることがあります。そして、返済期限は短く、わずか数年ということも多いのです。

即金では支払えない住宅を購入したい者が一五～三〇年に及ぶ住宅ローンを組むのと同様に、ビル所有者も持続可能な投資資金を調達できなければなりません。「不動産として評価されるクリーンエネルギー設備（PACE）」と呼ばれる制度を通じて、それが可能となりました。この制度は、ビルの所有者が自分の固定資産税の評価に応じて投資資金を調達できるようにするものです。民間の貸し手が資金を提供しますが、ローンはビルの価値に結び付けられているので、貸し手にとってリスクが低くなり金利も低くなります。ニューヨーク市が返済金を回収し、それを貸し手に戻します。ビルの所有者が倒産した場合、貸し手はその不動産の所有権を獲得します。

この方法の有用性は明らかです。しかし、にもかかわらず銀行規制当局は、ファニーメイ（連邦住宅抵当公庫）やフレディーマック（連邦住宅抵当金融公庫）がPACE制度でビルのローンを引き受けることを認めませんでした。[*23] これがPACE制度の致命傷となるかと思われましたが、自治体がその代わりを務めてくれました。カリフォルニア州フレズノ市は、不動産の所有者が先行投資をまったくする必要のない、二〇年ローンを提供する民間金融会社とパートナーシップを形成しました。テキサス州では、地方自治体に自分たちのPACE制度を策定する権限を付与する法律を州議会が可決しました。その結果、ヒューストンをはじめとするテキサス州の都市は、現在、再生可能エネルギー関連のプロジェクトにPACE制度による資金提供を行っています。

石油の街として知られてきたヒューストンは、「世界のエネルギー首都」としてブランドを再構築しています。市長であるシルベスター・ターナーは、「ヒューストンは米国の他のどの都市よりも再生可能エネルギーを使用している」と誇らしげに宣言しています。

自宅を太陽光エネルギーに転換したいと思う個人もまた、ビルの所有者が直面するのと同じ問題に直面します。先行投資資金を調達できないという問題です。こうした人々が太陽光パネルを入手できるよう支援する産業が登場しました。仕組みはこうです。基本的に家主は、太陽光発電事業者に対して自宅の屋根に太陽光パネルを設置することを許可します。その代わり、家主はパネル供給者から指定価格（通常は大手電力よりも低い価格）で電力を購入します。太陽光パネルを供給する企業であるソーラーシティーのオーナーは、電気自動車メーカーのテスラも所有するイーロン・マスクです。彼の最終目標は、太陽光パネルを屋根の上に設置することではなく、屋根そのものを太陽光パネルに変えることです。太陽光パネル製の屋根が屋根として機能し、同時に家に電力を供給するというならば、これまで通りの屋根にお金を払う理由があるでしょうか。

もちろん、すべてのビルが太陽光パネルを設置できるわけではありません。例えば、ニューヨーク市のブルームバーグ本社の屋根ではうまくいきません。だからといって、私たちが太陽光エネルギーを購入できないことはないのです。最近、私たちはクイーンズにある倉庫の屋根に太陽光パネルを設置するため資金を出しました。発電された電力は電力網に供給され、ブルームバーグのビルで直接消費されるわけではありませんが、私たちは再生可能エネルギークレジット（証書）を得ることができるのです。これにより、年間約二万八〇〇〇ドルが節減できます。

企業がこのように革新的な資金調達法を考案するならば、持続可能なビルへの財政上の障壁は低くなっていくでしょう。グーグルは、再生可能エネルギー証書を使用して、二〇一七年末までにカーボンニュートラルな状態に移行することを目指すと発表しました（編集注：二〇一七年に達成されたことが発表された）。

テクノロジーもまた、私たちが電力使用を管理する方法を変えようとしています。モバイル機器やインターネットに接続された機器を通じて、自宅や職場、店舗におけるエネルギー使用をよりよく管理できるようになっています。部屋が無人になれば直ちにセンサーが探知し、それに応じて室温を調整し、無人の場所を暖めたり冷やしたりするエネルギーの無駄をなくします。

さらに良いことに、未来の住宅やビルには公共料金の請求書は届きません。ハイテク素材と高度な計画および設計を組み合わせることで、ビルは照明や電気器具に必要十分な電力を日常的に生み出すと共に、ビルの地下や降り注ぐ太陽光から大部分の熱や冷気を取り出すことができます。これらの外部からのエネルギーを必要としない「ネット・ゼロ」の建物は温室効果ガスを排出しません。ニューヨーク市ルーズベルト島にある新しいコーネルテック・キャンパスのエマ&ジョージナ・ブルームバーグセンターは、私の娘のエマとジョージナにちなんで命名されたのですが、米国最大級のネット・ゼロのビルとなることを目指しています。

ネット・ゼロを達成するために、ビルは様々な技術を使用しなければならないでしょう。ロサンゼルスの倉庫であれば、自然光と屋根の太陽光パネルを特別な方法で使用するかもしれません。ドイツの建物であれば、超効率的な断熱と地中熱ヒートポンプを利用するかもしれません。これらのビルは多少の先行投資を必要としますが、従来の建造物よりも所有し維持するのに費用がかかりません。こうしたことを可能にする素材と設計の革命は始まったばかりですが、特に開発途上国にとって大きな利益があるでしょう。新しいビルが建設され、エネルギー使用が急増し、都市化が生じると考えられる場所は、ほとんどが開発途上国なのです。例えばインドでは、台頭する中産階級が、照明、コンピューター、空調機器、冷蔵庫、洗濯機、自動車のためにより多くのエネルギーを使用しています。インドにおける空調機器の増加を予測するだけでも、米国の全石炭火力発電所が現在発電している二倍もの電力を必要とする可能性があります。

こうしたエネルギー使用量の増大とともに問題なのは、人間がエネルギーを使用すればするほど、さらに熱が発生するという点です。走行中の車のボンネット、稼働中のラップトップ・パソコンの底面、電球の表面を考えてみてください。熱はエネルギー使用の副産物です。空調機器は建物内の熱を戸外に放出するため、特に問題となります。結果として、暑い夏の日々を殺人的な熱波に変えることになりかねません。そして、暑い日ほど空調機器をさらに強く長時間稼働させるわけですから、暑さが増せばいっそう問題は悪化します。

しかし、解決方法はあります。中国を見てみましょう。二〇年前、中国には空調機器はほとんどありませんでした。一〇〇世帯中、都市部のわずか一世帯が使用している程度だったのです。現在は、一〇〇世帯中九五世帯が使用しています。しかし、各テナントが電気代を支払うということもあり、中国人は通常、空調機器の温度を華氏七七度から八〇度（摂氏二五度から二六・七度）に設定しています。一方、インドでは電力に多額の補助金が支給されており、家庭ではもっと低い温度設定にする傾向があります。エネルギー使用を抑制する最善の方法はとても単純です。それに金銭が関わるようにすればいいのです。

また私たちは、過去から学ぶことができます。ホワイトルーフはニューヨーク発のアイデアだと自分たちの功績を主張したいところですが、実はそうではありませんでした。インドの都市は、はるか昔にホワイトルーフの気温を下げる力を認識していました。ラージャスターン州の古い街ジャイサルメールを見れば明らかです（図5の写真を参照）。インド中の都市が、ホワイトルーフを再発見しています。

また、インド、南アジア、アフリカでは、二〇五〇年に存在すると考えられるビルの大半が、まだ建設されていないというのは良いニュースです。これらの国には、ヒートアイランド効果を逆転させ、ビルを外から冷やすチャンスがあるからです。

新たな都市が台頭する時には、賢明な規制とより良いテクノロジーをもって気候変動に配慮し、さらにはカーボンニュートラルな都市にするにはどうすればよいかを知っているという優位性があります。都市に住むことは、一般的な生活様式になっています。都市で行うことが、私たちの健康と環境に特大の影響を及ぼします。気候変動を止めようとするなら、都市計画とビルの設計方法に賢明な投資を行わなければなりません。

二〇〇九年、COP15のためにコペンハーゲンを訪れた時、私はエンパイアステートビルの八フィート（約二・四メートル）模型を購入し、イノベーションのシンボルとして市の中心地に飾りました。エネルギー効率に関する議論は、非常に無味乾燥で抽象的なものになることがあります。しかし、世界でも有名な建物の一つであるこのビルが、グリーンなビルに生まれ変わったことで収益が高まったと聞けば、きっと人々の記憶に残ることでしょう。エンパイアステートビルは九〇歳を迎えようとしていますが、今でもなお未来のシンボルなのです。

カール・ポープ

CHAPTER 8

どう食べますか

持続可能な食物という運動は、アクセス方法や手段を持っている人々、教育のある人々に現実的には限定されることになるでしょう。規制当局が食物と農業に関する政策を根本的に変更しない限りは。

――シェ・パニースのシェフ　アリス・ウォーターズ

正直に言うと、本章は最も先延ばしにしたい箇所です。食べ方が重要でないからという理由ではありません。食物は人類が気候に及ぼす影響の主な要因です。食品セクターのニュースに希望が持てないからでもありません。実際、化石燃料の使用を急減させることができず、大気中の二酸化炭素濃度が容認できない水準になったとしても、後ほど説明するように、改革された農業セクターが救いの手を差し伸べることができます。先延ばししたい理由は、気候に関する議論で突出して目につく一つの解決法が、私の頭痛の種となっているからです。それは食習慣を変えるという解決法です。

一ポンドの牛肉は同じ一ポンドの豆類や穀物や野菜の何倍も気候に影響を及ぼす、ということは明白な事実です。肉を多く食べるアメリカ人が気候に及ぼす影響はベジタリアンのアメリカ人の二倍であり、二酸化炭素の年間排出量は前者が三・三トンであるのに対し、後者は一・七トンです。ブルームバーグ・フィランソロピーズが支援する環境保護団体オセアナの研究によると、牛肉を食べることは天然の魚を食べることの四・五倍も炭素を排出します。これらの数字は、気候汚染に私たちの食習慣が果たす役割について、熱い議論を呼び起こしました。気候変動対策を前進させる鍵の一つは、肉食をやめ、何らかのベジタリアンの食習慣を採用することだと一部の環境保護主義者は主張します。食習慣を変える経済的インセンティブを提案している者もいます。オックスフォード大学のチームは、食肉に四〇パーセント、牛乳に二〇パーセントの課税をすれば消費が抑制されると試算しています。この種の贅沢品への課税は、中世には有効だったかもしれませんが、民主化の進展する世界での気候保護戦略としてはあまり有効ではありません。これは気候変動のために「犠牲」を強いる、極端な考え方です。

肉食をやめる、または食べる量を減らすべき理由はたくさんあります。しかし、私の経験から言うと、何らかの気候変動キャンペーンや取り組みを行ったからといって、食習慣に大幅な変化が起こるとは思いません。なぜ、そう思うのか。私の個人的経験をお話ししましょう。

インドのバーヒで平和部隊の活動をしていた時、終了間近のモンスーンの時期にコレラの小規模な発生がありました。診療所警備員のパンディッジは、犠牲者の一人でした。通常は点滴治療によって命を救うことができるのですが、この治療を受けたにもかかわらず彼は亡くなりました。診療所の医者であるアガワラは、自分の力不足で患者を、特にスタッフの一人である患者を救えなかったことに落胆していました。私は彼に自信を取り戻させようとして、「高齢者がコレラにかかると危険が大きくなるものですよ」と言いました。すると、アガワラ医師は「高齢者？」と聞き返し、「パンディッジは高齢者じゃありません。まだ四五歳でしたよ」と言いました。私はショックを受けました。パンディッジは六五歳から七〇歳くらいに見えたからです。私はアガワラ医師に、自分の勘違いについて話しました。「ああ、それは三年前の飢饉のせいですね」とアガワラ医師は言いました。

「パンディッジはバラモンで、非常に誇り高い人です。米しか食べようとしませんでした。他の人は飢饉の最中、小麦やキビ、アワなど何でも食べたものですが、彼はそれを受け入れられなかったのです。飢饉の時、食べ物はあったのに彼は食べなかった。そのことが彼を老化させたのです」

この話は、人間の食べ物の好みがどれほど不合理で柔軟性がないかを象徴するものです。人間は、自分が所属する集団の文化を反映した食物を食べます。何を食べて育ったかは、私たちの味覚と態度を根本から支配します。ですから私は、マクドナルドが、世界中の市場で魅力を失うようになることとか、ハンバーガーに代わって、メタンガス排出量の少ないより健康的な食物が現代人の主食となることを望みはしますが、東南極氷床を救うために食習慣革命に頼ろうとは思いません。

そうは言っても、賢い食生活（車を使うよりは歩くといったような）は、個人的な犠牲を払うだけで地球にもメリットがあり、同時に自分の健康も改善できる行動の一つだということを忘れてはなりません。俳優のアーノルド・シュワルツェネッガーと映画製作者のジェームズ・キャメロン（彼自身は、ヴィーガン、完全な菜食主義者）は、中国栄養学会とパートナーシップを結び、中国人に気候保護のために肉食を減らすよう呼び掛けています。繰り返しますが、個人の健康に良い食物は、ほぼ例外なく、全地球の気候のためにも良いものです。

食べることによる気候変動への影響は、どれほどあるものでしょうか。それは、非常に大きな影響を与えているのです。穀物の栽培、土地の開墾と耕作、肥料の生産と使用、顧客に届けるための食物の輸送、食べるまでの冷蔵庫での保存といったものを加算するならば、現在、食物からの温室効果ガス排出は、温室効果ガス全体の年間排出総量の約三分の一に当たります。

農業は主に家畜と水田により、メタンガス総量の三〇パーセントを生み出します。牛は、最大の排出源です。第一胃の中に食べた草を有益な糖に変えるバクテリアを牛は持っています。このバクテリアがメタンガスを排出するのです。世界の一五億頭の牛がゲップをし、おならをし、排せつをすると、合計で約二〇億トンの二酸化炭素に相当するメタンガスが発生します。これは米国全体の毎年の排出量の三分の一にも等しい量です。この他に、水田が七億トンのメタンを排出します。

農業はまた、亜酸化窒素という温室効果ガスを発生させます。土壌微生物は窒素を分解して植物の生長に必要なものとして供給しますが、その際、亜酸化窒素を発生させます。窒素肥料の使用はこれを大幅に拡大しました。これは米国経済による気候への負荷全体の約六パーセントになります。

現代的農業は、二酸化炭素の主な発生源となっています。自然の生態系が土壌を造る際の主な仕組みの一つは、大気中から二酸化炭素を取り入れ、それを固体炭素として土壌中に蓄え、黒い土にしていくというものです。プレーリーグラス（イヌムギ）は特にこれを効果的に行います。米国中西部、カナダ、ウクライナ、中国など、炭素を膨大に含む「黒色プレーリー土」として知られる広大な沃土が、世界中に存在します。数千年間、プレーリーグラスが二酸化炭素を吸収し、成長期には根を生やしてきました。冬季には根は腐って炭素が放出され、微生物により土壌中に固定されました。しかしその後、耕作と工業型農業が行われるようになりました。現在では、こうした問題ある農法のために、土壌中に元々あった炭素の五〇パーセントから七〇パーセントが固体から二酸化炭素ガスに変えられています。

加えて、現代的農業を支えているたくさんの活動、トラクターの運転、農薬の製造および散布、穀物の機械化された植え付けや収穫、市場への農作物の輸送、食物の冷蔵保存、収穫後の農業廃棄物や食事後の食べ残しの処理などが、二酸化炭素、メタンガス、ハロカーボン類、その他の温室効果ガスの発生を促しています。

そして、食物が気候に影響を及ぼすもう一つの経路があります。それは調理です。

開発途上国に住む約三〇億の人々が、近代的な調理用燃料を手に入れることができず、代わりに木や藁、牛糞、木炭などの伝統的なバイオマス利用に頼っています。多くはこれらの原料を三石コンロ（石で作った窪みに調理なべを置くだけのもの）で燃やします。粘土製ストーブを使うところもあります。どちらも、燃料のほとんどが熱に換わることなく、ブラックカーボン、つまりすすに変わります。伝統的なバイオマス利用による調理で発生するすすは、毎年四〇〇万人の死因となっていると見積もられています。この数字は、マラリアや結核による死者数よりも多く、そのほとんどが女性および子供たちです。世界保健機関の推定によると、食物を準備する調理は、開発途上国においては四番目に大きな疾病のリスク要因です。この三〇年間、同様の原始的燃料をよりクリーンかつ効率的に燃やせる、安価な調理用ストーブの開発に、多大な努力が注がれてきました。これらのストーブを作ることはできましたが、これまでのところ、最終的な利用者である女性たちが満足できるものにはなっていません。

伝統的なバイオマス利用による調理で排出されるブラックカーボンは、木を切って木炭や燃料にすることで起こる森林伐採と同様に、大きな気候問題となっています。原始的な調理法が世界のブラックカーボンの約二五パーセントを生み出すならば、それは気候問題全体の約四パーセントを占めるということになります。さらに近代的な燃料を手に入れられない女性たちは、一日のうち一～五時間を木材などの燃料の収集に費やしているため、クリーンな調理法の健康上の恩恵は、計り知れません。田舎の貧しい農村に太陽エネルギーの市場を広げるというようなテクノロジーによる魔法のような解決法は存在しないために、現在、クリーンな調理はほとんど進んでいません。だからと言って、解決法がないわけではありません。驚くことではありませんがこのことに成功すれば、繁栄につながります。家庭でプロパンガス、液化石油ガス（ＬＰＧ）、液体エタノールを買うことさえできれば、これらを燃料とするストーブは手の届く価格です。政府の補助金が重要だとはっきり分かるのは、またカーボンオフセットやその他のカーボンファイナンスが強力な開発手段となり得るのは、このような場合でしょう。アフリカや南アジアの次世代の女性たちは、有害な調理ストーブによる料理を強いられるべきではなく、中産階級や欧州および北米の大部分で標準となっている同じ燃料――天然ガスやプロパンガス、エタノールなどのクリーンな液状あるいはガス状燃料――を入手できるようにするべきです。

食料の未来

食べることは気候に大きな影響を及ぼし、その影響はとても複雑です。しかしまた、食べることは希望の源でもあります。農業を気候問題の一部ではなくその解決の手段にするために、多くの人や組織が簡単にできることはたくさんあるのですから。私たちの食べるものを変える以外にも、私たちにできるたくさんの改革と関与すべきことが残されています。私たちが現在、食料を育て、輸送し、貯蔵し、調理する方法は、無駄が多く、私たちの味覚をそそることもなく、身体にあまり滋養も与えず、懐かしい祖母を思い出させることもないような方法です。

頭を使わなくてもできることから始めましょう。

栽培される全食料の約五分の一から三分の一は、農場から食卓までのどこかの時点で、損傷によってあるいは食べ残しとして廃棄されます。食料を加工したり、管理するシステムの改善に投資すれば、特に貧しい国々においては、損失は劇的に少なくなり、農家の収入を増やし貧困を軽減することができます。

開発途上国では、小規模農家は害虫や損傷により収入の大きな部分を失っています。パデュー大学が開発した簡単な三層プラスチック製バッグは、穀物の鮮度を数カ月間保つことができます。小型の金属製貯蔵サイロは、貯蔵中の食料の損失をなくすことができます。プラスチック製の箱を輸送用の袋に替えるだけでも、果物や野菜が傷んで売り物にならなくなる損失を劇的に減らすことができます。フロリダのある農家では、金糸瓜の外皮に螺旋《らせん》状のひっかき傷ができたために、大幅な値引きをしても小売業者は誰も買おうとせず、二万四〇〇〇ポンド（約一万九〇〇〇キログラム）もの金糸瓜を廃棄しなければなりませんでした。私たちは、生産されたすべての果物や野菜の三分の一から二分の一を廃棄していはます。マーケティングのために規格化された見栄えのよい農産物を求めることで、こうした大量の損失が生み出されます。見栄えのためだけに作られた食料の品質基準を廃止することが、大いに役立つでしょう。

売れた食料ですら、最終的に食卓に上るとは限りません。アメリカ人は毎年、驚くほどの量の農産物――約五〇〇〇万米トン（畑でだめになる一〇〇〇万米トンに加えて）を捨てています。これはGDP全体の一パーセント以上、二一八〇億ドルに相当し、米国政府が海外の人道支援に拠出する額の九倍です。ある都市研究所は、消費者に向けた賞味期限ラベルの表示方法を標準化することで、大量の無駄を阻止できるとの結論を出しました。

食物の無駄と食べ過ぎのもう一つの原因は、容器のサイズです。一二インチ（約三〇センチ）の皿を小さくして一〇インチ（約二五センチ）にすることで、食べる量を二二パーセント減らせます。あらかじめ調理される分量もまた、私たちがどれだけ食べるかに影響を及ぼします。製造者はそれを知っており、商売上の戦術として分量を増やしてきました。例えばイギリスでは、冷凍チキンパイは四〇パーセントも大きくなりました。ニューヨークで販売されるソフトドリンクのサイズを制限するというマイケル・ブルームバーグの取り組みは、廃棄物とウエストサイズの両方を減らし、気候にも健康にもメリットがあります。

私は、食習慣における嗜好の変化は有望な気候戦略となるという考え方に疑念を示してきました。しかし、今説明したようなささやかな微調整が、驚くほど大きな違いをもたらすことがあるのです。他の例も紹介しましょう。

一人前六オンス（約一七〇グラム）の鶏肉の気候変動への影響は、同じく一人前のブラジル産牛肉の一〇分の一です。牛肉は食べないが他の肉は食べるアメリカ人の気候への影響は、ベジタリアンよりもわずか一〇パーセント、完全な菜食主義者（ヴィーガン）よりも二〇パーセント高いだけです。肉食の人と比べて完全菜食主義者は気候に及ぼす影響が小さいですが、乳製品をたくさん食べるベジタリアンの食習慣は魚菜食主義者より影響が大きいかもしれません。世界資源研究所（ＷＲＩ）は、自分の食習慣を分析して変えたほうがよいかを確認したい人のために、タンパク質得点表を用意しています。

魚を食べることは一般的に気候変動への影響は小さいのですが、海産物のすべてが気候に優しいわけではありません。とりわけ沿岸で養殖されるエビに関しては、炭素を貯め込み沿岸を守るマングローブ林を伐採して養殖池を造ることが多いのです。ベトナムのカマウ省における「マングローブス・アンド・マーケッツ」は、自然のマングローブの生息地から、マングローブを破壊することなくエビの収穫量を増やす方法を発見するための取り組みですが、このようなプロジェクトにはもっと力を入れる必要があります。

食物のサプライチェーンを合理化して無駄をなくしたとしても、食事の最後には常に食べ残しが出るでしょう。現時点での私たちの食べ残した食料の扱い方は、まったく恥ずべきものです。食べ残しは、人類が生み出すメタンガスの約一〇分の一を占め、気候変動への影響の大きな部分を占めますが、避けることもできます。好気性バクテリアが分解できるように十分な酸素に触れさせれば、食べ残した食料は自然に堆肥化して有機土となり、含まれる大部分の炭素は保持されます。残念なことに、大半の都市が未選別廃棄物を送り込むいわゆる「衛生埋め立て」は、食べ残しを地中の酸素に触れない状態に密封するため、この自然プロセスを妨げてしまいます。これは食べ残しを堆肥にではなくメタンガスに変えてしまう完璧な方程式です。メタンガスはやがて大気中に放出され、気候を温めます。埋立業者が腐敗した食べ残しからメタンガスを集め、発電に利用したり、あるいはバイオガスとしてゴミ収集車の稼働に使用したりする（ロサンゼルスのように）場合ですら、埋め立てで発生するメタンガスのほとんどは依然として放出され、汚染源となります。

解決法は何でしょうか。食べ残した食料を、リサイクル可能な紙や金属と分けることです。埋め立ては、壊れたれんがのような無機物の廃棄にのみ使います。他のすべては堆肥やバイオガスになるか、あるいはリサイクルができます。既に点在する埋立地は、今後数十年以上メタンガスを発生させ続けますが、私たちは直ちに食べ残しと他の廃棄物の分離を始め、衛生埋め立てという道理に反したモデルを捨て去るべきです。これ以上に気候汚染を悪化させる仕組みはないのですから。

現在、固形廃棄物問題が深刻な国々（南アジアやアフリカ）では、固形廃棄物の適切な処理システムをもって未来の都市を建設する途方もないチャンスがあります。そして、メタンガスの主な発生源としての廃棄物は過去のものとなるでしょう。

どのように栽培するか

農業のやり方もまた、重要です。農家が作物を栽培する方法が、気候に与える影響に大きな違いをもたらします。窒素肥料の過剰使用、過剰な耕起、冬季に被覆作物を植えない、丘の斜面を牧草地にせずに耕作する、河岸の植生帯の浸食を許すなど、こうしたやり方は食物栽培の気候への影響を悪化させます。ヨーロッパのある研究によれば、このような慣行を改めることで、ユーロ圏におけるメタンガスと二酸化炭素の排出を五〇パーセント削減可能だということです。

肥料の使用は、気候変動リスクをもたらす重大な要因の一つです。窒素肥料は、温室効果ガスの中でも三番目に大きなダメージを与える亜酸化窒素の主な発生源です。亜酸化窒素の大気中濃度は、産業革命以来二〇パーセント上昇しましたが、その大部分は合成肥料の使用が急増したこの五〇年間の上昇です。

亜酸化窒素にはまた、自然の土壌微生物、海洋植物、熱帯雨林の破壊など、他の発生源もあるため、最近になるまでどの程度肥料が原因となっているかを測定する術がなく、農業ビジネスでの肥料の過剰使用への圧力はほとんどありませんでした。これはブルームバーグがよく言う、測定できないものは管理できないという格言のもう一つの事例です。しかし二〇一二年以降、亜酸化窒素の発生が自然によるものか肥料の使用によるものかを判定できるようになり、大気中の濃度上昇は肥料の過剰使用によることがデータから明らかになったのです。

亜酸化窒素は一二〇年残留するため、早急な抑制が喫緊の課題です（窒素肥料はまた、後ほど論じる土壌炭素除去の主な原因でもあります）。皮肉なことに、現在の肥料使用の大部分は農家にメリットをもたらしていません。例えば、降雨の直前に使用した肥料は大部分が川に流され、結果として飲み水を汚染し、ミシシッピ川のような大河の河口に酸欠海域を形成します。即座に肥料の使用をやめることはできないでしょうし、肥料を必要とする状況も常にあります。しかし、それでもなお、私たちが直ちに開始できる改革も存在するのです。

今日の工業型農業では、肥料を必要とする部分かそうでない部分かを問わず、すべてに同量を使用します。農家はこれまで、肥料を過剰に使用してきました。幸いなことに、新たな精密技術によって、ちょうど必要な量の肥料を使用できるようになってきました。また、新しい処方箋では、植物が窒素を吸収するのに合わせた速さで窒素を供給できるようにもなってきました。

しかし世界の大部分では、政府の資金は、農家がより効果的に肥料を使えるようにするためではなく、肥料の費用を補助するために使われています。他の事例では、通常、窒素肥料とともに使われるカリウムやリン酸塩の価格が高いことが、意図せぬ結果を招いてきました。例えばインドでは、窒素肥料は手厚い補助を受けています。しかし窒素が効果を発揮するには、補助を受けていない高価なカリウムやリン酸塩とともに使用する必要があります。その結果、多くのインドの農家は窒素肥料を無駄に畑に撒いているのです。推定によると、共に撒くカリウムやリン酸塩があまりにも少ないために、使用された全窒素の半分が大気中か水中に無駄に放出される結果となっています。

肥料の補助金を廃止するというのは単純な方法ですが再教育や改革も伴わなければなりません。また、農家の収入に影響も出るため抵抗も生じます。同時に、窒素のこの誤った使用と無駄は、経済上および環境上の理由から問われています。エチオピアでは、全国土壌情報サービスを通じて土壌生産性のデジタルマップを農家に提供しており、彼らの畑に必要な窒素の正確な情報を与えることで、耕作地の四〇パーセントにおいて麦の収穫量を三倍に増やしました。

農業のやり方で、農業由来のメタンガスに関してもできることがあります。例えば、ある品種の乳牛は、生産する牛乳一ガロン当たりで計算すると、他よりもはるかに多くのメタンガスを排出します。水田も同様に、より良い管理が可能です。アジアやアフリカ、中南米の米作地帯では、育成期間に水田を定期的に乾燥させる「間断灌がい法（ＡＷＤ）」に移行する農家が増えています。水田由来のメタンガスは水田の植物が嫌気性の腐敗をする時にのみ発生するので、水田全体でなく畝間《うねま》だけを必要な時だけ水で満たすことで、メタンガスの発生を九〇パーセント減らすことができるのです。これらの慣行は水を節約するので、農家やその地域のためにもなります。

気候変動に対して実行可能な最大の解決法は、弊害だらけの農法により土壌から炭素を除去することをやめ、この過程を逆転させることです。米国、中国、インド、中南米では、プレーリー土を深く耕す

（休閑中や冬季には、裸の土壌が空気にさらされたままとなる）ことで数十億トンの炭素が剥き出しにされ、そこに人工肥料が投入されてきました。耕起や裸の土壌をさらすことは、土壌中の炭素が酸化により二酸化炭素に変わるのを促します。繰り返される過放牧、過剰な耕起、窒素肥料の大量投入、こうしたことで土壌中に炭素を固定する微生物（菌類やバクテリア）は炭素と出会うこともなく、生き残ることもできません。

大量の肥料と農薬を投入して、麦やトウモロコシ、大豆、綿花、その他の穀物を工業型農業で栽培した土地では、同様に土壌の劣化が起こっています。工業型農業、特に肥料革命が世界の農業地帯に広がると、黒土が貯め込んだ炭素を温室効果ガスとして排出し始めました。そして、黒土が赤土に変わったのです。

食料を栽培する別の方法はないのでしょうか。一九八一年、気候変動の兆しが表れ始めた頃、ペンシルベニア州カッツタウンにあるロデール研究所がこの問いに答えるために農業システムの試験を始めました。トウモロコシや大豆の栽培農家が米国の工業型農業から同研究所の言う「再生可能な農業」に移行した場合、土壌中の炭素含有量はどうなるのでしょうか。ロデール研究所の再生可能な農業は、化学肥料と農薬を避け、代わりに保全耕起、被覆作物、厳格な作物ローテーション、堆肥化、作物残渣《ざんさ》保留という方法を採ります。

その結果は、勇気付けられるものでした。この試験的試みにより、常に炭素排出源あるいは排出原因であった耕作地が、二〇〇五年までに炭素貯蔵庫に変わったのです。それだけではありません。再生可能な農業システムは費用がかからないばかりか、水の使用量も少なく、利益も高く、収穫高も同等だったのです。毎年、再生可能な農法により耕作された一エーカー（約四〇四七平方メートル）の土地は、大気中の二酸化炭素三・五トンを安定した実りをもたらす土壌炭素に変えました。熱帯における試験ではさらに多くを変え、草原をうまく管理することは、大気中の二酸化炭素削減にとって強力な可能性を持つ戦略であることが明らかとなりました。

農法の改革により、大気中への二酸化炭素の蓄積を逆行させることができると考えている専門家は、ロデール研究所だけではありません。オハイオ州立大学の農学者ラタン・ラルは、劣化し砂漠化した土壌を復元するだけで、毎年三五億～一一〇億トンの二酸化炭素を貯蔵できると考えています。ロデール研究所にことごとく異議を唱える農業分野の巨大企業モンサントですら、被覆作物のような戦略（特にトウモロコシと麦の栽培地域の場合）が土壌中での炭素の貯蔵を大幅に増やすことができると報告しています。

これは、非常に重要な発見です。多くの科学者が、人類は二酸化炭素濃度を大幅に上昇させ、破壊的リスクに直面するのではないかと危惧していますが、このリスクは、温室効果ガスの濃度を何らかの方法で削減できる場合にのみ回避できます。この点はもっと後で論じますが、人類が危険領域に入った場合、過剰な二酸化炭素を大気中から取り除き気候の安定を回復させる最善策を持っているのは、植物——膨大な量の植物です。

農業は、食べることと調理することと共に、有望な気候変動対策のいくつかを提供します。それは、食物の安全性、より健康的な食習慣、少ない廃棄物、環境に良い景観、より確実な水の提供といった、魅力的で直接的な利益を伴う解決法です。しかし、農業に関して忘れてはならない最重要事項は、文明を育んだ温和な完新世気候をもともと創り出したのは植物であったということです。温室効果ガス排出により大気に過重な負荷をかけることで、その文明を脅かしたのだということに私たちが気づくならば、人類を最も救ってくれそうなのは植物だということになるでしょう。

*23 米国の政府系住宅金融会社であるファニーメイ（連邦住宅抵当公庫）や、フレディーマック（連邦住宅金融抵当公庫）を監督する連邦住宅金融庁（ＦＨＦＡ）は、ＰＡＣＥ制度（Property Assessed Clean Energy）をクレジットリスクと見なし、「すでに抵当権を購入または保証した抵当権所有者に、新たなクレジットリスクを負うことを強制すべきではない」として、ＰＡＣＥを阻止すべきという声明を二〇一〇年、出している。

PART

5

TRAVEL DIRECTIONS

⊙

移動の手引

マイケル・ブルームバーグ

CHAPTER 9

都市がハンドルを握る

都市の人口が増え続ける中にあっては、自動車を中心とする従来通りのビジネスシナリオに依存することはできない。

――韓国・水原《スウォン》市長　廉泰英《ヨムテヨン》

一九九二年、メキシコシティーは世界で最も大気汚染のひどい都市として国連に指定されました。桁違いに有毒な空気で、鳥が街の上空を飛びながら死んでいると言う人もいましたが、真偽のほどを確かめる必要はありませんでした。なぜなら、それもあり得ると思えるほど本当に深刻な大気汚染だったのです。

原因は何だったのでしょうか。それは交通でした。

毎年、一〇〇〇人が寿命より早く死に、三万五〇〇〇人が入院するなど、この大気汚染は公衆衛生上きわめて深刻な問題でした。メキシコシティーのビジネス環境にとっても、これは大打撃でした。都市というものは、海外からの投資を誘致したければ、企業が成功するために必要とする人材が魅力を感じて集まってくるような環境を創り出す必要があります。どこに投資しようか判断するに当たっては、熟練労働者を求める企業のCEOであれば誰でも、税制優遇よりも人材が重要であると考えます。人間は、自分の幸福や健康が危険にさらされない場所に住みたいと願うものなのです。

メキシコシティーとメキシコ連邦政府の功績は、問題を認識して、その解決のための行動を起こしたことです。自動車の排ガス規制を厳しくし、ナンバープレートの数字が奇数で終わるか偶数で終わるかによって運転可能な日を一日ずつ交替で設けました。ところが、このシステムは意図した通りには機能しませんでした。実は、このシステムを試した場所ではいずれも成功していないのですが、その理由は同じでした。

単純に言えば、二台目の自動車を買える経済力のある人は買ってしまうということです。往々にして二台目は排ガス対策のないおんぼろ自動車で、ナンバープレートは一台目とは違っています。労働者層と中間層は通勤に余計に手間がかかるだけ、往々にして空気は汚染されたままです。結局、誰も得をしません。

やがてメキシコシティーは、より効果的な戦略を採用しました。市の地下鉄やバスのネットワークに資金を投入し、低排出バスに切り替え公共自転車シェアリングの仕組みを導入しました。大気汚染と渋滞は現在も問題にはなっていますが、一九九〇年代初頭と比べれば、空気は大幅に清浄になりました。これにより多くの命が救われ、市のビジネス環境は改善されました。またメキシコシティーは、カーボンフットプリントも縮小しました。二〇〇八年、メキシコシティーは二〇一二年までに炭素排出量をおよそ一〇〇万世帯の総排出量に匹敵する七〇〇万トン削減するという目標を定めましたが、その目標を一〇パーセント以上上回る成果を上げました。群を抜いて大きく削減ができたのは運輸交通部門でした。

かつての大気汚染世界一の都市は、今日、大きくその順位を下げることができています。

強力なリーダーシップと賢明な政策によって進展が図れることをメキシコシティーは実証し、さらには大気質の改善によって得たものを足がかりに前進しようとしています。メキシコシティーが大気汚染のひどい都市ランキングで順位を下げることができた理由がもう一つあります。しかし、こちらはあまり褒められたものではありませんが。それは世界中の多くの都市で汚染が悪化しているからなのです。その要因の一つは、悪化する交通渋滞によるものです。

自動車の発明は私たちの暮らしに変革をもたらし、計り知れない数多くの方法で生活を向上させてくれました。しかし一方で、都市についての政治的リーダーや都市プランナーの見方を変え、その結果、しばしば破壊的な結果がもたらされました。自動車を所有できる経済力のある人が増えると、自動車のためのスペースもどんどん増えていきました。鉄道は過去のものになり、自動車が未来そのものになりました。そして、増え続ける交通量が道路の悩みの種になると、その解決は道路整備に賭けられ、より多くの車線のある広い道路が建設されました。そして当然、これらの新しい道路も慢性的に渋滞するようになりました。

徐々に自動車は、温室効果ガスの主な排出源になりました。人間と貨物の移動を合わせると、気候変動をもたらす物質の総排出量のうち、およそ一四パーセントにのぼります。このほとんどが、燃焼時に二酸化炭素が発生する石油によるものです。二〇一六年には、ヨーロッパと米国における石油からの気候変動をもたらす排出物質の量が、初めて石炭由来の量を上回りました。世界の多くの都市において、運輸交通が最大の温室効果ガス排出源となっているのです。

自動車は私たちの生活にとって欠かせないものであり続けていますが、都市はもっともな理由で自動車との関係を見直し始めています。気候変動とは何ら関係なく、路上の自動車の台数を減らしたいという強い動機が都市にはあります。交通渋滞は、都市の経済、安全、そして住民の健康に損害を与えるからです。

●**経済**

二〇一四年、全米の都市の住民は、交通渋滞によって年間六九億時間余計に運転に費やしました。これによって生じたコスト増と失われた生産性は、総額一六〇〇億ドルを超える経済損失をもたらしました。もちろん、渋滞にはまって動けない時のいら立ちについては言うまでもありません。

●**健康**

自動車の排気ガスに含まれる粒子は、がん、ぜんそく、心血管疾患、そしてその他の重篤な呼吸器疾患を引き起こすため、全世界で大気汚染は年間七〇〇万人が早期死亡する要因になっています。

●**安全**

毎年、自動車による交通事故によって一二五万人を超える人々が命を落としており、その多くが都市で発生しています。加えて何千万人もの人々が負傷しています。都市が成長し続ける中、対策を何も取らなければ、ますます多くの命が交通事故によって奪われます。二〇一〇年には、全世界の自動車台数が一〇億台を超えました。二〇三五年には、この二倍になると見られています。

自動車台数増加の最大のけん引者は中国です。これが中国で大気汚染が喫緊の課題となっている理由の一つです。健康影響研究所（ＨＥＩ）によれば、中国では運輸交通による汚染によって年間一三万七〇〇〇人が早期死亡しているとのことです。

しかしながら、このことは中国だけで起きていることではありません。あれほど視界が完全に妨げられるようなスモッグの報道写真をたくさん目にしますが、実は北京市の大気汚染は世界の都市ランキングでは第五七位です。

交通だけが都市における汚染の原因になってはいませんが、主要な原因であるのは確かです。国民所得の増加によって自動車台数が増えているインドネシアでは、二〇一一年のジャカルタ市民の疾病のうち五八パーセントが大気汚染に関連したものでした。インドネシア保健省によれば、ジャカルタの大気汚染の七〇～八〇パーセントが自動車由来のものです。つまり、自動車が増えると病気が増えるのです。

これは何も途上国に限った話ではありません。二〇一五年三月一八日のパリでは、当時、就任したばかりのアンヌ・イダルゴ市長が大胆な気候政策を始めたばかりだったにもかかわらず、スモッグを悪化させる気象条件が重なったことで、世界のどの街よりも大気が汚染された状態になりました（カールがこの後で説明しますが、EU諸国が好んできたクリーンディーゼル車はそこまでクリーンではありませんでした)。

光の都は有害物質の雲でかすみ、イダルゴ市長はすぐさま行動しました。一時的に公共交通機関は無料になり、自動車利用の部分禁止令が発令されました。緊急事態がいったん落ち着くと、パリ市はより長期的な解決策を導入しました。ヨーロッパで初めて排ガス規制が制定された一九九七年以前に製造された車両は、平日のラッシュアワーでの使用が禁止されました。二〇二〇年には、パリ市内に入ることができる車両は二〇一一年以降に製造されたもののみになります。いずれはディーゼル車を全面禁止する計画も進んでいます。

●道路の甘い夢

長年にわたって社会通念上、人々のニーズと自動車のニーズは同じであるとされてきました。しかし、それは決して真実ではなかったのです。

そして今日では、自動車と人間の利害に隔たりができてしまったのであれば人間が優先されるべきだと、より多くの都市のリーダーたちが認識してきています。しかしそれは革新的な考え方ではありません。時として、最も大きな変化はごく単純なアイデアから生まれてくるものなのです。

二〇〇九年、私の下で当時ニューヨーク市運輸局長であったジャネット・サディク=カーンが、タイムズスクエアを車両通行禁止にするという提案を持ってきました。私は冗談かと思いましたが、彼女は本気でした。タイムズスクエア？　世界一の交差点？　ブロードウェイミュージカルのふるさと？　地球上で一番混雑している交差点の一つだぞ。本当にあのタイムズスクエアのことを言っているのか。私は彼女に、君は正気ではない、と言いました（そして〝正気〟という言葉の前に、ここには書けない言葉を発したかもしれません）。

車両通行禁止にすれば交通渋滞が悪化するに違いないというのが、私を含むほぼ全員の直感的な反応でした。しかし彼女の話を聞いているうちに、この問題の見え方が変わってきました。タイムズスクエア周辺の道路状況は何十年間にもわたって悪夢であり、どうしようもないように見えました。そもそもタイムズスクエアは、世界中で最も人気の高い観光スポットの一つです。世界経済の中心地のど真ん中にあり、何千何百万人もの観光客が毎年訪れるうえ、通勤のためにさらに何千何百万もの人々がここを通ります。渋滞しているかと聞かれたら、もちろん、渋滞しています。

マンハッタン島の道路は碁盤の目のように張り巡らされているので、観光客が迷わずに目的地にたどり着きやすくなっています（ウエストビレッジ地区に入るまでは）。ニューヨーク市の創建者たちは、一八一一年に碁盤の目状の道路網を採用し、街の発展に秩序を持たせようとしました。ところが、この碁盤の目状の設計に従わないままとなった目抜き通りが一本だけありました。それがブロードウェイです。マンハッタン島の南端（ロウアーマンハッタン）から北端まで伸びているブロードウェイは、はるか昔にネイティブアメリカンたちによって開かれた道が元になっています。南北に走る道路と東西に走る道路が垂直に交わる道路網を斜めに横切るので、南北に走る道路に対して鋭角に交わることになり、そこにいくつかの三角形のスペースが形成されます。グリーリースクエア、マディソンスクエア、ヘラルドスクエア、タイムズスクエア、そしてリンカーンスクエア——これらの形は三角ですが、「スクエア」と名付けられました。いずれのスクエアでも、自動車、歩行者、自転車、買い物客、ホットドッグ売りなど、あらゆる職業や立場の人々が場所の取り合いをしています。タイムズスクエアでは、この場所取り合戦が最も激しかったのでした。

頭上の明るい照明に見とれる多くの人々など、大勢の歩行者が歩道を無視して車道を歩いていましたが、それはたいてい歩道が混雑して歩く場所がなかったからです。歩行者と車両の衝突事故の発生頻度も高くなっていました。タイムズスクエアで自動車とぶつかる歩行者の人数は、周辺の通りの二倍以上でした。

にもかかわらずジャネットは、車両を締め出すことがむしろ交通渋滞を緩和するという、直感的に思い付くこととは逆の提案をしたのです。彼女は、ニューヨーク市の交通エンジニアたちと問題を検討し、先述の鋭角の交差点が続くブロードウェイの一部区間を車両通行禁止にして交差点の数を減らすことで交通の流れを改善できるのではないか、と考えました。ちょっとした調整をすることでタイムズスクエアを通過するドライバーに青信号の時間をもっと与え、同時に歩行者にはこの世界の中心に新たな二・五エーカー（約一万平方メートル）の公共空間を与えることができるのだ、と彼女は説明してくれました。

試してみる価値がある、と思えました。でも、もし失敗したらどうすればいいでしょうか。ともかく、経験から学習することです。私は、無難にやり過ごすために市長を目指したわけではありません。私の政策アドバイザーの中には、なぜ再選キャンペーンが終わるまで待てないのかと思った人もいるかもしれませんが、私にそのような説得をしても無駄なことをよく知っていたのでしょう。

ジャネットと私は、タイムズスクエアとヘラルドスクエアで歩行者天国を設置するという、半年間のパイロットプロジェクトを発表しました。私が初めにこのアイデアを聞いた時と同じ反応を多くの市民がするだろう、と私は予想していました。つまり、私たちのことを頭がおかしいと思うのでは、と予想したのです。メディアの当初の反応から、私は間違っていませんでしたが、批判を甘く見ていました。

ニューヨークポストのあるコラムニストは、タイムズスクエアは間もなく、「ブルームバーグ市長が悪魔のように街のど真ん中に思い描いた、大渋滞で観光客には愛されても市民には嫌われる、身動きの取れない交差点」として知られるようになるだろうと書きました。そのコラムニストは、歩行者天国計画を「まったくもって卑劣」と呼びました。

「ブルームバーグ君のブロードウェイ暗殺計画」というタイトルのコラムが掲載され、数日後には、**「行き止まり」**というタイトルのコラムが続きました。

歩行者天国のオープンに向けて、サディク＝カーンは金属製の椅子とテーブルを注文していたのですが、ちょっとしたトラブルでそれは予定通りに配達されませんでした。そこで、彼女は急きょ、解決策として、ブルックリンのホームセンターでセールになっていた虹色のビーチ用デッキチェアを数百脚用意しました。デッキチェアが設置されるや、まるでそれが最も自然な行動であるかのごとく、人々はそこに座り出しました。その瞬間、私たちは歩行者天国の成功を確信し、実際に成功しました。タイムズスクエアでの新たな経験を楽しむ人々で歩行者天国はいっぱいになり、その後ずっとそれが続いています。そして、このアイデアの提案をした時には私たちのことを頭がおかしいと酷評したのと同じ人々が、昔ながらのニューヨーカー気質を発揮して、今度は「うちの近所にはどうしてこういう歩行者天国を造ってくれないのか」と文句を言い出しました。

しかし私たちは、この計画を他の地区にも拡大する前に、まずは重要な問いに答える必要がありました。それは交通への影響はどのようなものなのかという問いです。

自動車が誕生してからの最初の一〇〇年間、都市では時計を持って交通量を計測しなければなりませんでした。運輸局は街の調査対象地区に何度も何度も運転者を送り込み、走り回ってもらい（ノロノロと走ることが多かったのですが）その速度を計測しました。しかし、この手法は不正確です。今日、私たちにはGPSというきわめて優れたツールがあります。既に、二〇〇九年までに市内の一万三〇〇〇台のタクシーにGPSシステムの設置を義務付けていました。そして、毎日とても多くのタクシーがタイムズスクエアを通過するため、私たちは既に歩行者天国設置前と設置後についての貴重な速度データを手にしていました。

一一〇万回のタクシー走行データから、計画の実施によって、タイムズスクエア周辺の自動車通行所要時間は七パーセント改善したことが分かりました。最も重要だったのは、自動車事故による負傷者数が三五パーセント減少したことです。これは、歩行者と自動車による場所取り合戦がなくなったことが最大の理由でしょう。計画実施前には、毎日タイムズスクエアを通る人の八二パーセントが歩行者であったにもかかわらず、タイムズスクエア中心部の面積の八九パーセントが車両通行に占有されていました。歩行者天国区間を設けることによって、歩行者数とのバランスを取ることができるようになったのです。

当初、歩行者天国の近隣にある企業は、計画によって収益が下がるのではないかと不安がっていましたが、真逆の結果となりました。

タイムズスクエアの歩行者天国区間沿いの商業用物件の賃料は二〇一三年までに二倍になり、記録に残る中では史上初めて、世界で最も価値の高い商業地区のベストテンに入りました。

タイムズスクエア歩行者天国計画は私たちの予想のうち、最も高い予想さえ上回る成果を出したので、私たちはこのモデルをニューヨーク市全体に適用することにしました。私たちは、他に五〇カ所以上の歩行者天国を設置し、これにより何十エーカーもの土地が新たに人々の利用のために開放されました。ブロードウェイの車両通行禁止によってタイムズスクエアにもたらされたのと同じような恩恵が、それぞれの地域にもたらされました。すなわち、企業には客数増加、歩行者には安全な道、そしてこれまでよりも清浄な空気が皆にもたらされたのです。

車両交通とカーボンフットプリントを少しずつ削減し、歩行者や自転車利用者とのバランスを取り戻すために、世界中の都市で道路の使い方が再考されています。パリ市では二〇一三年に、セーヌ川左岸を車両通行禁止とした歩行者専用区間に変えました。また最大で一時間当たり二七〇〇台の車両交通量がある、セーヌ川右岸のバスティーユ広場からルーブル美術館までの区間を歩行可能な公園に造り替えよう、という計画も進行しています。スペインのマドリード市では、二〇一五年に開設した車両通行禁止区間を徐々に拡張しており、二〇二〇年までには市中心部から実質車両の通行をなくそうとしています。バルセロナ市では、内部を自動車が通過することができない複数の区画「スーパーブロック」を造っています。交差点は再び公共の空間となり、道路は歩行者や自転車利用者のものに戻ります。このアイデアは適用しやすいので、世界中の都市から注目を集めています。そして、もしこのスーパーブロックが成功を収めれば、この試みが都市から都市へと広がっていくことは想像に難くありません。

さらに先進的な都市もあります。徒歩、自転車および公共交通機関を中心に生活圏を再設計する長期計画を構想している多くの都市のうちの一つが、中国の成都市です。成都市では、自動車をほぼ排除した衛星都市を造ろうとしています。コロンビアのボゴタ市では、精力的な市長エンリケ・ペニャロサのおかげで、運輸交通に関してきわめて先進的な都市になっています。ペニャロサはこう述べています。「車よりも人間のための街を私たちは造りました。歩道から何万台も駐車された自動車をどけて、新たな歩道を整備しました。私たちは、歩道はおしゃべり、遊び、商売、あるいはキスをするための場所であることを説明するテレビコマーシャルを流しました。そうです、歩道の革命を始めたのです。バス高速輸送システム（BRT）であるトランスミレニオは、同時に〝市民平等〟の強力なシンボルになりました。自家用車から取り上げたスペースを公共交通機関に与えたからです。そして、初めて公共交通機関利用者が、自家用車に乗った人よりも速く移動できるようになりました。すべての市民は平等であるということを示し、民主主義は存在するのだということを示しました。私たちはまた、アラメダ・エル・ポルベニール（未来の遊歩道）という、幅五〇メートル全長二四キロメートルの自転車専用ハイウェイを造設しました。多くの市民が通勤に利用しており、おそらく私が最も誇りに思っている業績です」。

ここ米国では、全米のすべての地方において、民主党、共和党双方の首長が率いる、大小様々の都市がこのような改革に携わっています。例えば、インディアナ州カーメル市の共和党の市長ジム・ブレイナードは、「ハイブリッド車の導入、太陽光発電プログラムへの投資、自転車や歩行者用設備の造設、そして車ではなく市民のための街の設計など、市政の隅々まで検討しました。目標は、私たちの街をできる限り環境に優しくすることです」と述べています。

あるいは、アラバマ州バーミングハム市の民主党の元市長ウィリアム・ベルは、「今年、私たちは新たな自転車シェアリングのプログラムを発表し、電気自動車の充電ステーションを導入しました。また、代替エネルギーを使用する車両の台数を二倍以上にできました。さらに私たちはこれから、まだ残っているガソリンで走るバスを一〇〇パーセント電気自動車に替えていきます。これらの取り組みによって、市民のガソリン代の負担は下がり、健康は向上します。また、国あるいは国際舞台のリーダーたちに対して、変化は可能であり、望まれており、なおかつ利益を生むのだ、ということも示せます」と話しています。

オレゴン州ポートランド市では、大胆なビジョンを掲げています。それは、二〇三〇年までに市民が仕事以外のすべての用事を徒歩か自転車で済ませられるようにするというものです。モーターシティーの呼び名で知られるデトロイト市でさえ、「二〇分生活圏」というコンセプトを検討しています。これは、市民が仕事以外のすべての用事を、徒歩または自転車で二〇分圏内の距離で済ませられるというものです。

ニューヨーク市では、市内の一万三〇〇〇台のタクシーすべてをハイブリッド車やその他の低燃費車に移行させることで、燃料効率を五〇パーセントほど向上させました。さらに、コペンハーゲン市やアムステルダム市の自転車専用レーンなど、他の都市のアイデアをたくさん取り入れました。前回ニューヨーク市長が自転車専用レーンを整備したのは一九八〇年代のことでしたが、当時その実験は失敗しました。その最大の理由は、レーンの数が少な過ぎるというものでした。私たちは一二年間で合計四七〇マイルを超える自転車専用レーンを新設しました。その一部には、駐車スペースによって車両交通から分離されることで保護されているものもあります。これらの取り組みによって、ニューヨークの道路を自転車で通行するのは配達業の人たちと熱狂的なサイクリング愛好家だけだ、という長きにわたって信じられていた思い込みを覆すことができました。

ニューヨーク市、そして北米の都市全般においては、歴史的に見て自転車利用者数は比較的低い水準にとどまってきました。米国で自転車通勤者の割合が最も高いポートランド市でも七パーセントです（対照的にアムステルダム市では、すべての移動の四〇パーセント近くが自転車によるものです）。ニューヨークが自転車の街になることなどあり得ない、と多くの人が長年当然のように思ってきました。しかし道路の安全性が向上すれば、自転車利用者は増えます。二〇〇一年から二〇一二年の間に自転車通勤者数は四倍になりましたが、一年当たりの自転車事故件数は増えませんでした。一番街や二番街では、分離型自転車レーンによって自転車の数は一七七パーセント増えました。分離型自転車レーンが最初に造られた九番街では、自転車利用者数が急増したにもかかわらず、自転車以外の道路を利用するすべての交通手段を合わせても負傷者数が五八パーセント減りました。インフラが良いほど自転車利用者数は増えます。コペンハーゲンやアムステルダムも常に世界のサイクリングの中心だったわけではありません。まず先に道路を自転車利用者が使いやすいものにしなければならなかったということです。多くの都市が今、それに追い付き始めています。

道路をシェアする

二〇一三年、米国で最大の公共自転車シェアリングプログラムである、ニューヨーク市のシティバイクという仕組みを私たちは立ち上げました。市内全域の自転車ステーションに六〇〇〇台を超える自転車を設置し、新たな一つの公共交通機関を創ったのです。金融機関シティグループとの官民連携によって、シティグループがブランドイメージの向上と長期利潤の分け前を受ける代わりにこのプログラムの費用を出しました。納税者には負担が一切ありませんでした。

プログラム作りに当たっては、多大な成功を収め世界中の都市に刺激を与えたヴェリブ[24]という仕組みを生んだパリ市などの先進事例から学びました。同様の仕組みがニューヨーク市でも成功するのか、多くの人々が懐疑的にとらえていましたが、公的資金に一切リスクが生じないため私はぜひ試してみたいと思いました。そして試してみて、本当に良かったと思いました。立ち上げから一年、シティバイクの累計走行距離は二〇〇〇万マイル（約三二〇〇万キロメートル）を突破し、市内の様々な地区が自転車ステーションの設置を強く求めてきました。今日、シティバイクは八〇〇〇台を超え、現在も増え続けています。

自転車や自動車のシェアは、都市交通の最も面白いフロンティアの一つです。パリ市は、ヴェリブの大成功を踏まえ、もう一つ低炭素交通手段をシェアできる可能性を見出し、利用登録制の電気自動車（EV）シェアリングの仕組みであるオートリブを立ち上げました。また、パリ市は電動スクーターシェアリングサービスも開始しています。シンガポール市では、二〇二〇年までに一〇〇〇台の電気自動車と五〇〇カ所の充電ステーションを配備した電気自動車シェアリングプログラムを作り上げようとしています。インディアナポリス市のブルーインディープログラムには、五〇〇台の電気自動車や二〇〇カ所の充電ステーションの計画が含まれています。オンデマンド形式での電気自動車の利用と、同市のダウンタウン地区で実施されているインディアナ・ペイサーズ・バイクシェアプログラムを組み合わせることで、ますます多くの市民が、自分の思い通りに市内を移動しながら炭素排出量ゼロを達成することが可能になっています。しかも、この世界の自動車レースの中心地において、自家用車を持たなくてもそれができるようになっています。

デンバーの南東に位置するコロラド州センテニアル市では、通勤者の公共交通機関利用を促進するために、配車サービス会社リフトとパートナーシップを結びました。[*25] このパートナーシップの下では、市内中心部とつながっている電車に乗れる駅までの費用、または駅からの移動のためのリフトの利用料に対して、市が補助をすることになっています。センテニアル市が既存の電話配車サービスの実施に支払っていた金額よりも、リフトの配車への補助金のほうが安価に済むので、市は節約することができ、市内中心部まで自家用車で運転する人数は減らせます。少なくとも、そのように期待されています。パートナーシップ立ち上げ前のアンケート調査では、センテニアル市在住の通勤者の九〇パーセントが、デンバーまで通勤のために自分で運転しており、その最大の理由は早さと利便性でした。

より良い代替手段の出現によって、センテニアル市民には、自宅に車を置いたまま出勤する人が増えるかもしれません。試してみる価値はあるでしょう。

バスと路面電車に乗ろう

道路を自動車から人間のものに取り戻すには、信頼性があって経済的な代替移動手段を人々に提供することが必要になります。地下鉄や地上を走る鉄道は、最大の人数に最大の移動能力を与えることができるうえ、炭素および大気汚染物質排出量が最小限で済みます。しかしながら、この建設には多くの費用がかかります。一方バス交通網は、はるかに安価であり、かつ簡単に運営、維持、拡張を図ることが可能です。唯一の問題は、鉄道よりも遅いということです。これは利用者の移動所要時間が長くなるばかりか、交通量の増加と大気汚染をもたらしてしまいます。通勤者にとっては魅力が減るため、多くの人がそれならば自分で運転したほうがいいと判断してしまい、その結果、交通量も大気汚染も増してしまうのです。

一九七〇年代に、ブラジルのクリチバという都市では、この問題の解決策を考え付きました。そうだ、バスをもっと電車のように動かせばいいのだ。クリチバ市は徐々に市内のバス交通網に数多くのイノベーションを導入していきました。乗客は道路沿いの券売機であらかじめ切符を買うようになりました。バスには複数の乗車口が設けられ、行列が短くなり、移動所要時間が短縮されました。車体が長く一度により多くの乗客を運べるバスが運行できるよう、専用レーンが設けられました。これにより、バス交通網の能力が一段と向上しました。

その後、高速バス輸送システム（BRT）として知られることとなったこのアイデアに興味を示した都市は当初は数カ所だけでしたが、近年急速に広まっています。今や、世界中で二〇〇以上の都市がBRTを採用し、世界中で毎日三三〇〇万人を超える乗客が利用していますが、このうち二〇〇〇万人以上が中南米です。

BRTは、交通機関の改善が人々を自動車利用から抜け出させるだけでなく、貧困からの脱出についても効果があることを示しました。他の世界の都市でも同様ですが、ヨハネスブルク市では、雇用など様々な機会に出会うことの少ない街外れに、とりわけ貧しい市民が住んでいます。これにより、貧しい地区の人々の通勤や子供たちの通学には、より多くの時間がかかり、費用ももっとかかることが多いのです。ヨハネスブルク市におけるこの格差は部分的にはアパルトヘイト政策の負の遺産とも言うべきものです。

二〇一四年にヨハネスブルクで開催されたC40会議に私が参加した時、当時のヨハネスブルク市長であったパークス・タウの下、コリドー・オブ・フリーダム（自由の回廊）というプロジェクトを通して、市がこの問題の解決に取り組んでいることを知りました。このプロジェクトでは、公共交通機関の主要拠点を市内中心部から離れた特に貧しい地区で重点的に開発していきます。通勤が容易になり、時間も短縮されれば、雇用などの機会が増え、バスルート沿いは居住地域としての魅力が増し、人々の住居やビジネスへの投資を促進します。さらに、自家用車に代わる経済的な移動手段を提供することで、汚染や温室効果ガスの削減にも貢献できます。したがってヨハネスブルク市の交通戦略は、気候変動対策戦略でもあり貧困対策戦略でもあり、すべてが一つにまとめられているのです。

この三位一体のアプローチを取っているのは、ヨハネスブルク市だけではありません。コロンビアのメデジン市では、市周辺を囲む丘陵地帯まで登る電気ケーブルカー網（メトロカブレ）を二〇〇四年に建設しました。これは、メデジン市のカーボンフットプリントをほとんど増やすことなく、市のはずれの貧しい地区を市内中心部の雇用などの機会にもつなげています。また、ケーブルカー網によって形成された交通ハブは経済のハブともなり、通勤者を顧客とするビジネスが集まってきました。二〇一四年の国連世界都市フォーラムに出席した際、私は前メデジン市長アニバル・ガヴィリア・コレーアと共にこのケーブルカー網を自身の目で確かめる視察ツアーの機会に恵まれました。

視察では、街の素晴らしい景観を楽しめただけでなく、スペイン語の練習の良い機会にもなりました。私は、コロンビア出身の先生にスペイン語を教わっていて、死ぬまでにスペイン語が流暢に話せるようになりたいと本気で思っていると先生に伝えました。私の今の上達のスピードでは、とてつもなく長生きしないといけなくなります。

メデジン市は、起伏の激しい都市における交通改革の素晴らしい歴史を築きつつあります。一九世紀にサンフランシスコは、ケーブルカーによって改革の先陣を切りました。当時ケーブルカーは観光名物ではなく、実用的な移動手段でした。

さて、次に来るのは何でしょうか。

ドライバーのいない運転席

自動運転車という将来有望な新技術の誕生によって、ライドシェアが持つ可能性は指数関数的に広がっています。自動運転車には、交通事故発生件数の減少と、それにより人命が救われるという大きな期待が寄せられています。自動運転車は、都市にそれ以外の恩恵ももたらします。自動運転車によって、人々と雇用などの様々な機会をつなげる新たな交通手段が生まれます。このことにより、コミュニティ内における経済格差の壁が取り払われ、貧困との戦いが進展する可能性があります。そして、自動運転車の所有者には、電気自動車による燃料代の削減が非常に魅力的なので、電気自動車への移行が加速されることも見込まれます。

加えて、自動運転車によって乗り物のシェアがもっと広まれば、個人の自動車保有率が下がるかもしれません。理論上は、それにより交通量が減り、駐車場の需要も減るので、歩行者や自転車利用者、そして企業が利用できる空間が増えます。また、現在駐車場として使われている不動産ももっと自由に使えるようになります。また、人々が駐車場を探して自動車でぐるぐる回る時間が減れば、大気汚染は減って生産性は高まります。あくまで理論上の話ですが……。

最初の自動運転車が道路を走り出すに当たって思い出さなければいけない重要なことは、一世紀以上にわたって続けてきた自動車優先の都市計画での苦い経験から学んだ教訓です。街の人々のためにテクノロジーが尽くすのであって、これが逆になってはなりません。また、テクノロジーが既存の問題の解決を助けるのであって、新たな問題を生み出さないよう、しっかり確かめないといけません。運転以外に車内でできることが生まれれば、人々は渋滞にはまっても苦に思わなくなり、そうなるとますます道路は自動車であふれ、渋滞は悪化し、無秩序が拡大します。

自動運転車がシートベルトの登場以来の最も重要な安全面の発展になり得ることは確かです。しかし、忘れてはいけません。一九六八年までアメリカ連邦政府は、全自動車へのシートベルトの設置を義務付けていませんでした。しかも、米国で初めてのシートベルト着用義務法案がニューヨーク州議会を通過した一九八四年まで、人々は実際にはシートベルトを使いませんでした。もっと早く私たちが行動を起こしていたならば、どれほどの人命が救えたでしょうか。自動運転車で同じ過ちを繰り返してはなりません。

もう一つ懸念があります。自動車産業は膨大な人数を雇用する主要産業です。これらの雇用が一夜にして消え去ることはありませんが、市長たちはこれらの雇用が減っていく未来に備える計画を立てておく必要があります。業界を揺るがす破壊的な変革があった時には、いつでも労働市場がその影響を受けます。こうした破壊的イノベーションの渦中にある人々と、新たなスキルや機会とをつなぐことを助けるという重要な役割を、行政機関は担わねばなりません。

一部の都市では既に、無人運転車の導入に向けたパイロットプログラムを発表しており、自動車会社やIT企業はそれらへの参入に非常に積極的です。それは、彼らにとって主要な新市場になるからです。そして、自動運転車がもたらす課題も機会も自ずとローカルなものになるため、市長たちは、これまで数多くの他の問題で成果を出してきたように、この問題でもイニシアチブを発揮すべきです。市長というものは、自身の市が直面する課題や機会をよく把握しており、民間セクターにそれらを説明すること、市民の生活を向上させるようなパートナーシップを締結すること、さらには市民を第一に考えた政策を支えるような公的な支援を構築すること、について最適な立場にいます。

マイアミで開催された二〇一六年のＣｉｔｙＬａｂ会議において私は、無人運転車の導入に向けて都市が準備することをサポートする新たなイニシアチブの設立を発表しました。ブルームバーグ・フィランソロピーはこれを支援しています。私たちは、先進的な市長のグループを結成し、自動運転車関連の一連の政策提言をまとめ、これらを世界中の都市に発信していきます。

こうした交通関連のアイデアがすべて成功することはありません。イノベーションとはそういうものです。しかし成功したものについては、以下に記すような数多くの互いに絡み合ったトレンドにより、これまで類のないスピードで都市から都市へと拡散します。

第一に、C40や世界気候エネルギー首長誓約などといった組織を通して、都市のリーダーたちはかつてないほど互いに話し合い、協働しています。

第二に、データを集め、報告することが以前より簡単になっており、ますます多くの都市が実施しています。これにより運輸交通に限らず様々な分野で、どのような取り組みならば成功するかについての根拠、そして効果が見込まれることに貴重な財源を投入しているという確信を都市は得ることができます。

第三に、気候変動に関する国の動きの遅さにしびれを切らした都市は、自分たちの手で問題を解決しようとしつつあります。

人々の移動手段を根本から変えるような都市交通革命の入り口に、私たちは立っています。これは、あらゆることから示されています。都市が成長し続けるのと同時に、交通への需要も伸び続けます。しかし、二〇世紀に行ってきた自動車に頼った解決策でこの需要に対応し続けるならば、二〇五〇年には、平均的な都市の住民であれば、一日のうち交通渋滞にはまって過ごす時間が長くなり、平均寿命は大気汚染によって縮みます。また、車両渋滞によって経済成長が鈍化した都市で、予測不能で異常な気候の下で生活することになります。これは、あまりに魅力的な未来ではありません。しかし幸いなことに、この未来を回避できないわけではありません。私たちは、これから取る選択や、選挙で当選させる人を通じて、自分たちの命運を自分たちで決めることができます。

カール・ポープ

CHAPTER 10

たそがれの石油

もはや石油への依存は、自明のことではなくなった。依存しないほうが安く済む。富を生み、選択肢を増やし、人々にとってより安全な世界を強化する既に確立されている魅力的な技術によって、米国の石油依存は根絶できる。

——ロッキーマウンテン研究所所長　エイモリー・B・ロビンス

一九七〇年の春、インドでの平和部隊活動を終えて帰国した二五歳の私は、駆け出しの環境ロビイストになったのですが、すぐに大気浄化法関連の業務担当として配属されました。事前準備として必要だったのは、たった一冊の本を読むことでした。ラルフ・ネーダーのネーダーズ・レーダーズ（ネーダー突撃隊）の一人が書いた『失われゆく大気：大気汚染を告発する』[*26]です。第一回のアースデイが開催され、環境保護を訴える活動はまだ産声を上げたばかりでした。

その一〇カ月前、一九七五年までに内燃機関を搭載した自動車の販売を禁止する法案が、カリフォルニア州議会でわずか一票差で否決されました。[*27]これがもし可決されていれば、自動車の未来にとってまさに革命的な変化を起こしたことでしょう。当時、内燃機関を販売できなくなればカリフォルニア州では自動車を売ることができなくなると主張して、自動車メーカーは激しく抵抗しました。しかし、もし可決されていたとしても法令を遵守しながら何らかの形で自動車を売ることはできたであろう、と後年になって業界は認めています。

私たちの仕事は、全米レベルの大がかりな大気汚染の改善に向けた勢いが、こういった主張によって横道にそらされ、失敗に終わることを防ぐというものでした。大気浄化法の中心的な起草者であったメイン州選出上院議員で民主党のエドマンド・マスキーは、デラウェア州選出共和党上院議員のカレブ・ボッグスの応援を得ました。マスキーは大統領を目指していたので、大胆でした。

ニクソン大統領は、マスキーが環境汚染問題防止というこの新たな超党派の動きのリーダーになることを嫌がっており、自動車業界は法案の弱体化を、この法案に関わりたくないホワイトハウスに委ねることができませんでした。

マスキーは、新たな浄化技術を開発し、すべての車両にそれを搭載することを自動車業界に義務付けるという提案――言うならばカリフォルニア州の法案の内容を緩和したもの――を推進しました。デトロイトの三大自動車メーカー、すなわちゼネラルモーターズ（GM）、フォード、クライスラーはワシントンにCEOを派遣し、できること、できないことについて、マスキーに説明しました。しかし、これが逆効果でした。私的なロビー活動の場合、マスキーは化学プラントや電力会社に譲歩することもありましたが、公の場で自動車業界とぶつかったこの時、彼は屈しませんでした。当時、私は気付きませんでしたが、カリフォルニア州による内燃機関の禁止の失敗と、デトロイトの自動車業界に強制力を持って新技術開発をさせたマスキーの成功という二つの出来事は、気候変動に関する四五年にわたる政治的戦いの大きな枠組を構成しています。今日私たちは未だに、運輸交通における内燃機関の未来について争っています。

一九七〇年から二〇〇七年にかけて、内燃機関から動力を得る自動車やトラックは、触媒コンバーターなどの技術が配備されたことでどんどんクリーンになっていきました。エンジンの効率も良くなりました。ところが業界は、自動車が必要とする（あるいは無駄にしてしまう）ガソリンの量を削減することに、こうした技術進歩を活用しませんでした。代わりに、それまでなかったような大型車両を製造し、その加速力を大幅に強めることにこうした性能の向上を利用しました。

一九九〇年代に、カリフォルニア州はまた別の取り組みによって、石油を動力源とする運輸交通手段からの脱却を目指しました。初めは自動車販売台数の二パーセント、その後五パーセント、そして最終的には一〇パーセントがゼロエミッション車両（ZEV）となるように義務付けたのです。これに対する反発は直ちに、しかも圧倒的な規模で起きました。自動車会社や石油業界からの反発、そして石油関係者が裁判を起こして勝訴する事例が複数出てきたこともあって、カリフォルニア州はこの義務付けを放棄せざるを得なくなりました。さらにGMは、インパクトと名付けられた自社の第一世代電気自動車をすべてリコールしてスクラップせざるを得なくなり、大きな物議をかもしました。

この四五年間のうちに、発電、化学薬品やプラスチックの合成、建物の暖房などについては、石油よりも安価あるいは良い燃料が石油に取って代わりました。

それにもかかわらず輸送燃料については、石油の一人勝ちが維持されました。二〇一五年になっても、全米の輸送燃料の九二パーセントが石油由来です。なぜでしょうか。それは、電気、天然ガス、バイオ燃料といった他の燃料が市場シェアを確保できていないからです。この石油の独占状態によって、ほとんどのアメリカ人は石油を「必要悪」と見なしているため、石油業界が価格を吊り上げようと環境を破壊しようとあるいは気候を破たんさせても、許されてしまっています。なぜなら石油に替わるものがないからです。

二〇一六年の春、米国とヨーロッパの両方において、気候変動のリスク因子の大きさとしては石油が石炭を追い抜きました。地球全体では、今やすべての化石燃料の燃焼による排出ガスの三四～三六パーセントが石油由来です。気候の危機を解決するには運輸交通分野での石油の代替燃料を見つけることが必須であると数多くの分析調査が指摘しています。ところが、一九六九年のカリフォルニアの時とまったく同じように、自動車の動力源となれる燃料は石油以外にはないと石油業界は言い張っています。そして、彼らは、それが事実であり続けるために注力してきました。

調査によれば、米国の一般市民は石油への依存性を断ち切りたいと考えています。彼らは、石油が汚染をもたらすものであり、高価であり、自分たちの健康と国の安全保障を脅かすものであると考えています。また、ほとんどの石油をより良い燃料に替えることが技術的に可能だと信じており、実際その通りです。ところがアメリカ人の七〇パーセントが、次の半世紀のうちに米国の輸送燃料としての石油を他の燃料に替えるべきだと考えているにもかかわらず、それが本当に実現できると思っている人は五〇パーセントにとどまり、その理由として石油業界の政治的パワーを挙げています。

私はこの五〇パーセントに属します。なぜなら、実行の土台となる材料は既に手に入っているからです。まずはシンプルな手順から始めましょう。必要最低限の石油を使って、すべての自動車やトラックを動かしてみましょう。

高性能自動車

シエラクラブは長年にわたって、内燃機関の効率性の改善を訴えるキャンペーンを展開してきました。米国が気候を守るために採れる「最も大きな一歩」は、デトロイトの自動車業界が製造する自動車の燃費向上の義務付けであるという考え方で集中的に取り組んでいました。

最初の燃費基準（CAFE）[*28]ができたのは、一九七〇年代にさかのぼります。これは、ガソリンスタンドにできた長蛇の列が連邦議会を動かしたことでできたのですが、その後何十年も見直されずにいました。しかも、デトロイトの自動車業界は規制の抜け穴を悪用し、ピックアップトラックのシャーシをベースに大型乗用車を製造することで、乗用車両に求められる条件の対象外としました（これがSUVブームの誕生です。ずさんな政策にはツケがあります）。当時は石油が安く量も豊富に見えていたので、自動車業界はすぐに主導権を取り戻しました。

シエラクラブの自動車関連のロビイストであったダン・ベッカーと私は、頻繁にデトロイトまで訪ねて行っては自動車会社や労働組合と話をしていました。当時の全米自動車労働組合（UAW）委員長であったスティーブン・ヨーキッチとの一九九〇年代のある会議では、未来を見るようヨーキッチに促しました。時代遅れのピックアップトラックの技術を土台にSUVを造り、とんでもなく高い価格設定にすることに、デトロイト全体のビジネスプランが依存してしまっていました。日本やドイツの会社が、最新技術で大型乗用車を造り始めたら業界としてはどうするのかと、私はヨーキッチに尋ねました。彼は私をUAW本部の建物であるソリダリティーハウスの窓の前に連れて行き、駐車場を見せてくれました。「何か気付くことはありますか」と、彼は聞きました。「そうですね、全部米国車ですね」と、私は返事をしました（私のサンフランシスコのオフィスの窓から見える景色の場合、そういうことはありませんでした）。すると、「その通りですが、もう一点。SUVはほとんどありません。ダメなものを造っている時、組合員たちには分かるのです」と彼は言いました。彼の言う通りでした。しかしそれでも、米国の自動車業界が改革を始めるよう圧力を一緒に掛けていくことをお願いすると、彼は私たちに、各自動車会社に戻って話をするように言いました。そして、ハイブリッド車生産への大規模な税額控除をシエラクラブが提案した際には、デトロイトの自動車産業界のロビイストたちはそれを拒否しました。

二〇〇〇年のジョージ・W・ブッシュのアル・ゴアに対する勝利は、この税額控除の可能性を潰してしまいました。しかも、そもそもこの税額控除を可能にする米国の財政黒字もなくなってしまいました。しかし、二〇〇四年になると石油価格は急上昇を始めました。一バレル（約一五九リットル）三〇ドルであったのが、ついには一バレル一一〇ドルまで上がりました。その間にも米国の自動車会社は、ガソリンが一ガロン（約三・七八五リットル）当たり二・五〇ドルを超えることなど絶対にないという幻想に自分たちのビジネスを賭け続けましたが、それは負けるほうへの賭けでした。

中国が世界の石油需要を押し上げると、米国のガソリン価格はついに二〇〇六年九月に一ガロン当たり二・五〇ドルのラインを突破し、サブプライム住宅ローン危機によって世界経済が一気に悪化する直前には、四ドルを上回りました。そして、GMとクライスラーは経営破たんしました。フォードは多大な借入枠のおかげで生き残りましたが、大打撃を受けました。デトロイトの自動車業界によるイノベーションへの抵抗は、自らの利益を脅かしただけでなく、自らの存続そのものを脅威にさらしたのです。

国内自動車産業の崩壊を受けて、ブッシュ政権、そしてその後はオバマ政権が業界を救済しました。しかしオバマ大統領は、GMとクライスラーの新しい経営者たちにイノベーションを受け入れるよう求めました。また、オバマ政権はそれまでよりもはるかに厳しい燃費基準を定めました。ガソリン消費量を二〇二五年までに五〇パーセント削減することが求められています。これにより、米国の消費者のガソリンスタンドでの出費が一・七兆ドル節約され、米国の石油消費量が一二〇億バレル（約一九億キロリットル）減り、大気中の二酸化炭素量が四〇億トン削減されます。同時に、米国の自動車メーカーに高性能でクリーンな車両のためのイノベーションへの投資を増大させるというオバマ政権の取り組みを、UAWは新たな委員長ボブ・キングの下で強く支持するようになりました。

引き続き高い状態が維持されていた石油価格にも後押しされた形で、これらの変化によって、一ガロン当たり三〇マイル（約四八キロメートル）走行だった自動車の燃費は、二〇一四年には三五・六マイル（約五七キロメートル）走行まで向上しました。これは顕著な改善ですが、まだまだ多くが行われなければなりません。米国の石油消費量を五〇〜七五パーセント削減するため、つまり、気候を守ると共に将来の石油の極端な急騰を防ぐためには、内燃機関ではなく、蓄電池または燃料電池から動力を得るZEVへ移行する必要があります。

こじれてしまったロマンス

これに対してヨーロッパは、別の道を歩みました。石油を輸入に頼っているので、消費者がより小型の車両を選ぶよう高いガソリン税を課しました。そして、気候問題の重要性が増してくると、ガソリンよりも効率的である軽油に重点を置きました。

軽油による汚染は、汚染防止策を改善すれば解決できるような、取るに足らない技術的な問題として片付けられました。

石油価格が高騰し始める前の二〇〇三年、トヨタ自動車はハイブリッド車であるプリウスのリニューアルモデルを米国市場に投入しました。トヨタ自動車、そして世界最大の自動車メーカーであるGMを追い抜きたいと切望していたフォルクスワーゲン（VW）は、とりわけ大きな賭けに出ました。単にディーゼル車に賭けたのではありません。軽油の汚染防止装置を小型車に取り付けることは困難であるにもかかわらず、小型ディーゼル車に賭けたのです。

VWの小型ディーゼル車のエンジニアたちは、特に窒素酸化物（NOx）規制を中心に米国の厳しい排ガス規制がクリアできないかと、何度も何度も挑戦しました。そしてたび重なる挫折の末、ついに不正に走ってしまいました。排出量試験を受けている際には汚染をコントロールするシステムが作動し、実際の路上走行時には作動しないという「ごまかし」装置を車両に搭載したのでした。VWの「クリーンディーゼル車」は実は、路上走行では最大で基準の四〇倍ものNOxを排出していたのです。その間、同社の広告では技術の勝利について高らかに宣伝していました。

不正は五年間にわたって発覚しなかったのですが、二〇一五年に独立審査機関がVWのクリーンディーゼル車が巨大な汚染の源となっていることを突き止めました。その先の話はおそらく皆さんご存じのことでしょう。VWは不正を公表し、同社の時価総額は三分の一下落しました。売り上げも急落しました。アメリカ連邦政府との最初の調停では、一五〇億ドル（一台当たり三万ドル）の制裁金となる見込みです。

VWによって危機感を持った世界中の自動車検査機関は、他の自動車メーカーについても精査を始めました。GMのヨーロッパ部門であるオペルも、不正装置を搭載していたことが発覚しました。メルセデス・ベンツでは、低温条件下のみではありますが、大きめのディーゼル車のNOx汚染をコントロールするシステムが作動しないようにしていたと言われています。フィアットでは、ディーゼル車が二二分間走行すると排ガスコントロールシステムが切れるようにプログラミングされていました。三菱自動車は、一〇年間にわたって自社ラインの燃費について実際とは異なる数値を発表していたため、会社の市場価格が半分になり、ついには日産自動車の傘下に入ることになってしまいました。

二〇一六年の半ばには、世界のディーゼル乗用車のほとんどが、季節によっては実際の高速道路の条件では排ガス基準に違反しているということが明確になりました。

ところがその時点では、ほとんどの自動車メーカーがディーゼル車の製造中止を延期し、その中には規制の基準を満たしていない車種も含まれていました。多くの場合、自動車メーカーの本国政府もこれを後押ししていました。

世界に先駆けて厳しい汚染規制を導入したにもかかわらず、多くのヨーロッパの都市が大気汚染の悪化に苦労していた理由が、汚染規制が名目上だったことが露見したことで説明できるようになりました。偽りが暴かれた後、多くの自治体が、ディーゼル車を全面的に禁止することを提案して反撃に出ました。

ヨーロッパの一般市民は、ヨーロッパ議会に反映されているように、石油を燃やして動力を得る車両とそこから生まれる汚染の脅威から逃れることができるような強い行動を求めていますが、ヨーロッパの各国政府の意見は割れています。電気自動車に移行したいと望む政府もありますが、もっと早い段階で電気自動車開発に賭けた日本や米国の企業に市場シェアを奪われることを、多くの国の政府は恐れています。ディーゼル車とのロマンスにいつまでヨーロッパがしがみ付いているのかは見守るしかありませんが、市場は確実に電気自動車に向けて進み、ディーゼル車からは離れつつあります。

ディーゼルエンジンは、自動車においては他の動力源に置き換えることができるかもしれませんが、トラック、建設機械、船舶、鉄道など、重い荷物を扱う用途においては今後も長きにわたって重要な役割を果たすと考えられています。ディーゼル車は、すすの微粒子、つまりブラックカーボンを排出します。特に、硫黄含有量が多い燃料で動かした場合、すすの量が顕著に増えます。これは非常に深刻な問題です。と言うのも、地球上のブラックカーボンのおよそ二五パーセントが、据置型あるいは可動型のディーゼルエンジン由来になっています。幸い、この気候変動要因はシンプルな技術で解決できます。ディーゼル車からのブラックカーボンは、超低硫黄軽油とディーゼル微粒子回収フィルターによってほぼすべて取り除くことができるのです。これらは今や米国では、小型、大型双方のディーゼル車両に標準装備されています。新興諸国では、太陽光パネルの場合と同様に、適切な資金援助のツールが使われれば、ブラックカーボンをコントロールするための対策の実施が加速できます。

貨物輸送

気候汚染を抑えるための最大の障壁は、これはほとんど指摘されることがありませんが、小麦、靴、建築用木材、テーブル、冷蔵庫、ｉＰａｄ、石炭、石油、あるいは太陽光パネルなど、あらゆる製品を鉱山や工場から店先まで運ぶことです。

今日の運輸交通による排出量のおよそ半分が貨物輸送によるものであり、私たちが物流をスマートにしようと取り組まなければ、二〇四〇年にはこれが四五パーセント増加すると予測されています。

他と異なり、ここでは新たな解決策は必要とされていません。古くからある貨物輸送手段のうち、船舶と鉄道の二つは、汚染が群を抜いて少ないのです。船舶による貨物輸送は最も効率が良い手法です。内陸水路でのはしけによる輸送でさえ、燃料一ガロンにつき六〇〇トンの貨物を一マイル（約一・六キロメートル）運べますが、これはトラックの約三・五倍の効率です。しかし残念ながら、河川や水路はどこにでもあるわけではありません。そこで、最も効率の良い物流と言えば、鉄道ということになります。

米国は、世界の中でも優れた貨物輸送列車網が備わっている国の一つです。一トンの貨物を運ぶのに、船舶に近いレベルの効率を発揮し、全米の貨物の四〇パーセントを輸送しています（トラックは三三パーセント）。世界レベルで見ると、鉄道が燃料一ガロン当たり輸送できる貨物量は、トラックの二倍となっています。

燃料の節約と気候の保全に関して、鉄道が持っている不可欠な役割を国がどこまで強みとして利用しているかは、現時点では国ごとに大きなばらつきがあります。地理的な制約、財政面での制約、あるいはその両方で制約がある国が多いことは認めざるを得ません。しかし気候に優しい鉄道輸送に重点を置くためにできることは、間違いなくまだたくさんあります。

EUでは、貨物のわずか一八パーセントしか鉄道輸送されていません。鉄道業界では規制や独占的な慣行が認められてしまっているために成長が妨げられています。かつてのインドでは、イギリスが残していった鉄道網を用いて貨物の約七〇パーセントを運んでいましたが、今では三分の一まで落ち込みました。中南米では嘆かわしいほど鉄道が敷設されておらず、貨物の一パーセントしか鉄道で輸送されておらず、かたやトラックによる輸送は三〇パーセントです。アフリカの数少ない鉄道は、昔からある鉱山やプランテーションと沿岸部をつなぐために建設されたものであり、都市や国同士をつなぐものではありません。アフリカでは、鉄鉱石や肥料などの重い資源や原料がトラックで長距離輸送されることにより価格が高騰し、経済の繁栄を妨げています。

では、開発支援機関や銀行は一体何に投資しているのでしょうか。鉄道ではなく道路です。アジア開発銀行の運輸交通向け貸付の七四パーセントが道路を、一五パーセントが鉄道をそれぞれ対象としています。世界銀行の資金の場合は、道路が六〇パーセント、その他すべての運輸交通手段が残りの四〇パーセントを分け合っています。

この偏りの原因は何なのでしょうか。道路のほうが、地域レベルでの利益が大きく、必要な計画が複雑でなく、しばしば腐敗した政治交渉にも使いやすいため、建設が簡単なのです。一方、鉄道の場合は、途上国の政府がしばしばしば軽視しがちな維持管理が求められます。またアフリカ各国は、互いをどのように鉄道でつなぐかについて合意が形成できません。そして、ブラジルのジルマ・ルセフ前大統領が巨大な鉄道整備事業に向けて動き出した時、ブラジルの資源や原料を安価に手に入れたい中国が資金を出し、中国が恩恵を受けられるような計画にしてしまいました。ブラジルの国内経済をより緊密につなぎ、生産性を上げるようなネットワークにできるような計画であれば、もっと良かったでしょう。

鉄道を適切な形にする方法は容易ではありませんが、鉄道はこれまで発明された経済発展のためのツールとして最も強力なものの一つです。私たちはその方法を知っているのですし、私たちが採ることができるシンプルな運輸交通の方策のうち、鉄道ほど迅速に気候汚染を縮小できるものはほぼないと言えるでしょう。

しかしながら、仮に私たちが鉄道を適切な形にできたとしても、世界の貨物の多くはトラックで運ばれ続けます。特に輸送の最後の数マイル（数キロメートル）についてはそうです。現在よりも燃料効率の良いトラックであれば、排出量が下がるとともにコストも節約できます。これについては、世界は動いています。コスト削減を図りたい輸送会社からの支持を受け、オバマ政権はトラックを対象とした第二弾の燃費基準を制定しました。燃料節約の進展を遅らせようと共謀したトラック製造会社らに対して三〇億ユーロの制裁金を科したヨーロッパも、後に続いています。インドもそのすぐ後を追っています。良識が進歩を生み出しています。遅れても何もしないよりはましです。

空を飛ぶ

航空業界は、気候変動関連物質排出全体の三パーセントしか占めていませんが、運輸交通セクターでは最も増加のスピードが速く、二〇四〇年には排出量が三～四倍になると見られています。主要な航空サービス運航国の大半が二〇一五年に以下のような新たなアプローチを取ることに合意しました。それは、航空機からの総排出量の上限を二〇二〇年の水準とし、より効率の良い機体や運行ルールをもってしても避けることができない超過が二〇二〇年以降にあった場合には、他のセクターでの排出削減のための費用を支払うことでオフセットを図るというものです。この合意により国際社会は大きな前進をすることができました。

この「市場メカニズムに基づいた仕組み」はスタートとしては良いのですが、徐々にオフセットが抜け道になる可能性が高いと思われます。さらに世界経済が好調な時には、たとえ炭素税であっても空の移動の需要の抑制にはなりません。航空機からの排出量を削減する最も良い方法は、機体、そして業界自体を再設計して効率を上げることです。

航空会社の状況は様々です。最も効率の低い会社では、他社と比べて飛行一マイル（一八五二メートル）当たり必要な燃料が三倍にもなり、これはつまり三倍の気候汚染をしていることになります。この違いは、保有機体の年齢、燃費の度合い、あるいは短距離路線と長距離路線の比率によって生じます。しかし最大の要因は、便ごとの貨物重量や搭乗人数などといった運航方法の問題にあります。最も重要なのは、ノンストップでの飛行の割合です。航空会社の炭素排出の四分の一は離着陸時に生じるので、直行便は排出量を劇的に削減します。効率的な飛行経路と運航は、航空会社と乗客の費用、燃料、そして時間を節約します。では、なぜ実現しないのでしょう。なぜ、すべての航空会社が最大限の効率化を図ろうとしないのでしょう。一つの理由は、ハブ・アンド・スポーク方式[*29]では一部の航空会社が効果的にハブ都市を独占できるからです。こうした航空会社は、より効率的な直行便ルートで競合他社が飛ぶことを可能にするような提案に対して猛烈に反対します。航空業界の効率を改善する他の取り組みとしては、航空交通管制システムの改善や大型機体の奨励なども また排出削減を助けます。飛行機による移動が気候に与える脅威は格段に小さくできますが、そのためには航空業界を現在よりもはるかに効率的で競争の激しい状況にしなければなりません。

自動車の再発明

二〇一〇年九月のある暖かい日、私はアメリカ合衆国連邦議会議事堂の外に立ち、一ガロン当たり一〇〇マイル（約一六一キロメートル）以上の走行が可能な自動車を設計するというコンペで、五〇〇万ドルを手にする勝者をXプライズ財団が発表する様子を見ていました。

レーシングカーの熱心なファンで不動産デベロッパーでもあるオリバー・カットナーはコンペに勝利したエジソン2の創設者でCEOですが、その彼を、当時の下院議長ナンシー・ペロシが満面の笑みで紹介しました。カットナーがあらかじめ用意していたスピーチから離れて、なぜエジソン2はバージニア州リンチバーグを拠点としたかについて説明をした時に、私は胸をうたれました。彼の説明はこうです。リンチバーグ市は、かつてアメリカ原子力委員会の施設があったために、数多くの材料工学や組立製造の専門性を持った中小企業を誇っています。つまり、鋼のボディーと内燃機関を採用しながらも一ガロン当たり一〇〇マイル以上という燃費を達成できるような自動車を設計し、その際に生じる数多の問題の解決を手助けしてくれるような機械工場がたくさんあるのです。「ここ米国では、そういった技術が失われてしまう恐れがある」とカットナーは言いました。その先見性に心を惹かれた私は、カットナーのところにあいさつに行きました。いつになるか分かりませんが、現在、世界が直面しているジレンマを打破すると確信が持てるようなイノベーションの一端を彼は示してくれました。自動車の燃料が何であれ、必要量を現在のレベルの何分の一という劇的なレベルまでカットできるほど、自動車の構造を大幅にシンプルにし軽量で安価に組み立てられるようにする、というのが彼の目標でした。

カットナーが起こしている変革の根底にある問題は、私がこれまでまったく知らなかったものでした。今日の自動車が利用しているサスペンションは、馬車の時代からさほど変わっていないそうなのです。標準的なサスペンションは車軸の上にあります。それぞれの車輪が三つの応力点でサスペンションと接続され、各応力点は残りの一一の応力点とがっちりと接続してある必要があります。カットナーはサスペンションをホイールハブに収納することで、各車輪の接続を一つずつとし、自動車全体で合わせて四つにしました。シャーシが軽量でシンプルになると、はるかに軽くて部品の少ない自動車ができるということを意味します。

カットナーの二〇一三年の試作品は電動で、燃費は一ガロン当たり二四五マイル（約三九四キロメートル）と評価されました。鋼の代わりにアルミニウムを用いることで、既存の同等サイズの自動車と比較して重量は三分の一、また部品の数も三分の一でした。しかしカットナーは、まだ自動車製造業界におけるブレークスルーは果たしていませんでした。自動車会社で働くエンジニアたちは、カットナーのような、よそ者のビジョンを受け入れることを嫌がっていました。また、破壊的イノベーションのための既存のベンチャーキャピタルのビジネスモデルでは、自動車分野のスタートアップは時間とお金がかかり過ぎるとして拒否されました。二〇一〇年秋から二〇一五年にかけて、自動車分野で試作品から大量生産の段階へ移行しようとしたイノベーティブな企業のほとんどが失敗してしまいました。フィスカー・オートモーティブ、ブライトオートモーティブ、ネクストEVなどがその例です。

唯一の例外は、もちろんテスラです。テスラは、カリフォルニア州フリーモントにある工場で自動車を製造していますが、私にはこの工場と長い付き合いがあります。一九八四年、GMとトヨタ自動車のジョイントベンチャーであるニュー・ユナイテッド・モーター・マニュファクチャリング（NUMMI）がこの工場をGMから引き継ぐに当たって、私は無報酬でアドバイスをすることに合意しました。工場を検査していたNUMMIのチームは、塗料庫に巨大な古い亀裂があることを発見しました。そこからは何十年もの間、膨大な量の塗料や溶媒が漏れ出して下にある土壌を汚染していたのです。この一報を受けたGMの反応は「顧問弁護士を呼べ」というものでした。しかし、トヨタ自動車はその判断を押しきり、「環境保護庁（EPA）に連絡をしてすべて彼らに言われた通りに従いなさい」と言いました。これが新たな対処法の基本になりました。数年のうちに、かつてGMが北米で最も粗悪な自動車を生産していた工場は、米国で最も優れた自動車を生産するようになりました。不況によってNUMMIが工場を手放すと、テスラがすぐさま買い取りました。

二〇一五年、私は初めてこのテスラの工場を視察しました。古いGMの工場と比べて、NUMMIがはるかに進んだイノベーティブな工場にしていたとしても、今日、テスラの工場はもっと革命的に見えます。多くのオープンプラン型オフィス（壁や仕切りがない大部屋タイプのオフィス）よりもテスラの工場は静かで清潔です。重労働はロボットが担っています。

この変革の背景にある考え方を、テスラのCEOであるイーロン・マスクが説明してくれました。彼の主張では、内燃機関は「あれだけたくさんのシリンダーと途方もない数の爆発を管理せねばならない巨大な出来の悪い機械」です。エンジニアが、自動車のエンジンを信頼性のある機械にできるというのは驚くべきことであり、現にマスクと私の少年時代には当てにならなかったということを彼は指摘して、「毎回きちんと自動車のエンジンがかかるのは当たり前のことではなかった」と当時を振り返りました。

そしてマスクは、代わりに力強いビジョンを示しました。それは、真のイノベーションと持続可能性には、土台となる原理から、つまりゼロから構築することが求められるというものです。このためテスラの顧客は燃料の節約よりも性能を絶賛するのです。マスクは、「内燃機関のシリンダーブロック（エンジンブロック）は非常に重量があるが、車体の正面側のゴム製の土台の上という高い所に置かれている。大きなボブルヘッド（首振り人形）を操縦してカーブを曲がろうとするようなものである。私たちは重心となるバッテリーを、車体の中心で低いところに設置することができる。これまでと完全に異なる体験ができるのだ」と説明してくれました。私自身が運転しその通りだと確かめました。

リチウムイオン電池を製造するためのギガファクトリーに五〇億ドルの投資を行おうとしていたテスラに対して異議が唱えられた際、世界のガソリンエンジンを置き換えるのに必要な一億台の電気自動車を生産するためには同様の工場が二〇〇カ所必要になることを、マスクは指摘しました。[*30]「規模に頼る以外に選択肢はない」と彼は言いました。イーロン・マスクは一人ぼっちではありません。トヨタ自動車は、二〇五〇年までにハイブリッド車と水素自動車と電気自動車のみを売る体制に移行することを約束しました。中国の最大手の自動車会社は、電気自動車に三〇億ドルを投入しました。モーターショーは、今や電気自動車や燃料電池車だらけです。こうして石油の一人勝ちは脅威にさらされています。

移動手段の革命に向けて

新参者が自動車製造を物にすることは非常に困難を伴うため、自動車の進化はゆっくりです。イーロン・マスクでさえ、製造面では苦労しています。しかし、自動車業界ではイノベーションが着実に成し遂げられている領域が一つあります。それは自動車のデジタル化です。後継モデルが出る年ごとに、自動車はコンピューターのようになっていきます。実際、フォードのとてつもなく高額な新しいGT車（グランツーリスモ車）は、マイクロプロセッサーを二八個搭載し、ボーイング787ドリームライナーよりもたくさんのプログラムコードが用いられています。今日の自動車は、前身となる一九六〇年代の車種と見た目や扱い方が似ているかもしれませんが、不可欠なのはもはや鋼とゴムではなく、シリコンとメガバイトなのです。

このことが重要なのは、たった一つの理由からです。現代の航空機はパイロットによって直接操縦されているのではなく、パイロットが機体のコンピューターシステムに入力する指示によって飛行しています。入力を受けたコンピューターがエンジン、翼、フラップ、方向舵などに指示を出していきます。しかもほとんどの場合、これらの指示は事前に自動操縦システムにプログラムされています。あなたが国際線に乗る人ならば、あなたが年間に搭乗した飛行距離の大半はボーイングかエアバスの機体のコンピューターによって制御されています。自動車においても、一九六五年に速度を一定にするクルーズコントロールが登場したことで同様の革命が起きました。そして、自動車メーカーたちが着実にクルーズコントロールを高度化させていく中で、ボーイング787のように、あるいはドライバー自体がいずれは不要になるような、自動運転で走行する自動車というビジョンが生まれてきました。

これが完全自律走行自動車です。

したがって、テスラが電気自動車の卓越した性能を示し、エジソン2がシンプル、安価かつ超高効率のシャーシや車体に向けた新たな道を少しずつ切り開いているのと同時に、自動車業界とIT業界はドライバーの存在を取り除く準備を進めていたのです。イーロン・マスクは、二〇三〇年までにすべての旅客移動の半分が自律制御されるだろうと予測しました。そして、アップルやグーグルといったシリコンバレーの企業は、自律走行革命を先導することで自動車業界と競おうとしています。一方、時を同じくして、まったく異なる形のイノベーションが私たちの移動手段をさらに破壊的に変えようとしていました。自動車の構造の単純化や動力源の変更ではなく、自動車の所有形態を変えようとシリコンバレーのイノベーターたちは決断しました。

サンフランシスコ市内でスタートアップ企業が多い地区の一つであるミッション地区に、リフトの本社は置かれています。中に入る際には、守秘義務同意書への署名が必要となります。ここで私は、二人の創業者のうちの一人、ジョン・ジマーと会いました。リフト創業の元になったアイデアは、コーネル大学の有名なホテル経営学部の一年目にジマーが思い付いたものです。ジマーはコーヒーを飲みながら、ホテル経営の基礎を一言でいうと、「問題となるのは顧客体験と客室稼働率の二点だけであり、他のことは大事ではない」とのことでした。自動車業界について見ると、当時の平均的なアメリカ人は自動車の所有と使用に九〇〇〇ドル費やしていながら、その自動車は一年の九五パーセントの時間は動いていませんでした。ジマーは、「これは絶望的な稼働率だ。では顧客体験はどうか。ショールームでまったく気に入ってもいない車を買い、自分で洗車してタイヤを交換し、故障があれば自力で修理店に持って行かねばならない。何かもっとましな方法があるはずだ」と当時考えました。そのもっとましな方法というのが、自分の自動車を他の人と共有できるというリフトのアイデアです。

突如、カリフォルニアのIT企業との連携が大手自動車メーカーの関心を集めるようになりました。フォードの「移動手段の未来」を研究する施設は、ミシガンではなくシリコンバレーに開設されました。新たな競争を常に注視しておくには、シリコンバレーのほうが適しています。

フォードがグーグルとの提携に合意してから数週間しか経っていない二〇一六年一月初めには、GMがリフトとのパートナーシップを発表しました。破壊的イノベーションの気配が漂っていますが、いずれも石油に依存しない方法です。

T型フォードによって幕を開けた自動車の時代は、三本の柱によって支えられていました。それは自動車が、一にガソリンから動力を得て、二にドライバーが操作し、三に個人が所有するというものです。ガソリンによって動く馬車でした。ところが、動力源についてはイーロン・マスクが、ドライバーについては自動車会社が、そして所有方法のモデルについてはリフトやウーバーなどといった企業が、というように二〇一四年からの三年間で、これらの三本柱はすべて挑戦を受けることになりました。これが、現在進行中の「トリプル移動革命」です。

この革命では、各国政府が重要な役割を果たします。パリで行われたCOP21において、カリフォルニア州やニューヨーク州を含む米国とカナダの九つの州が行った、二〇五〇年までにガソリン車およびディーゼル車を廃止するという誓約に、ドイツとイギリスを含むヨーロッパ四カ国が加わりました。二〇一六年、ドイツ連邦参議院では、燃料エンジン搭載車両の二〇三〇年までの廃止を決議しました。イノベーションを予想することは愚かなことではありますが、自動運転車、カーシェアリング、そして電気自動車の組み合わせが、近い将来、私たちにとっての道路での移動というものを定義し直すという見立ては、きわめて理にかなっていると思われます。革命の三本柱は互いを補強し合っています。ドライバーのいらない自動車は、ウーバーやタクシーのコストを大幅に下げます。こうした業務用乗用車の走行距離は、一年当たりでは個人が所有する自動車の何倍にもなるので、電気自動車による燃料節約は非常に魅力的になります。そして、電気自動車は従来の自動車よりも無人運転用の設計がしやすくなっています。環境に優しい運輸交通の全面的な見直しは、風力あるいは太陽光エネルギーの拡大をも上回る重要性を持つ、真のクリーンテクノロジーによる革命になることが約束されています。

誰が、この革命を率いるのでしょう。米国の優位性が当然のものだと思ってはいけません。オバマ政権はクリーンエネルギーに非常に熱心に取り組んでいたものの、アメリカ郵政公社（USPS）が巨大な購買能力を活かして配達トラックを電気自動車に転換するチャンスがあったにもかかわらず、それを回避してしまうことを許してしまいました。運輸交通のイノベーションに対するトランプ政権の姿勢がどのようなものになるかは明確ではありませんが、中国でそうであるように、世界中の都市や州がこの革命を率いることができます。

中国政府は、二〇二〇年までに五〇〇万台の電気自動車を走らせる、という目標を設定しました。中国人投資家ソニー・ウーは、米国から中国へのクリーンエネルギーの技術移転を加速する仲介者の一人です。その移転はしばしば、北米の市場に技術が出回る前に既に行われています。『フォーチュン』は、彼の戦略の概要を「良い技術を所有していても自国での成長見通しが低い欧米企業を買収し、それを中国に連れていく。そこでウーと関係者たちが資金と市場を提供し、短期間での大幅な成長を助ける」と説明しています。

二〇一二年一月、世界第九位の産油量を誇るアラブ首長国連邦が主催した世界未来エネルギーサミットの場で、中国の当時の首相であった温家宝が話した内容を聞いて私は驚きました。温首相は、石油市場の主導権がカルテルや投機家に握られ、価格が需要供給の原理とは無関係に耐え難い乱高下をしていると世界の石油産業の中心地で主張し、石油市場の革命的な再編成を訴えました。そして、中国や米国といった石油輸入国を中心としたG20諸国間のパートナーシップを提唱しました。ペルシャ湾岸の主催者たちは彼の主張に注意を向け、中国が有利になるような価格で石油を売ることを提案してなだめようとしました。ところが、米国やEUといった中国のパートナーになる見込みのあった国々は、温首相を相手にせず、OPECによる石油の不当利得行為を終わらせるための連携という彼の提案を無視しました。とは言え、チャンスはまだあります。

チャンスを物にして、運輸交通における石油の一人勝ちを打破するために連携できれば、迫りつつある交通革命をけん引する立場に米国は就くことができます。しかし、世界の競争相手たちが電気自動車市場の開拓や石油への依存の縮小で、米国を追い抜くことができてしまうと、二〇〇九年のGMとクライスラーの救済は米国自動車業界にとっての束の間の猶予でしかなかった、ということになってしまう可能性があります。風力エネルギーや太陽光エネルギーについてもそうでしたが、私たちは初期の段階で持っていた優位性を他国の競争相手に譲り渡してしまうリスクがあります。イノベーションの報奨は、単に発明者だからという理由で、発明した者に与えられることはないのです。付加価値のあるサプライチェーンは、技術の誕生の地ではなく、市場が成長する場所に定着します。

自動運転車の新たな世界において、米国が高賃金の雇用や経済的な見返りを得たいのであれば、州政府および連邦政府は初期のイノベーションの促進を支援することにとどまっていてはなりません。初期の技術を応用していくことを支援し、けん引していく必要があります。

新技術の社会的利益を可能にするのは、強い市場です。この現実に適応できない社会は、取り残されるリスクがあります。

石油の値段

気候にとって大きな脅威の一つである石油への依存を解消するには、石油の市場を理解することが欠かせません。世界に残されている採掘が容易でコストも安価な原油のほとんどは、中東、ロシア、そしてベネズエラの地下にあり、国有石油会社によって管理されています。これらの国有石油会社は、埋蔵量から考えた場合に許容される供給量よりもはるかに少量しか採掘しません。その理由は、時には意図的に価格高騰を生み出すためということもあれば（OPEC）、政治的なミスマネジメントのため（ベネズエラ）ということもあります。エクソンモービル、BP、ロイヤルダッチシェルといった民間石油会社は、はるか昔に発見した低コストの、いまや遺物となった石油の埋蔵地を所有しています。しかし、グローバル需要のピークに対応するために、採掘コストが市場価格を上回る可能性がある高価で採掘が困難な石油開発を強いられています。

確かに民間石油会社は、石油価格が高い時に新たな油田の開発に多額の投資をするものの、そこで発見された石油が市場に出回るには五〜一〇年かかります。また、消費者は、石油価格が高い時にはより燃費の良い自動車を買い、安い時には大型SUVを買います。このように、低コストの石油に対する国有会社による生産制限、民間企業による新たな油田開発に要する長い時間、そして消費者が短期的に見た直近の石油価格の上下しか見ずに反応する傾向が絡み合って、非常に不安定な市場を生みます。高い石油価格によってもたらされる供給のピークと低需要の期間の後には、供給不足と需要の急増が続き、石油価格はさながらジェットコースターのようです。

価格の高騰時には、低コストの石油が地下に眠っている国々は、一バレル当たりの価格を好きなだけ高くできます。

このように労せずして得た利益は「石油レント」と呼ばれます。二〇〇六年から二〇一四年にかけてのこのレントにより、米国、EU、日本、中国、インドなどの石油輸入国から、OPECやロシアといった石油輸出国に巨額の富が移動しました。一時期、世界GDP一ドルにつき五セントが、石油輸出国のたなぼた的利益として支払われていました。これにより、インドやアフリカの成長が鈍り、GMやクライスラーが破産し、ベネズエラやサウジアラビアの過激派の政治活動が資金を得、また、米国経済には何兆ドルもの影響が出ました。しかしそういった高価格が、米国のシェールオイルブームを後押しし、ドライバーの高燃費車の需要を高め、各国政府による自動車やトラックの燃費基準の厳格化につながりました。インドや中国の成長速度は落ちました。

今度は、このサイクルが逆転したのです。石油不足は供給過剰に転じました。ほんの数パーセントの過剰でしたが、石油価格は一バレル一一〇ドルから五〇ドルまで急落しました。サウジアラビアやイランはそれでもまだ利益を上げることができていましたが、エクソンやシェルが近年になって発見した油田ではそうはいきませんでした。この石油価格変動によって節約できた年間総額は一・五兆ドルでしたが、石油価格が一バレル四〇〜六〇ドルまで落ちた今、米国、ヨーロッパ、日本、インド、中国といった世界の大消費国には、価格をこの水準に保てるチャンスが来ており、これらの国々には一・五兆ドル相当のインセンティブがあります。

一部の経済学者は、炭素税か石油税を導入すれば、石油消費が鈍り価格を下げられるはずだと指摘しています。これは当たってはいますが不十分です。二〇〇四〜二〇一四年の石油価格上昇は、炭素税二〇〇ドルを課したのと同等です。しかし、これほど厳しい現実においても消費は減りませんでした。顧客が状況にかかわらず製品を買う以外に選択肢がない時、高い価格や税金は消費の阻害要因として十分に機能しません。石油が運輸交通エネルギーの九〇パーセントを占めるのは、安価だからではなく競争相手がいないからなのです。

天然ガスで動くトラックや電気自動車のほうがディーゼル車やガソリン車よりも安く動かせても、消費者には有効な選択肢はありません。石油業界が燃料の分配システムを牛耳り、競争を妨げているからです。電気自動車の製造者は売り上げで苦労していますが、それは充電できる場所がないのではと顧客が恐れるからです。

新技術はしばしば、この問題に直面します。シリコンバレーが「死の谷」と呼ぶ、市場の準備ができる前に技術が完成してしまうという状況を乗り越えられないのです。しかし、再生可能エネルギーについて過去一五年間そうであったように、政府のインセンティブを利用して競争を促す方法を私たちは知っています。新技術のコストを削減したければ、購買力のある市場を拡大すればいいのです。

今は、電気自動車が値下がりするために必要な市場規模はまだありません。様々な国や州が、低炭素燃料基準（LCFS）などの一連のインセンティブを使って試行錯誤しています。多くの米国の州では電気自動車の売上義務が定められており、EUも追随するかを検討しています。ノルウェーは手厚い減税措置を提供しており、ドイツは電気自動車購入費用の補助をしているほか、中国の都市では電気自動車所有者は車両認可の取得が簡単になっています。また、マイクが既に説明した通り、シンガポールでは電気自動車シェアリングサービスを準備中です。

このようなサポートを電気自動車へ提供することは費用負担が大きいように見えるかもしれませんが、それはあくまで狭い視野で捉えた場合の話です。主要石油輸入国（米国、中国、インド、日本および韓国）とEUでは、経済振興策として機能します。電気自動車の市場シェアを伸ばすことと、現在の自動車やトラックの燃費基準の適用範囲を拡大し、厳しくすることの複合的な効果によって、石油需要は減ります。石油の需要が減少すると、まだ必要とされる石油については価格が大幅に下落します。電化され効率性の高い自動車やトラックを積極的にサポートすれば、二〇三〇年には世界の一日当たりの石油需要を一一〇〇万バレル（約一七五万キロリットル）削減できるかもしれません。これにより、石油価格は少なくとも四〇パーセント下げられます。先ほど説明した年間一・五兆ドルの燃料コスト削減によって、電気自動車への補助金の何倍もの資金が確保でき、低炭素インフラの整備に用いる資金も得られます。

しかし、電気自動車や効率を高める新技術への投資が十分ではないとの理由で、石油の需要が急上昇することを再び許してしまえば、間違いなく新たなオイルショックが起き経済は急激に悪化してしまうでしょう。ほどほどの水準で石油価格を固定し、搾取的な石油レントのサイクルを断ち切ることができるチャンスは、気候の問題が提供してくれる経済的チャンスとしては最大のものではないかと思われます。

石油の運輸交通における独占を打破し、人と物を運ぶための競争力のある燃料を生み出すことに失敗すれば、他の失敗では見られない大きな代償が世界に降りかかるでしょう。しかしいったん競争が生まれれば、グローバル経済はクリーンで再生可能な運輸交通体系のある未来に移っていけるでしょう。そして気候を破壊し、遠隔地にあり、コストも高く、未開発地域に埋蔵されている石油は、そのまま本来あるべき場所、つまり地中にとどめておけば良いのです。

＊24 ヴェリブ【Velib'】。二〇〇七年にスタートしたパリ市のレンタサイクル。市内一七〇〇カ所以上の無人ステーションに約二万三〇〇〇台の自転車が配置されており、クレジットカードでチケットを購入すれば、どのステーションでも貸し出し、返却ができる。市民はもちろん観光客も気軽に利用でき、人気が高い。

＊25 配車サービス会社リフト【Lyft】。米国の配車型ライドシェアサービス企業。現在地の近くで利用可能な車の呼び出しから支払いまでをスマートフォンのアプリ上で完結でき、タクシーより安価に利用できる。ビジネスモデルがウーバー（Uber）と類似しているが、ウーバーが世界展開している一方、リフトはアメリカ国内限定のサービスを提供している。

＊26 John C. Esposito, *Vanishing Air: The Ralph Nader Study Group Report on Air Pollution*, Grossman Publishers, 1970. 邦訳は一九七一年、講談社より。

＊27 一九六九年に民主党のニコラス・ペトリス議員（Nicholas C. Petris）が連邦議会に提出した法案。この法案は否決されたものの、大都市ロサンゼルスを抱えるカリフォルニア州では、公共交通機関が少なく高速道路網の発達

した高度な自動車社会であることを反映して、早くから独自の大気汚染対策が講じられており、一九六二年には米国初の「クランクケース・エミッション規制」、一九六五年には独自の排気ガス規制が始まっている。一九六七年にCARB（カリフォルニア州大気資源局）が創立されて以降、先進的な政策の実施が加速した。

＊28 燃費基準（CAFE）【Corporate Average Fuel Efficiency】。企業別平均燃費基準。自動車メーカーごとに平均燃費の達成基準を定めて規制をかける方式。車種ごとに燃費基準を達成できなくても、他の車種の燃費を向上させることでカバーできるため、メーカーごとの特色を生かして省エネ効果を高めることができる。一九七〇年代のオイルショックをきっかけに導入された。

＊29 ハブ・アンド・スポーク方式【Hub-and-spoke System】。中心に向かって多数のスポークが集まる自転車の車輪のように、ハブ空港を中心にして近隣空港に放射状の路線を展開して輸送効率を上げる航空会社の運航戦略。

＊30 電気自動車（EV）に搭載する大型のリチウムイオン電池は生産コストが高く、これがEVの高価格の理由となっている。テスラが米国・ネバダ州に建設中の世界最大のバッテリー工場「ギガファクトリー」では、自社EVの車載用電池や太陽光発電システム用蓄電池を、効率的かつ低コストで大量生産を行う体制作りが進んでおり、将来的なEVの爆発的普及につながることが期待されている。

PART

6

COOL CAPITALISM

⊙

クールな資本主義

カール・ポープ

CHAPTER 11

製造業と気候変動

製造業の中にある巨大なチャンスを活用すれば、持続可能な世界は可能だ。製造業界およびそのサプライチェーンを単にいろいろな問題の根源として見るのではなく、解決策の源として見ることが必要だ。

――環境保護基金専務理事　ダイアン・レガス

二〇一六年夏の終わり頃、温室効果ガスの排出について、困惑するような数字をイギリスが公表しました。イギリス国内では、その排出量は一九九七年の水準から二六パーセント削減されているという勇気付けられる結果になっていました。ところが全体で見ると、イギリスの気候フットプリントは三パーセント増えていました。なぜでしょうか。それは、フットプリントの算出に当たっては、国内での排出だけでなく、食料、木材、自動車、衣服、建築用鋼材、機器、コンピューター、玩具といった輸入品に関連した排出も含むためです。こうした「輸入排出量」が今やイギリスによる気候への影響の五五パーセントを占め、二〇一六年には七パーセント増えました。気候の危機を悪化させている主たる経済セクターのうち、製造業がもたらす課題の核心にあるのは輸入に伴う排出量です。

世界の気候への影響の五分の一ほどが、製造業によるものです。製造業による排出のほとんどは、ある国で生み出され、その製品は別の国で消費されます。これを、気候汚染取引とでも呼びましょう。カーボンフットプリント[*31]の大きい製品を輸出する国の多くは、中国やブラジルといった新興国です。排出量の輸入が多いのは、イギリス、日本、米国といった先進工業国です(第10章で取り上げた石油輸出国の排出量は別次元の多さです)。

鉄や鋼の精錬、織物など、ものづくりは産業革命の土台であり、化石燃料への依存の始まりでした。そして、この依存を一気に加速させたのは石炭でした。なぜなら石炭資源が豊富にあったイギリスこそが、機械化生産に最初に舵を切ったのです。

産業が化石燃料やバイオマスなど、炭素を含む燃料を使う目的は三つあります。一つ目は、ポンプを動かす、車輪を回す、モーターに電力を供給するなど、動力のため。二つ目は、ガラスを溶かす、穀物を乾燥させる、レンガを焼くなど、熱のため。三つ目は、化学反応に必要な材料としての利用です。例えば、鉄の精錬やセメントの焼成では、石炭にある炭素が鉄鉱石や石灰石の中の酸素と結合します。これにより、鉄やセメントは不純物であった酸素原子を奪われて純度が上がります。しかし、同時にこの同じ酸素によって大量の炭素、すなわち大量の二酸化炭素が生まれます。

製造と関連した炭素の排出削減は、気候に関する議論の中では比較的注目度が低くなっています。その理由の一つは、こうした排出のほとんどが海をまたいだ遠い地域で起きているからです。しかし、これはきわめて重要な問題で、特に、ものづくりが盛んな地域ではなおさらです。中国でアルミニウムを精錬するには、ＥＵで精錬するよりも七倍の炭素排出があります。中国製の鋼は、カーボンフットプリントがヨーロッパの三倍です。中国のポリプロピレン加工工場では、ヨーロッパの同様の工場と比べて二〇倍の炭素を必要とします。

ガス漏れ

製造業による気候への影響を小さくするという最も大きな挑戦は、実は最も簡単です。メタンを回収することです。

製造業の炭素排出削減は、工場に動力や電力を供給している石油・ガス産業の清浄化から始まります。油井、ガス井、パイプラインからは、あまりに多くのメタンガスが漏れており、二〇一八年には全米のメタン排出量の九〇パーセントが石油・ガス産業によるものになると見込まれています。短期的には、メタンは二酸化炭素と比べて八四倍も太陽からの熱エネルギーを保持する能力があるということを忘れないでください。メタンは分解されるのも速いので、ひとたびメタン排出のコントロールが可能になれば、気候対策は一気に進展できるでしょう。

石油・ガス産業のメタン排出源は二つあります。一つ目が、石油や天然ガスを掘削するための油井やガス井からの漏洩。二つ目が、天然ガスを輸送するパイプラインからの漏洩です。ガス漏れの点検や監視は比較的に容易なのですが、コストが発生します。業界はコスト削減に躍起になっています。したがって、より適切な検査によってガス漏れが減り、そのことにより収入が増えたとしても、企業は費用対効果が悪いと考えるかもしれません。油井やガス井あるいは貯蔵施設についても、ガス漏れがあれば深刻な健康や安全に対する危険がもたらされるにもかかわらず同じことが言えます。

二〇一五年、カリフォルニア州アライソ渓谷の古い油田を転用した天然ガス貯蔵施設で、巨大なガス漏れが発覚しました。三カ月間にわたって、一日当たり約一〇〇〇トンのメタンが放出されました。これが発覚したことで、カリフォルニア州の天然ガスのサプライチェーンが停止してしまっただけでなく、いくつかの地区では全住民が避難させられるという事態になりました。このガス漏れは、古い油井の坑口への規制が弱かったことが原因で生じました。二〇一〇年にカリフォルニア州サンブルーノで発生したパイプライン爆発事故では八人が死亡し、パイプラインを運営していた電力会社であるパシフィック・ガス・アンド・エレクトリック（PG&E）には一六億ドルの賠償が命じられました。また二〇一六年には、イリノイ州カントンの爆発で一人が死亡し、多数が負傷しています。

パイプライン会社は、必要なメンテナンスや、連邦法によって求められている検査の実施が遅れることが多いのです。それにもかかわらず連邦政府は、彼らが安全基準の遵守を先送りすることを当たり前のように認めてきました。この事実上の規制の空白をいいことに、業界は多くの危険な汚染行為に手を染めてきました。

規制に執行が伴っていないことだけが問題ではありません。そもそも適切な規制自体が欠けているのです。その結果、掘削時に放出されるメタンを回収するための努力を、石油会社はほとんど行っていません。回収する代わりに、その場でメタンガスを燃やしてしまうガスフレアリングと呼ばれる行為が実施されています。ノースダコタ州のバッケン油田では、掘削会社があまりに大量のメタンをガスフレアリングで燃やしたために、人工衛星から夜間に撮影すると、シカゴの街と同じくらい明るく見えました。しかし、それでも合法でした。ナイジェリアやアンゴラの海底油田では、油井から出てくる天然ガスがほとんどガスフレアリングで処理されています。このわずか数マイル（数キロメートル）東には、天然ガスによって作り出せる電力や天然ガスが主要な原料である化学肥料が絶望的に不足している地域があるにもかかわらずです。

海底油田のリース契約の中に、天然ガスを市場に回すという条件があっても、こうしたことが起きてしまっています。

これには汚職が絡んでいます。天然ガスを市場まで送るパイプラインを建造すると大きな資金面での負担が生じるため、契約条件を無視して、ガスフレアリングが続けられるよう現地の官僚を説得するほうが、石油会社にとっては多くの場合、簡単なのです。たとえそのために賄賂を渡す必要があったとしてもです。石油業界は、各国政府とのリース契約の内容を対外秘とするために世界中で激しく戦ってきました。まさにこの秘密性が、こうした賄賂を可能にしているのです。米国企業については、契約条件や金額を開示する義務があるので、このような腐敗した慣習をチェックする仕組みがありますが、決して十分なものではありません（残念なことに、二〇一七年に連邦議会は外国政府とのリース契約の内容を開示するという条件を緩和することを可決しました）。天然ガスの生産と流通についての監視と評価の強化が、世界中で求められています。抜け穴はあってはなりません。

米国では、無駄で有害な行為を防ぐために一部の自治体が独自に条例を制定してきました。ところが石油業界は、自分たちを支持する州議会によってこうした自治体の動きを無効化させることに成功しました。さらに、オバマ政権によって定められたメタンの安全に関する基本的な規則をトランプ大統領が覆す可能性もあります。しかし、「石炭のその先へ」のキャンペーンで見た通り、市民やコミュニティが団結して反撃に出れば、大きな力が発揮されます。明確で、一貫性があり、執行力のあるルールが石油やガスの生産者に適用されれば、化石燃料の抽出と生産による気候への脅威は、現在よりも大幅に縮小されます。

木材の違法取引

石油・ガス産業が環境に関する法律の適用を不当に逃れている中、明文化された法律を日常的に無視し続けているグローバルな産業があります。それは、物の生産にとって重要な木材産業です。

こんな例を思い浮かべてみてください。私が自動小銃を所持した男を何人か雇ったとしましょう。彼らが、サンフランシスコのとある庭に侵入して所有者に銃口を突き付け、賞を獲るような見事なバラを五〇輪奪ったとします。私は、罪を犯したことになります。この奪ったバラを私はフランク造園という会社に売り、盗んだバラではないかと疑いながらもこの会社は買い取って、顧客に売ったとしましょう。

フランク造園も罪を犯したことになります。しかし伐採下請業者が、これと同じことをスマトラやペルーで行って得た木材を、合板として米国に持ち込むことは通常、犯罪にはなりません。丸太として中国で売られ、それが米国でマホガニー材の家具としてウォルマートの店頭に並んだとしても同様です。違法取引は、主要メディアによって無視されている重大事の一つです。熱帯地域の森林破壊のおよそ半分が、違法伐採によるものです。

二〇〇七年、私は、前の自宅の所有者が三〇年前に設置したセコイア材の厚板が腐って柔らかくなり、屋上デッキの取り換えが必要になった際に、この問題に直面しました。セコイア材はもう入手できず、今では持続可能な資源ではありません。改修について考えていた時に、ペルー人森林保全活動家でゴールドマン環境賞の受賞者でもあるフリオ・クスリチ・パラシオスに出会いました。彼は、米国中を回って、アメリカ人の消費行動のパターンが森林破壊を進めているだけでなく、暴力や犯罪の原因にもなっていることを啓発していました。私は彼から、ペルーの地元住民が、木材産業の受益者ではなく被害者であることを学びました。ペルーのマホガニー材産業では、一点につき何千ドルにもなる家具に加工される木の伐採のために、推定三万三〇〇〇人が強制労働に従事させられています。また違法な木材取引は、麻薬密輸、資金洗浄、そして組織犯罪ネットワークなどとのつながりがあることも明らかになっています。

ペルーから米国に輸入されるマホガニー材の八〇パーセント以上が違法に調達されていることに怒りを覚えたパラシオスと仲間たちは、六つの米国政府機関、内務長官を含む六人の個人、そしてペルー政府の捜査によって木材が違法に得られていることが明らかになった何百もの拠点からマホガニー材を輸入していた米国の材木会社三社を相手取り裁判を起こしました。しかし裁判所は、被告の材木会社らがペルー政府の税関証明書を不正な方法とはいえ取得できていたことから、輸出入禁止となっているマホガニー材の輸入を止める権限がアメリカ連邦政府にはなかったという判決を言い渡しました。

この数年前には、史上最悪な戦争犯罪の一部について有罪となっている軍閥指導者、リベリア元大統領のチャールズ・テーラーが、熱帯広葉樹の違法伐採から得た収益で自身の圧政的体制を支えていました。リベリアの環境保護活動家らが、国連を動かしてリベリア産木材の売買を禁止させることで、ようやくテーラーを失脚させることができました。当時のアメリカ国務長官コリン・パウエルは、国連に対して「リベリアの木材産業は、汚職で腐敗したエリートのために、自国の熱帯広葉樹林を枯渇させています。彼らは、本来リベリアの人々が自分たちの国を発展させるための重要な天然資源を破壊しています。現在は国連の制裁対象になっているリベリアの木材産業からの収益を用いて、チャールズ・テーラーは武器を購入し、地域全体での暴力の連鎖を悪化させました」と述べました。それでも、ブッシュ政権はリベリア産木材の輸入を直接禁止することに消極的であり、テーラーの違法な資金源を断ち切るのには何年もの時間を要しました。

二〇〇七年には、インドネシアの森林を監視する共同体組織であるテラパクが、同国の木材輸出の七〇パーセント以上が違法であると発表しました。また、インドネシアのジョコ・ウィドド大統領の要請で実施された調査では、二〇〇三年から二〇一四年までに、同国政府は木材の盗難によって九〇億ドル近くもの本来得られるはずだった歳入を失ったとの推定が示されました。

ブラジルは、違法な森林の伐採や焼き払いによる開墾を抑制することによって得た世界有数の成功事例を携え、気候変動対策のリーダーとして、コペンハーゲンのCOP15に参加していました。しかし、最近では商品取引ブームの崩壊によってブラジル経済が急激に冷え込み、政治も一気に情勢が悪化しました。それに伴い、アマゾンの熱帯雨林を焼き払うことを禁じた法律の執行が滞りました。ブラジル国立宇宙研究所（INPE）で森林火災管理部のコーディネーターを務めるアルベルト・セッツェルは、二〇一六年にアマゾン地方で燃え盛る火災の延焼範囲を測量し、牧草地のために森林に火をつけるという既存の慣習に対して、関係機関がこのまま手をこまねいていれば、前例のないレベルまで状況が悪化するだろうという警告を出しています。

これらが意味するところは、自宅の屋上デッキの取り換えは、思った以上に倫理的な危うさをはらんでいるということでした。地元の材木置き場にある木材の多くが、平たく言えば密輸品なのです。同時に、一人の消費者として自宅のデッキにどのような木材を使うかを選ぶ権利が、私にはあります。そうですよね。そして、森林保全活動家たちとの直近の出会いの影響を受け、違法木材取引について知識を蓄えた私は、やる気と情報を持っていました。まさしく。

それでも事態は私にとってまだ複雑でした。

私は、森林管理協議会（FSC）の認証を受けたチーク材を見つけました。認証制度は業界から独立しているため、私はFSCを信頼しています。ところが、いざ屋上デッキを造り直す用意が整ったところで、このチーク材の調達先が変わってしまい、今では認証を受けていないということを請負業者が発見しました。ありがたいことに請負業者は、デッキに適していて今でも入手可能なFSC認証済みの木材を別に見つけてくれました。アイアンウッズというブランドのイペ材です(私はこれ以外に再生プラスチック材についても検討しました。はるかに安価なうえ、環境という観点ではおそらく一番良い選択肢であると思われます。しかし火災対策上の理由で、サンフランシスコ市の規則では屋上デッキに使うことが禁止されています)。結局、買うことが本当に倫理的だと言える材料は何かということにたどり着くまでに、かなりの時間を要しました。

幸い、この一年後に米国は、世界の違法木材取引を阻止するための役割を果たすという点で、大きな前進をすることができました。これは、違法伐採によって得られた木材の米国への輸入規制の強化を目指すために、オレゴン州選出の上院議員ロン・ワイデンとその仲間であるポートランド出身の下院議員アール・ブルメナウアーが起草した法案が通過したことによるものです。この二人がオレゴン州出身であることは偶然ではありません。違法木材は、産地の環境を悪化させ、暴力や強制労働の温床になるうえに気候変動の脅威ともなります。加えて、米国で合法的かつ適切な方法で育てて得られた木材の価値も下げてしまいます。オレゴンにはそういった国産木材がたくさんあります。二〇一五年一〇月には、米国最大のフローリング材小売企業であるランバー・リクイデーターズがこの法令に違反したことで、一三〇〇万ドルの罰金の支払いと五年間の業務停止に同意しました。法執行はやればできますし、米国経済にとってもプラスです。オレゴンの林業農家は歓喜しました。

では、こうした法律や規則の執行にかかるコストはどうでしょう。生産者がルールを守ってビジネスをする良き隣人として振る舞った場合、靴、食事、住宅、移動手段などは手の届く値段になるのでしょうか。それとも、私たちは、「寒く、ひもじく、電灯のない生活」という不名誉な言い回しのようになってしまうのでしょうか。

一九七〇年からの環境規制の歴史を振り返れば、効果的な基準が提案されるたびに、こうした脅しが繰り返され、後から虚言に過ぎなかったことが分かります。実際の価格よりも低く設定されていると、私たちは原材料を無駄遣いします。責任ある生産によって原材料価格が適切な水準に設定されれば、木の一本一本やメタンガスの一立方フィートずつにいたるまで、今よりも有効に使うことができることを私たちは見出すでしょう。

無駄遣いすることなかれ

今世紀中頃までに、グローバル経済の一員になる何億人もの新たな消費者のニーズに応えるには、原材料の使い方を革新的に変えるようなイノベーションが必要になるでしょう。私たちは、これまでよりもずっと少ない資源から製品を作らなければならなくなります。それはエネルギーだけでなく、金属、鉱物、木材といった天然資源すべてに当てはまります。朗報なのは、高パフォーマンスで高効率の現代技術は、製造コストと環境への影響の両方を大幅に削減できるということです。収益性の高い企業と安定した気候、双方にとっての敵が、無駄遣いです。以下の事柄について考えてみましょう。

米国で使用されている堅木材の五〇パーセントは、輸送用台枠の材料に使われていますが、サプライチェーン管理が不十分であるために、これらの台枠の半分がたった一回の使用で廃棄されています。輸送用台枠はすべて、複数回利用できる再生プラスチック製の台枠に置き換えることができます。

電力を得るために燃やした石炭のエネルギーのうち、白熱電球が光に変換するのはごくわずか、二・二パーセントだけです。LEDは既にそれよりも四～五倍効率が高いものとなっています。

カナダのアルバータで採れたオイルサンドから抽出した石油一ガロンが有するエネルギーのうち、シカゴの街で自動車の動力に変換されるのは一〇パーセントだけです。残りは採掘、輸送、石油精製、エンジン内部での熱としての喪失、そしてアイドリングなどによって無駄になります。その一方で、気候変動リスクを悪化させない方法で木材、天然資源や化石燃料などを採取した場合、一ボードフィートの木材、一米トンの石炭、一ガロンの石油、あるいは一立方フィートのメタンガスは、確かに価格はすこし高くなるでしょう。しかし高パフォーマンスと高効率がもたらす経済的競争力の前ではそれは微々たるものです。

残念ながら、効率性は自動的には生まれません。採算が合う場合でも実現しないこともよくあります。私たちは日常生活において、パフォーマンスを一気に上げて無駄を省くような製造分野のイノベーションに日々出会っているので、このことを見落としがちです。米国とヨーロッパの製造業は、以前と比べて驚くほど効率的でクリーンになりました。一九三〇年代の映画に登場するような製鋼所、自動車工場の組み立てライン、あるいは木の伐採作業のシーンがもしも頭に思い浮かぶなら、現代版のそれらの施設に立ち寄ってみてください。驚いて口がポカンと開いてしまうでしょう。イーロン・マスクのテスラ工場施設は、バス停よりも静かです。はるかに静かです。イノベーションと効率性、そしてそれに伴うあまり歓迎されない雇用の減少は、今日の製造業では当たり前です。製材所はコンピューターに支配されています。製鋼所はまるでロボットの基地のような状態です。

ところが、あなたの生活を支える自動車や紙の束、ダイニングテーブルや鉄骨のうち、米国、日本、あるいはヨーロッパにあるこうした先進的な生産施設で製造されているものは、どんどん減っています。ほとんどが途上国の製造拠点から来ますが、それらの場所では規制や基準が弱く、技術には無駄が多いのです。

中国が世界貿易機関（WTO）に加盟して以降、米国、ヨーロッパそして日本から、中国をはじめとした新興国市場への、これまでに例を見ないような製造能力の移転がありました。この移転はあまりに大規模で、二〇一〇年には地球全体の気候汚染の二三パーセントが中国一国に起因していました。しかし、そこで製造された製品は他の国で消費されていました。

現行の貿易システムの原則では、労働者に支払われる賃金、発生する汚染、無駄にされる天然資源など、他国でどのように製品が製造されるかについて、輸入する側の国がコントロールすることは一切できません。

アメリカ国内で製造される製品については、安全、労働および環境の基準をアメリカ国民が設定することは可能で、実際に行っていますが、他国での製造についてはできません（特定の工程等が容認できないものであることが国際合意によって明確にされた場合、各国政府は違反する製品の輸入を禁止あるいは制限することができます。しかし、木材取引について説明した通り、違法取引についての国際制裁の執行は、弱いと言わざるを得ません）。

このような「製造工程」について標準化することが制約されている理由は二つありました。一つ目は、例えば賃金が低すぎるといった理由をつけて、裕福な国々がその基準をいいことに途上国からの輸入を制限するのではないか、と途上国が不安を持ったこと。二つ目は、カリフォルニアでの排出規制をブラジル国民が制定できないのと同じくらい、アメリカ国民もリオデジャネイロでの汚染基準を制定することはできないといった考え方が確立されてしまったことです。しかし、すべての汚染がその地域にとどまるわけではありません。汚染または乱獲漁業など、他の環境破壊活動が、ある国の環境規制が脆弱なために、海洋や大気といった人類共通の資源に影響を及ぼす時、国境の向こう側の人々が甚大な被害に遭う可能性があります。

分かりやすい例を挙げれば、ライン川、ドナウ川、リオグランデ川といった大河川で、ある一国による水質汚染が発生すると、他国の上水道が汚染される可能性があり、実際にしばしばそういったことが起きています。しかし、米国の発電所による酸性雨が国境を越えてカナダの湖に脅威を与えていても、緩和策が実行されるまでには一〇年間の外交交渉が必要でした。米国側の行動を加速するために貿易制裁を実施することはカナダにはできなかったからです。同じように、中国による大気汚染の脅威は東アジア、そして米国西部まで達しています。

現在、中国ではより厳しい国内基準を整備している最中であり、問題解決への道のりの途上にあります。しかし、その他の国はまだ追い付いていません。このため、何億人もの人々の健康が、近隣の国々の工業が近代化されていないことによって脅威にさらされています。製品の輸入は、汚染の輸入も伴うのです。二酸化炭素のような温室効果ガスについても同様のことが言えます。ただし、この場合には、どこで排出されるかに関係なく地球上の誰もが脅威にさらされます。

一九九五年から二〇〇五年までに、ヨーロッパでは温室効果ガスの排出量を六パーセント削減することができました。ところが製造業の海外移転によって、気候フットプリントは一八パーセント悪化してしまいました。

このように汚染の温床となっている地域が存在していることは、よりクリーンで高効率な製造業に向けた歩みを遅くしています。汚染規制を厳しくすることにより国内産業が低コストの海外製造拠点に移転してしまうような事態を、現在の生産国は嫌がります。結果として、地球全体の気候変動対策の進展は遅れています。

幸い、この問題には解決策があります。この解決策は、世界貿易の現行ルールについての変更や調整は必要ではあるものの、様々な方面からの支持が広がっています。ヨーロッパ、中国、米国、そして他の各国が、高効率で低炭素排出の製造業を促進するために、炭素一トンにつき四〇ドルを課税することに合意する「気候保全クラブ」を結成することを想像してみてください。WTOは、未来の低炭素社会を目指したパリ協定の約束を引き合いに出し、一トンにつき四〇ドルと同等の炭素税の設定がない国からの輸入鋼あるいはこの鋼材を使用している輸入自動車に対して、税金を上乗せすることを認めるでしょう。これによって鋼の生産をヨーロッパから、例えば韓国に移転することの経済的利点はなくなります。どちらにしても自国産の鋼が課税されてしまうとなれば、ヨーロッパにその税収を取られるより、自国で課税制度を設けて自国の収入とすることを韓国政府はほぼ間違いなく選択するでしょう。そしてこれにより、製鋼所の改修が促進されるでしょう。

ヨーロッパと米国の製造業界の声（企業側と労働者側の双方）は、長年にわたって、このような国境調整措置の設置を要望してきています。実際、二〇〇九年にアメリカ連邦下院議会が通過させた排出量取引法案では、このようなメカニズムを想定していました。[*32] そしてトランプ大統領がパリ協定からの離脱を表明した際には、フランスのニコラ・サルコジ元大統領が、まさにこのような関税を米国製品に課するという報復措置に言及しました。

グローバルな炭素税制度の恩恵を受けるには、主要国が制度に参加するようなインセンティブが必要であること、また制度の成功のためには、製造に多大なエネルギーを要する製品の貿易では公平な競争舞台を確保することが、各国にとってとりわけ魅力的な方法であることに、二〇〇九年以降、多くの経済界の主要なプレーヤーが気付いています。

国境調整措置は、貿易の拡大が繁栄につながるという考え方、あるいはルールに基づく形で貿易が実施されるべきであるという考え方に対して異議を唱えているわけではありません。炭素削減にはローカルレベルで負担が生じうる一方で、ほとんどの恩恵はグローバルレベルのものなので、グローバル経済においてエネルギー性能および効率の基準の足並みを揃えるに当たっては、経済学者たちが「フリーライダー（対価を支払わずに『ただ乗り』して便益を享受する者）」と呼ぶものの存在が障壁になっています。このため、炭素税はこの現実に対応するものなのです。このフリーライダーの障壁は、典型的な市場の失敗です。既存の貿易のルールがこれを考慮していないのは、ルールが確立していく過程では、世界の最も深刻な大気汚染の事例が実はグローバルな問題であるという認識がまだなかったからに過ぎません。

HFCよ、安らかに眠れ

製造業で長いこと使われていたある主要な温室効果ガスが、姿を消しつつあります。それはHFC（ハロカーボン類の一種）で、二〇三〇年までに、ひょっとするともっと早期になくなるかもしれません。それに伴い、摂氏〇・五度の上昇分に当たる気候破綻の要因が消えます。これは実に大きなことです。その経緯を見ると、私たちが温室効果ガスの排出にどのように対応すれば良いかについての教訓が得られます。

一九八七年のモントリオール議定書（オゾン層を破壊する物質に関するモントリオール議定書）は、オゾン層に穴を開けているクロロフルオロカーボン（CFC）[*33]の使用を段階的に廃止するために採択されました。類似する化合物であるＨＦＣは、冷却のための化学的性質がＣＦＣと共通しているものの、オゾン層への影響がほとんどないということが判明したため、急速に冷媒市場の主力として台頭しました。ＨＦＣの使用は、一年に七パーセントのペースで伸びていきました。モントリオール議定書以降にオゾン層の状況が安定化してくると、注目は気候に移ってゆき、次のことに気付きました。ＨＦＣは脅威をもたらす化学物質であり、いずれは気候変動の三分の一相当の原因となり、二一〇〇年までに摂氏〇・五度近くも気温を上昇させるかもしれない、と。

企業はここにチャンスを見出しました。デュポン、ハネウェル、そしてダウ・ケミカルは、オゾン層にも気候にも負荷の少ない冷媒の特許を取得し始めました。その他の企業は、昔からの冷媒に目を向けました。インドの家電大手ゴドレジは、プロパンガスを使用した冷蔵庫のラインを売り出しました。ヨーロッパの自動車会社は、二酸化炭素そのものをエアコンの冷媒にできないかを模索しました。

そして、パリ協定が採択された一年後に、ルワンダのキガリにおいて、モントリオール議定書はＨＦＣの段階的廃止のために改正されました。これが途上国の財政に与える影響を考慮するために、三通りのスケジュールが導入されました。一つ目は先進工業国用、二つ目は中国をはじめとした中進国のための少し緩やかなもの、そして三つ目はインド、南アジアおよび中東のためのさらに緩やかなものです。この三つ目のスケジュールは、多くの気候変動の活動家が望んでいたのよりも遅いものですが、早めるためのチャンスはまだ残っています。と言うのも、最も緩やかなスケジュールを選んだ国々は、ＨＦＣ技術に多くの新たな資本を投入しておきながら、それらを二〇三〇年代には捨てなければならないという状況になってしまうからです。もっとインセンティブがあれば、これらの国も、よりスピードの速い中国のためのスケジュールに移行すると思われます。

グローバルコミュニティが寛大な行動を取れば、最も消極的なプレーヤーであるインドも、より早期のHFC廃止に合意する可能性が高いでしょう。ここでもまた、問題は資金です。クリエイティブな投資のメカニズムによって、気候への影響が少ない冷媒への移行に要する費用を削減できれば、インドのような国はより早く移行をすることに積極的になるでしょう。

ここまでの経緯は、冷蔵庫やエアコンに対する私たちの需要を抑えること、あるいは値上げすることによって成し遂げられたのではありません。民間セクターによるイノベーションと公共セクターによる規制の組み合わせによって物事が進んでいるのです。規制なしのイノベーションは、成功しません。なぜならば、インドの製造会社がHFCを永久に使い続けられれば、気候に優しい代替品に移行せずにフリーライダーのような行動を取ってしまうからです。米国や中国の企業が代替品を開発せず、消費者の反応が分からない中でプロパンガスを使用した冷蔵庫を市場に出すというリスクをゴドレジが取っていなかったならば、規制は受け入れられなかったでしょう。

他の温室効果ガスの問題を克服するためにも、このイノベーションと規制の組み合わせというワンツーパンチを繰り出すことが効果的です。

次なる革命——資源イノベーション

新たに生まれる何億人もの消費者、より高い生活水準、これらが安定した気候と持続可能な環境と両立できるようにするためには抜本的なイノベーションが鍵となります。私たちが必要とする冷却機能を犠牲にすることなく、HFCを完全に代替品に置き換えることができたことは、その一例です。こうしたイノベーションが生まれるかどうかは、企業によるリーダーシップが大きく関わります。ドイツ、米国、ブラジル、中国、フィンランド、韓国、日本、オーストラリアなど、世界中の製造業が、第三次産業革命に向けた競争をしています。第一次産業革命は石炭と水蒸気、第二次産業革命は電力と石油、そして第三次産業革命はデジタル化および知識集約型の製造業です。これは単にコンピューターによる情報処理のことを指しているのではありません。

ＨＦＣは気候にとって最も危険な工業化学物質であったので、段階的に廃止していくことは必須です。ところが、ごく普通のセメントも、あまりに使用量が多いために巨大な脅威となっており、地球全体の二酸化炭素排出量の五〜七パーセントの原因となっています（水に次いで人類の使用量が多い素材はセメントです。一日につき一人当たり三米トンになります）。セメントの特に難しいところは、セメント造りで放出される二酸化炭素の半分は、石灰石を処理する化学反応で生じるという点です。つまり、セメント窯を熱するのにクリーンエネルギーを使うだけでは二酸化炭素は除去できないということです。

セメントを製造する革新的な別の方法を見つけることができない場合、炭素の回収と貯留が特に不可欠な分野となります。実際のところ、他に方法はあるのでしょうか。

発電所から排出された二酸化炭素をカルシウムやその他の海水中にある無機物と反応させてコンクリートを生産しようとする取り組みは活発ですが、これらの実験は、今のところ全体の構図を大きく変える代替手法になっておらず、将来有望な研究領域にとどまっています。興味をそそるのは、今よりもかなり少量の石灰石をはるかに低い温度で加熱しながら、アルミニウムを豊富に含む火山灰を混ぜることで、より高い強度を得られるという、近年発見された古代ローマのセメント生産の秘密を再び活用するという可能性です。これにより、セメント生産の二酸化炭素フットプリントが六〇パーセント減らせるかもしれません。

最後に、私たちがどのようにコンクリートを利用しているか考えてみましょう。私たちは、四〇～五〇年あるいはそれよりも短い期間、利用するつもりで、コンクリート製のビルを建設します。鉄筋などを入れる補強技術により、ビルの建て替えの際に素材の再利用を図ることは、現実的に不可能です。しかし、コンクリート（あるいは同様に建築に使用される木材や鋼材など）の再利用を可能とするような建設技術を生み出す取り組みはこれまでほとんど行われていません。森林の管理や再生、そしてセメントや鋼材の代わりに木材を使用することにもっと力を入れることも、大幅に建設による気候への影響を改善し得ます。

人口が八〇億人に達し、そのほとんどがグローバルな消費社会の一員となっているような二一世紀半ばの世界では、こういったイノベーション活動を推奨し加速していく必要があります。

例として、風力発電では風力タービンの位置を高くして、風速がより安定している高さにまで届くようになったために効率が上がっています。しかし、高さがあるということは、支える鋼柱も太くて大きくなっているということであり、鋼の製造でたくさんの炭素が発生します。では、軽量な風車の羽を凧によって飛ばし、風で上空に浮かべておくのはどうでしょう。アルタエロス・エナジーズがアラスカで、また、カリフォルニアではマカニ・パワーというように、このアイデアを数多くの企業が追求していきます。こうした方法は、使用する素材量を大幅に減らし、これまでよりも高い高度で、安定した強い風の中で稼働できる風力発電所の可能性を切り開くものです。

私たちが、製造に多大なエネルギーを要する製品について話す際、その多くが、鋼、アルミニウム、銅といった金属を必要とします。そして、従来の製造技術は「引き算」でした。鋼やアルミニウムの巨大な塊からスタートして、必要な形状に切り取るので、たくさんの無駄が生じました。型に流し込んで鋳造物とすれば、無駄は減らせるのですが、これが可能な形状は限られており、最終的な製品は想定した構造形状よりも常に重量があり、余分に素材を使っていました。

積層造形法とも呼ばれる3Dプリントでは、コンピューター制御で非常に薄い金属またはプラスチックの層を重ねることで、望み通りの形状のものを作ることができます。現状では、試作品の製作に限って広く使用されていますが、GEでは3Dプリントでジェットエンジン用のノズルを生産し始めています。

GEはこれによって、従来の技術では除外されていた新たな金属や合金、あるいは新たな形状を導入できるようになりました。また、ノズルは従来製品より軽量で、素材の無駄を大幅に削減できます。

資源の無駄を削減するもう一つのアプローチは、バイオミミクリー、すなわち自然界にあるデザインを模倣するというものです。蜘蛛の巣に使われる材料がどれだけ少ないか、そしてそれにもかかわらず、どれほど広い面積でハエを捕獲できるか、考えてみてください。自然界は、多くのことを私たちよりも上手にやっています。人間社会が直面しているのと似たような問題を、様々な生物がどのようにして解決してきたか、また、自然界におけるデザインの高機能性をどうすれば真似することができるか、多くのデザイナーや科学者が研究しています（現在の二酸化炭素からセメントを得るための技術は、サンゴ礁からヒントを得たものです）。

例えば、クアルコムのミラソルというディスプレーは、モルフォチョウが鱗粉の構造を使って光を干渉させ、色素を使うよりも効果的に鮮やかな発色を得るという技法で翅《はね》を青色に見せていることにヒントを得ています。上海交通大学の研究者たちは、トリバネチョウの翅をヒントに、太陽光パネルの効率性を上げるための超黒色光吸収カーボンフィルムの開発を進めています。

積層造形法とバイオミミクリーは相性が良いのです。もしもあなたが蜘蛛の巣が虫を捕獲する性質を模倣したいとして、化学者たちが最適な粘着性のあるプラスチック素材を生み出したとしましょう（それほど難しくないだろうと思います）。蜘蛛の巣の複製を作るために、近くにある材料から切り抜く作業を想像してみてください。それはきわめて困難な作業です。しかし適切な画像があれば、3Dプリンターはどのようなデザインの蜘蛛の巣の形状も模倣できます。蜘蛛と同じように、糸の一本一本を正確に作っていきます。

したがって、今日の製品や資源の行き詰まった状態を人間社会が切り抜け、さらに気候や環境の持続可能性に対応するという難題への対処に必要な新たなアイデアを、人間による工学技術では十分に生み出せないのではないかと思えたとしても、私たちは自力でアイデアを考え付く必要はありません。自然界はいわば解決策がたくさん詰まった巨大な図書館であり、そのほとんどがまだ読まれていないものなのです。私たちは、自然から学ぶことにもっと時間とエネルギーを費やす必要があります。

マイケル・ブルームバーグ

CHAPTER 12

投資と気候変動

気候変動は以前にも増して、投資に対する最大級の長期的な脅威を与えるようになっている。

——前国連気候変動枠組条約事務局長　クリスティアーナ・フィゲレス

マーク・カーニーは、金融安定理事会（ＦＳＢ）の議長を務めています。ＦＳＢは、世界各国の中央銀行や金融関連省庁の国際ネットワークであり、金融危機などから世界の金融システムを守るための業務に当たっています。普段のカーニーは、イングランド銀行の総裁です。イギリスにおけるイングランド銀行は、米国にとっての連邦準備制度理事会（ＦＲＢ）に相当します。[*34] カーニーは、かつてカナダ銀行の総裁も務めたことがあります。二つの別々の国の中央銀行のトップになる機会がある人はそういませんが、彼と同じような経験と知見を持つ人もまたあまりいません。カーニーは、経済学の学位をハーバード大学とオックスフォード大学の両方で取得し、ゴールドマン・サックスで一三年間働きました。

二〇一五年、カーニーはロンドンの保険組合であるロイズにおいて、金融市場の未来についてのスピーチを行いました。世界で初めて保険証書が書き上げられた部屋で、利率の微細な変動や金融制度の現状についいて話すのではなく、彼は金融にとっての新たな脅威について話をしました。気候変動についてです。

「どのような科学的な問題でもいつもそうであるように、気候変動についても、科学的な見解の不一致はあります。しかし保険業者は気候変動の問題にできるだけ早く取り組むべきであるということに最も熱心な人たちだ、と私は気付きました。

驚くことではありません。他の人たちが理論について議論している間、皆さんは現実について対応していたのですから。登録のあった気象関連の損失発生事例の数は、一九八〇年代と比較して三倍になりました。そして、これらの事例によるインフレ調整後の保険損失額は、一九八〇年代には年間平均一〇〇億ドルほどであったのが、過去一〇年間では、およそ五〇〇億ドルにまで増えました。

今後起きるであろう事態の深刻さと比較すれば、現在、気候変動がもたらしている困難は大したことはありません。ここにいらっしゃる皆さんの中で、長期的な視点をお持ちの方々は、気候変動のグローバルな影響がより幅広く、食料や水の安全保障に加え、不動産、人の大規模移動、そして政治的安定性などに対して生じることを予想されていることでしょう。ではなぜ、問題解決のための取り組みがもっと行われていないのでしょうか。コモンズの悲劇*35は、環境経済学における古典的な問題です。この解決策は、所有権と供給管理にかかっています。気候変動は『ホライズンの悲劇*36』です」

コモンズの悲劇では、人々が個々人の利益のために共有資源を使いながら、社会に被害を与えます。例えば、ある漁場の魚を獲り尽くしては次の漁場に移動していく水産会社の例を考えましょう。魚が獲り尽くされた漁場では、食料と収入源を魚に頼っている地元住民には何も残っていません。ホライズンの悲劇では、人々は将来現れると思われる代償を考慮せずに、自分たちの利益のために資源を使います。この例として、気候変動ほどぴったりなものはないでしょう。ホライズンの悲劇を防ぐには、善意と各国政府による規制だけでは足りません。世界を動かすことのできる、ある力を使うことが必要です。しかし、この力はこれまで多くの環境保護活動家からは敵であると見なされてきました。この力とは、利益を上げたいという動機のことです。

投資家の中には、社会的責任投資ファンドを設立することで、気候変動との戦いに市場を利用しようとしてきた人たちがいます。年月とともに、この業界は成長しましたが、世界の金融システムにおいてはニッチのままであり、おそらく今後もニッチな分野であり続けるでしょう。啓発を受けた善行が、気候変動の問題を解決するのではありません。利己的な行動が、同時に環境にも優しい行動になった時に初めて、解決の取り組みは成功します。

別の言い方をすれば、気候変動との戦いに勝つためには、炭素の削減が利益を得る機会とならなければなりません。このことは、既に実現し始めています。

気候を会計に取り込む

市長たちをグリーンインフラ（環境配慮型インフラ）の整備やエネルギー効率の改善のためのビジネスへ導いたのと同じように、投資家たちは利益のためのインセンティブによって、気候変動リスクのコストを既に織り込みつつあります。気候変動は、未だにメディアによって政治と環境の問題として扱われています。また気候変動に立ち向かうことについて楽観的になれる理由は、政府や環境団体の人々からは生まれてきません。それは日々金もうけをしようとしている人々から生まれてきます。

カーニーは、このことをよく分かっていました。また、投資家と気候に優しい投資の前に立ちはだかっている大きな障壁も見抜いていました。市場の不透明性です。どういった企業が気候変動に対して脆弱なのでしょうか。気候変動がビジネスに与える経済的な影響は、どのくらいの期間でどのくらいの規模になるでしょうか。備えができている企業はどこでしょうか。行動を起こしている企業はどれで、何もしていないのはどの企業でしょうか。現在では、投資家がこのような問いに答えることは難しく、もしくは不可能です。これは、市場の失敗です。市場が透明であることによって、投資家は企業をより正確に評価することができ、市場の効率性は向上します。透明性が低いほど、過大評価あるいは過小評価を受ける企業が増え、リターンが最大化するように投資のリソースを割り当てることが困難になります。

私の会社は、この考え方が正しいことの証です。一九八一年に私が起業した頃、株式や債券のリアルタイム価格というものは、基本的にこの世に存在していませんでした。顧客には価格の比較をする良い手立てがなかったために売り買い注文を受ける業者は大きなスプレッド（手数料）を組み込むことが可能でした。これにより、こうした業者は顧客の負担でもうけることができました。しかし透明性の欠如によって、限られた情報や古い情報に基づいて投資の判断をせざるを得ないということで、業者の損害もありました。金融データをすべて電子化しリアルタイムで閲覧可能にすることで、ブルームバーグ社はこれをすべて変えました。

今日、取引のスプレッドは過去に比べれば非常に少額であり、業者はリアルタイムなデータに基づいて投資判断をしています。

ブルームバーグ社は、顧客により良いデータと分析をより多く提供できるよう、常に努力しています。例えば、エネルギー革命に密接に関わる投資を金融業界が理解できるよう、エネルギー産業を分析し業界のトレンドを明確にするブルームバーグ・ニュー・エナジー・ファイナンス（BNEF）というサービスを提供しています。しかし、投資家たちは今や、エネルギー関連のデータ以上に気候関連のデータを求めています。

二〇〇〇年代半ばに私がニューヨーク市長であった頃、ブルームバーグ社は、持続可能性に関する様々な指標について、データ収集を始めることを決定しました。ところが、データの取得は難しく、データが手に入ったとしても他との比較ができない形式になっていました。投資家が同一条件での比較ができるような情報公開基準がなければ、持続可能性に関する情報は事実上役立たずになってしまいます。

二〇一四年にニューヨーク市庁舎を去った私は、SASBと呼ばれることもあるサステナビリティ会計基準審議会の議長になりました。SASBは、米国中の多様な業界をまたがる持続可能性の情報公開基準を策定する組織であり、理事会は、企業が持続可能性に関する評価指標について、どのように報告すべきか判断することを支援する会計フレームワークを作成しています。また、こうした情報をどのように活用すればいいのかを投資家たちが理解することを支援する取り組みも、理事会は実施しています。私たちの目標は、大手証券発行者の情報公開方法を、投資家、会計士、法律事務所や監督官などにとって役に立つ形で標準化することです。

私はこれと同じ頃、ヘッジファンド創業者から環境保護活動家に転身したトーマス・スタイヤーと、元アメリカ財務長官ヘンリー・ポールソンと組んでリスキービジネス・プロジェクトを立ち上げました。気候変動における米国中の経済リスクを、産業ごと、地域ごとに定量化するというのが、このプロジェクトの考え方です。ビジネスや政治のリーダーたちが、気候変動のことを環境問題だけではなく経済問題でもあると見なすようになればなるほど、私たちは前進することができ、米国経済はより良い状態になります。スタイヤーは、「一方がモラルやホッキョクグマについて主張していて、もう一方は雇用の話を主張している。ホッキョクグマの話では決して勝つことができない」と言っています。リスキービジネス・プロジェクトとSASBは、米国で重点的に取り組んでいますが、市場はグローバルです。では、米国以外の世界ではどうなっているのでしょうか。

ロイズでスピーチをした三カ月後、カーニーは、気候変動リスクについての自主的情報開示の国際基準を策定するために、業界のリーダーたちによって率いられるタスクフォースの創設を発表しました。この気候関連財務情報開示タスクフォース（TCFD）の創設によって、環境変動要因がもはや社会課題に取り組む組織だけの懸念事項ではないという認識を、金融安定理事会（FSB）は正式に示したのです（FSBは二〇〇八年の経済危機の後に、世界の金融システムの安定性を監視し提言することを目的に、世界の中央銀行によって立ち上げられた組織です）。それどころか、環境変動要因への懸念は一般的な投資家や企業のリーダーの間でも拡大しており、金融システム全体の健全性にとっても重要です。まさに適切なメッセージだったので、TCFDの座長を務めてほしいとカーニーに頼まれた時、私は断れませんでした。

私たちは、アメリカ証券取引委員会の元委員長メアリー・シャピロが率いる素晴らしいチームを編成し、彼女は目を見張るような仕事ぶりを見せました。チームには、金融業、保険業、工業界、政府など多様な分野からメンバーを募りました。TCFDの一員に、およそ五兆ドルの資産を管理下に置いているブラックロックという世界最大の資産運用会社があります。二〇一六年、同社のCEOであるラリー・フィンクは、今日、多くの企業を支配している短期的視点での思考がいかに非生産的であるかとなぜ確信したかについて、数々の主要企業に手紙を送り、大きく報道されました。この手紙の大半は、より良いガバナンスを実践し、四半期ごとの収益に囚われ過ぎないことの重要性に焦点を置いていましたが、同時にもっと気候変動のことを気に掛けるべきだと企業を促していました。

「長きにわたって、持続可能なリターンを生み出し続けるには、(中略) 現在企業が直面している環境的および社会的要因に対してもっとしっかり焦点を合わせていく必要があります。これらの要因は、リスクとチャンスの双方につながりますが、企業はあまりに長い間、自分たちのビジネスにとって重要ではないと考えてきました。(中略) 長期的には、気候変動から理事会メンバーの多様性の問題まで、環境、社会、そしてガバナンスが、実質的で数値化できる財政的な影響をもたらします」

ブラックロックのような大きな資産管理会社は、株主としての役割を通して、企業の活動を強制的に変えることができる強い影響力を持っています。彼らの真の力は、自分たちが持続可能性を企業価値の構成要素として見ているということを表明することで、市場に影響力を与えられるというものです。

持続可能性に関する問題が自分たちの収益に影響を及ぼすということを、多くの企業が認識しつつあります。石けんからアイスクリームまで何でも売っており、TCFDの一員でもあるユニリーバもまた、気候変動が自社製品の需要にどんな影響を与えるかの検討に注力してきました。例えば、多くの消費者が水不足に直面する中、従来よりも少量の水で使用できるシャンプーが必要になります。この問題にユニリーバは、より節水できるシャンプーを提供することで、競争力を獲得しました。気候変動に適応する企業は都市と同じように、成功するための有利な位置に立てます。

企業の環境へ与える影響に対して投資家は以前にも増して敏感になっているため、持続可能性に関するデータの需要も高まっています。大きな資本のプールである年金基金や大学寄付基金を運用しているファンドマネジャーは、各企業の環境施策についてもっと情報を出すよう、強く求めています。カーボンフットプリントはどのくらいですか、フットプリントの縮小のために何をしていますか、といった具合です。大口の投資家が経営陣と話して、環境関連の領域に関心があることを示唆すれば、CEOたちは間違いなく耳を傾けます。彼らも職を失いたくはないからです。CEOの在任期間は現在、たった四～五年ほどになっています。CEOは非常に大変な仕事であり、プレッシャーも多く、入れ替わりも激しいのです。したがって環境問題についてCEOに圧力をかける投資家は、本当に大きな影響力を有しています。このため、気候変動対策のリーダーとして認識されることを目指して企業同士が競い合っている様子が見られるのです。

気候変動のリスクに透明性を持たせることにより、炭素排出の多い投資案件から資本を遠ざけ、よりクリーンな投資に向けることができます。しかし、市場の透明性は解決方法全体のパズルの一ピースに過ぎません。

投資の障壁

低炭素な未来に向けた投資を妨げる障壁は他にもあります。これは、特にインフラについて顕著です。

メキシコのフェリペ・カルデロン前大統領が率いる、経済と気候に関するグローバル委員会[*37]は、世界が新たなインフラのために二〇三〇年までに九〇兆ドルを要するだろうと見積もっています。しかし、将来を予測することは難しいことです。インフラへの支出となればなおさらです。特に低所得国や中所得国が裕福になり人口も増えていく中で、それに伴って未来のインフラのコストは数兆ドル単位になるであろうと、妥当性のあるどの将来予測も見込んでいます。

委員会が提言している量のインフラを整備するのは、現在、既にあるインフラの量を実質的に二倍にするのと同じ程度と言ってもいいでしょう。しかも、今後三五年のうちにです。そのためには、支出も二倍近くになります。しかし問題は、資本の不足ではなく、投資する魅力があるプロジェクトが不足していることです。投資家たちは利回りを求めているのですが、なかなか見つけられません。これには主に六つの理由があります。

一つ目は、インフラプロジェクトには長期的な投資が必要であり、利回りは堅実ではあるものの、それほど大きな利率にはならない、ということです。今日の市場では、実際にはそうなりそうでなくとも、高いリターンが約束されたスタートアップ企業への投資と比較すると、地方債であれクリーンエネルギー向けであれ、安定していて面白みに欠けるリターンをもたらすインフラ投資は魅力がないと思われがちです。

二つ目は、再生可能エネルギーは補助金によって動いているために、政治家の気まぐれに左右されるものだという根強い誤解があることです。今まで何度か監督機関によるきまぐれな政策介入が行われたことがあるために、一部の投資家は風力発電や太陽光発電産業への投資を避けてしまっています。

三つ目は、一部の投資家は新しいものを敬遠するということです。この根底には、過去の苦い経験もありますが、投資会社の体制が理由となっていることもあります。例えば、ある投資会社では、不動産分野のポートフォリオはあってもクリーンエネルギー分野のポートフォリオはないかもしれません。あるいは、エネルギー投資が一つの資産分類として成熟することを待っているかもしれません。

投資会社はしばしば複数年単位、場合によっては数十年単位の実績を求めることもあるので、まだ歴史の浅い業界への参入ははるかに難しくなります。

四つ目としては、地球の北から南へと動くグローバルな投資規模がまだ不十分、ということが挙げられます。ここには、低所得国および中所得国における資本市場の健全性への懸念があります。インドでは、信頼性の高い再生可能エネルギー発電プロジェクトを創りたいと切望する起業家や企業が数多く存在しているにもかかわらず、そのための融資がないということをナレンドラ・モディ首相が教えてくれました。この面では、インドは典型的な途上国であり、資本市場が十分成熟しておらず、流動性も足りず、また金利が高すぎるため、クリーンエネルギーに対して十分な国内での資金調達ができないのです。

例えば、海外から見た時にインドの株式市場における透明性や信頼性が不十分な状態で、どうすれば日本の投資家は、日本よりも潜在的な成長の見込みが高いインドのエネルギープロジェクトに資本を提供できるようになるでしょうか。こういった問題への対応には政府のリーダーシップが必要になります。

五つ目は、各国政府がまだ化石燃料寄りであるということです。国際エネルギー機関（IEA）の試算によれば、二〇一四年には世界各国の政府が合計で四九三〇億ドルの補助金を化石燃料に対して与えました。二〇〇九年にG20が、一部の化石燃料向けの補助金を段階的に廃止することを表明したものの、これまでほとんど進展がありません。

一方で、各国政府は再生可能エネルギー会社に対して一二〇〇億ドルしか補助金をつけていません。したがって、各国政府が再生可能エネルギーの開発と利用を促進するために使う一ドルに対して、四ドル以上を化石燃料の開発と利用の促進に使っていることになります。世界の大手保険会社も、気候変動に積極的な行動を起こさない先進工業国に困り果て、化石燃料に対する補助金を廃止するようにG20各国政府に対して呼びかけました。

お金を払った通りのものが、手に入ります。今、私たちは地球をもっと暑くしてしまう方向へと出費しています。気候変動のスピードを遅らせることに本気であるなら、約束した通りにお金をかけ始める必要があります。二〇〇九年のコペンハーゲンのCOP15において、経済協力開発機構（OECD）加盟各国は、一年当たり一〇〇〇億ドルを途上国のクリーンエネルギーへの移行と気候変動への適応のために提供することを表明しました。

この約束はまだ履行されていませんが、履行されるべきです。そして、化石燃料への補助金を廃止すれば、そのための資金が確保できるはずです。それどころか、何百、何千億ドルと余裕が生じるはずです。

そして六つ目が、持続可能性に関する投資は、天然資源よりも技術に委ねられているために、しばしば資本集約型であるということです。これにより、資金の借入費用が高い場所では持続可能なインフラの価格がことさら押し上げられてしまいます。インフラ投資が最も必要とされている新興市場では、どこでも同じことが起きています。農業の仕組みに必要とされる改革を実現していくには、農家もまた借入費用が低い融資が必要です。例えば、家畜の肥やしの山や保管池が、乳牛および肉牛の集中飼養におけるメタンの主要な発生源になっています。この肥やしをメタンに変換して農業用機械の動力源とすること、場合によっては発電することは簡単で収益性もあるのですが、かなりの資金が必要なため、低金利の融資が必要です。

低炭素な未来への転換によって得られる収益があり、六つの障壁が投資家の前から早く取り除くことができれば、それだけ早く、この収益そしてそこに紐付いた環境面での恩恵が実現できます。

資金、その調達の仕組み

インフラのための資金調達に当たり、都市は都市ならではの問題を抱えています。歳入を得るためには主要な方法がいくつかありますが、それぞれを見ていきましょう。

●税金と課金

二〇一五年にシアトル市民は、安全性を向上させる街並みと公共交通機関に対するコストを支払うため、固定資産税の一〇億ドル近い増税を承認しました。ロンドン市、ストックホルム市、シンガポールなどで実施されている混雑課金制度では、街の渋滞が激しい地域に自動車で来るドライバーに課金して、交通機関の改善費用への充当に特化した収入源を生み出しています。これらはいずれも、都市が資金を得るための有効な方法です。しかし、ニューヨーク市の混雑課金制度導入に向けた取り組みの事例で説明したように、しばしば政治的な問題によって妨げられることがあるので、都市は他の収入源も検討しておく必要があります。

●価値獲得

二〇世紀前半にニューヨーク市は、まだ開発されていない田園地帯への地下鉄網を拡張したことで、街の成長と世界経済の中心地への変身の礎を築きました。当時真実であったことは、二一世紀になっても真実のままです。建設すれば、人はやって来ます。すると、新たなビジネスがやって来て新たな収入が生まれ、不動産の価値は上がります。価値獲得融資は、基本的にこの価値上昇を担保にしたものなので、都市はインフラに対して行った投資が将来生む利益を、実際に利益が出るよりも前に受け取ることができます。私たちは、半世紀以上ぶりに行われたニューヨーク市地下鉄の延伸のための資金を、この手段を使って調達しました。この延伸により、マンハッタン島中西部のハドソンヤードと呼ばれる地区において、ニューヨーク市史上、最大級の商用地開発が動き出しました。

ハドソンヤードは、広さ二八エーカー（約一一万平方メートル）の車両基地にその多くを占有され、マンハッタンで最後に残った未開発地域でした。車両基地の真上に人工地盤が建造できれば、新たな区域を街の中心に誕生させるだけの用地が確保できます。しかしながら、この車両基地は最寄りの地下鉄駅から〇・五マイル（約八〇〇メートル）ほど離れており、新たな住民や企業を誘致するには大きな足かせとなっていました。ニューヨーク市地下鉄を運営しているニューヨーク州交通局（MTA）は、資金不足によって必要な修繕工事もままならなかったので、人口が少ない区域への地下鉄延伸工事はMTAの優先事項とは到底言えない状況でした。そこで、市が参入しました。

二〇〇四年にニューヨーク市は、地下鉄七号線の延伸工事と新駅建設の資金を調達するため二〇億ドル相当の公債を発行しました。新たな高層オフィスやタワーマンションによってもたらされる固定資産税からの収入によって、この公債は返済されます。建設すると、居住者、企業、そして近隣に新たな公園をいくつか整備したおかげでニューヨーク中からの訪問者が、さらには世界中からの観光客もやって来ました。

ニューヨーク市が価値獲得を利用して収入を増やしたのは、初めてのことではありませんでした。セントラルパークを造るための資金の一部は、周辺の土地や建物の所有者に負担してもらいました。市の建造担当者たちは、不動産の価値が上がることによってセントラルパーク周辺の土地所有者が恩恵を受けるであろうことを認識していたのです。公共支出によって特定の土地所有者に新たな利益がもたらされるのであれば、彼らにいくらか支出を求めることは理に適っていました。

一九二九年に開始された地下鉄二番街線の建設にこの考え方が適用されていれば、二番街線ははるか昔に完成していたことでしょう。しかし適用されたことはなく、この建設プロジェクトが完了するには程遠い状況です。MTA局長時代、ジェイ・ウォルダーは二番街線の建設中に、この路線がマンハッタン島のアッパーイーストサイド地区の姿を大きく変えるだろうということに気付きました。「しかし、その変化の価値を先に獲得しておく仕組みがない。そして今日、二番街線建設工事の第一期に向けて進展しつつも、私たちはここに座って、第二期の資金をどうやって得るか、第三期の資金をどうやって得るか、そしてどうやってこのプロジェクトを存続させるのだろうか、と思いを馳せるのだ」と彼は言いました（第一期工事は二〇一七年にようやく開始されました）。

ヨーロッパや東アジアの多くの都市では、価値獲得融資をよく使っています。香港の例を見てみましょう。香港の地下鉄運営組織である香港鉄路（MTR）は、鉄道を造るだけでなく、アパートやショッピングモールなど地下鉄駅上の不動産開発にも携わっています。公共交通機関との近さもあって、不動産の価値が上がるにつれてMTRは利益を獲得して、それを鉄道システムに投入することができます。この仕組みによって、香港の地下鉄は世界でも信頼性の高いものの一つとなっています。そしてMTRは、オーストラリアなど他国の地下鉄システムの運営会社を選ぶ入札で勝っています。

●グリーンボンド

都市は長らく、資金調達のために債券を発行してきました。近年この考え方が拡大されグリーンボンドという金融商品を通して、気候変動との戦いを助けるプロジェクトに特化するようになってきました。

グリーンボンドは、その他の債券と大差ないように見えますが、公共交通機関、エネルギー効率、クリーン電力や気候変動からの回復力など、持続可能性に関する方策への投資に特化して使われます。グリーンな地方債は特定のプロジェクトに紐付いており、特定の条件で保たれ、また非課税であることから、投資家にとって魅力的です。

機関投資家はグリーンボンドを好みます。理由は、資産の分散ができるからということもありますが、地球を救うことを自分たちが重視していることを対外的に示すことができるからです。これは、ますます顧客が重視している事項です。資産運用会社によっては、ある一定の比率の資産を気候変動問題の解決に投資することを義務付けているところもあります。グリーンボンドは当初、世界銀行などの国際機関によって発行されていましたが、今では市町村、州、あるいは交通局や電力機関などといった公共団体の資金調達手段として、急速に定着してきています。民間企業であっても、グリーンボンドを発行できます。二〇一六年初めにアップルは、クリーンエネルギーやエネルギー効率のためのプロジェクトに資金を得るために、一五億ドル分のグリーンボンドを発行しました。

二〇一四年にはヨハネスブルク市が、世界で初めてグリーンボンドを発行した都市の一つになりました。ヨハネスブルク市は、ハイブリッド燃料バスを含む持続可能性のための投資に一・四三億ドルを集めることができました。このグリーンボンドへの申し込みは、募集枠を一五〇パーセント上回りました。ロンドン市内の地下鉄と公共バスを運行しているロンドン交通局は、自転車交通のためのイニシアチブ、利用者数の多い地下鉄駅の拡張や設備の改善、エネルギー効率改善などへの資金調達のためにグリーンボンドを発行しました。二〇一三年には、一一〇億ドル分のグリーンボンドが売れました。二〇一六年には、八〇〇億ドルを超える売れ行きとなりました。世界の債券市場全体のざっと一〇〇兆ドルという規模から見れば、グリーンボンドはまだ小さなかけらほどの規模です。しかし、このかけらは成長しています。

与えられるべき信用

都市が交通プロジェクトのための資金を調達しようとする際の障壁の一つは、多くの場合、地方政府や国の政府の承認なしに行動を起こす権限が都市にはないというものです。

しかし時には、もっと単純なものが障壁になっています。それは信用の不足です。投資家にとって魅力的な債券を発行するためには、高い信用が都市に求められます。ところが、多くの都市は高い信用格付けがないか、そもそも格付け自体が存在しません。これは、低炭素輸送交通の整備が喫緊の課題となっているうえに政府の資金繰りが苦しい途上国で特に顕著です。

世界銀行の試算では、途上国の五〇〇都市のうち、国際的に認められている信用格付けを有するものはたった四パーセントに過ぎず、国内の信用格付けがあるものもたった二〇パーセントです。このことにより、インフラの資金調達のために広く世の中に存在している資本から、途上国の都市は実際上、切り離されてしまいます。しかし、この問題は官民が協働すれば解決可能であり、大きなチャンスにもなります。

数年前に、ペルーのリマ市は、世界銀行やその他の機関とともに、それまでよりも高い信用格付けを確保するために協働しました。市の高速バス交通網（ＢＲＴ網）をグレードアップするため、リマ市は改善された格付けを武器に、一・三億ドルの融資を受けることができました。高い信用格付けがなければ、負担が大き過ぎてこのような融資は受けられなかったはずです。これは非常に費用対効果の良い手段です。ペルーが一・三億ドルの融資を受けるために、世界銀行はたった七五万ドルをかけて専門的なサポートをするだけで済んだのです。

各国政府には都市がこのような投資を行うことを支援する強い動機があります。しかし都市も、自らの役割を果たす必要があります。コソボのプリシュティナ市の市長、シュペンド・アフメティは、「貧しさゆえに気候変動対策の計画を実施することができない都市など存在しない」と言います。そして、その計画にはますます資金調達のための戦略を含める必要性が高まっています。

信用が都市に対してどのように作用するのかは、消費者の場合と同じです。都市が融資を受けてきちんと返済できた記録が示されれば、貸し手はその都市のプロジェクトに資金を提供せざるを得なくなります。

これは、あらゆる都市が責任を負っているもの、良いガバナンスから始まります。例えば、インドのコルカタ市では、税収の徴収方法や予算管理の方法の改善に向けて一歩一歩前進してきました。これによって市の信用格付けが上がり、その結果外部からの投資がより集まるようになりました。その中には、市の環境改善投資プログラムに対するアジア開発銀行からの四億ドルの支援も含まれています。

アフリカでは、成長著しいウガンダのカンパラ市が、市政の透明性と説明責任を高めるための戦略的計画を作成しました。数多くの方策が実施されましたが、そのうちの一つが固定資産の記録と税金の徴収方法の抜本的な見直しでした。これらの帳簿の詳細は、決して面白味のあるものではありませんが、都市が人々のニーズを満たすことに向けて、状況を一変させることができます。カンパラ市は一年で税収を八六パーセント増やすことができ、この資金を市は必要不可欠な行政サービスに投入できるようになりました。そして収支が改善され、より良いガバナンスに力を入れる姿勢が明確になったことで、カンパラ市は国際的な投資適格信用格付けを獲得することができました。

これらの例は、あるとても重要な点を痛感させてくれます。それは、気候変動に打ち勝つために都市は奇跡を必要としているわけではない、ということです。都市は、経済成長と地球を救うことのどちらか一方を選ばないといけないというわけではありません。問題は技術的なことではなく、政策、ガバナンス、そしてリーダーシップなのです。

これはまさに、二〇一六年にエクアドルのキトで開催された第三回国連人間居住会議（ハビタット3）の国際舞台において、八五人の市長たちが主張したことでした。メキシコシティーの当時の市長であったミゲル・アンヘル・マンセラ、バルセロナ市のアダ・コラウ、そしてマドリード市のマヌエラ・カルメーナに率いられ、国際的な気候関連ファンドへのアクセス、さらには自分たちの市の財源管理権限の拡大を市長たちは求めました。「ファンドや金融機関への直接的なアクセス権限が都市には必須だ」と、コラウ市長は言います。

公的なプロジェクトに対する民間融資を加速させるために採ることができる手段はいくつもあります。

気候変動対策への投資についての都市の提案書は、多くの場合、金融のプロではなく持続可能性の専門家によって書かれています。このため、多くのプロジェクトが環境面での恩恵を全面的に売り込むことに終始することで、金銭的なリターンを示せずに終わってしまう、ということになります。その結果、往々にして貸し手側は、投資するかどうかの判断をするための情報が入手できていません。

持続可能性に関するプロジェクトに対する投資のリターンを評価、説明できるよう、都市をサポートすることができれば、より多くのプロジェクトが日の目を見ます。技術的なブレークスルーと同じくらい、金融などに関する専門的支援が重要であることが多く、世界気候エネルギー首長誓約もその促進を支援していく必要があります。

資源不足の世界においては、市場こそが最も効率良く資源を管理する手段であると、私は確信しています。私は資本主義制度の熱烈な支持者であり、キャリアの大半をその効率化に捧げてきました。私たちの社会は商取引なしには機能できませんし、これは気候変動の問題がビジネスの世界の関与なしには解決できない、ということを意味しています。

気候変動を緩和し低炭素型経済に移行することは、蓄財と経済成長の双方にとってのチャンスとなるような投資を中心とした取り組みになります。化石燃料の過去に執着しようとしている資本家は、進歩そのものが景気刺激策であるということを忘れています。

かつての鉄道王たちは、自分たちが鉄道業界に携わっていると思っていましたが、それは誤りでした。

彼らは運輸交通業界におり、すぐに自動車が運輸交通の主要手段として鉄道に取って代わりました。破壊的イノベーションを見落とすという誤りは、これまで多くの経営者が幾度となく繰り返してきました。しかしながら、一部の化石燃料会社が自分たちの現在の市場シェアにしがみ付いている一方で、ますます多くの投資家やCEOが、足元で世界が変わりつつあることを感じています。

気候変動との戦いにおいての重要な進展は、パリ協定でも米国のシェールガスブームでもありません。太陽光エネルギーや蓄電池の技術の進展でさえもありません。もちろん、これらはいずれもきわめて重要ではあります。しかし最も重要なのは、市長、CEO、投資家などといった人々が、気候変動を政治の問題ではなく、金融や経済の問題として見るようになってきていることなのです。そして彼らは、自分たちの都市、ビジネス、あるいはファンドを管理する方法の中に、気候変動という要素を加味することで得られる利益、あるいは避けられる損失があるということを認識するようになったのです。

＊31　カーボンフットプリント【Carbon footprint】。「炭素の足跡」の意で、生活や生産活動に伴って発生する温室効果ガスの量を、二酸化炭素の量に換算した数値。地球温暖化への影響を分かりやすく可視化する指標として用いられている。数値が大きいほど、環境に与える負荷が大きい。

＊32　二〇〇九年に僅差で連邦議会下院を通過した「ワックスマン・マーキー法案」は、気候変動対策にまつわる包括的な法案で、経済全域にわたる排出量取引制度の創設が盛り込まれていた。その後、類似の「ケリー・ボクサー法案」が上院に提出されたが、調整が不調に終わり審議未了のまま廃案になっている。

＊33　クロロフルオロカーボン【Chloro fluoro carbon：CFC】。特定フロンの一種。不燃性で化学的安定性が高く液化しやすいなど、冷媒として理想的な性質を備えており、特に一九六〇年代以降、冷媒や断熱材の発泡剤、精密

部品の洗浄剤など様々な用途に爆発的に消費された。モントリオール議定書（一九八九年発効）でオゾン層破壊物質として規制対象になり、先進国での生産・使用が禁止されている。

＊34 イングランド銀行（Bank of England）は、金融政策や銀行券発行などの機能を持つイギリスの中央銀行。一方、連邦準備制度理事会（ＦＲＢ）は、七人の理事から構成される米国の中央銀行制度の最高意思決定機関。いずれも日本の日本銀行と同様に中央銀行の役割を担う。

＊35 コモンズの悲劇【Tragedy of the Commons】。米国の生物学者ギャレット・ハーディン（Garrett Hardin 一九一五〜二〇〇三）が一九六八年にサイエンス誌に発表した論文「コモンズ（共有地）の悲劇」による。誰もが利用できる共有資源は乱獲されて資源が枯渇してしまうという経済学の理論。

＊36 ホライズンの悲劇【The tragedy of the horizon】。景気循環や政治のサイクル、専門行政機関の範囲や領域（ホライズン）を越えて地球温暖化による損害は生じるということを表した言葉。二〇一五年九月、イギリス中央銀行総裁のマーク・カーニーのスピーチの中で示された。

＊37 経済と気候に関するグローバル委員会【The Global Commission on the Economy and Climate】。二〇一三年九月、気候変動リスクに対処しながら経済成長を目指す国際プロジェクト。当時の政府首脳や国際機関トップらによって立ち上げられた。委員長は設立当初から現在までフェリペ・カルデロン前メキシコ大統領が務める。

PART

7

ADAPTING TO CHANGE

⊙

変化への適応

カール・ポープ

CHAPTER 13

レジリエンスのある世界

天然の防波堤となる島々、湿地、あるいは見渡す限り続く針葉樹の海岸林などが何世代にもわたって私たちをハリケーンから守ってくれたが、(中略) 運河による分断、栄養素の欠乏、嵐による破壊など、何十年間にもわたって沿岸域はあらゆる方向から痛め付けられている。(中略) この破壊を食い止め、回復させねばならない。

——ルイジアナ州ニューオーリンズ元市長　ミッチェル・ランドリュー

気候変動の危機は単独の原因による単独の問題ではなく、単独の解決策もないため、異なる様々な側面から要素を分析し解決していかなければなりません。本書でマイクと私は、このことを一貫して強調してきました。もちろん大気も気候システムも別々のものですから、個別の解決策を実行する時には、それらを足し合わせることで完新世の安定した気候を回復させることができるのか、それが無理でも近い状態に回復できる見込みがあるのかを把握することは重要です。

また、既に気候が変わり始めているので、新たな気象のパターンがもたらす影響に備えるには、地域住民がどのように備えるべきかを検討することも欠かせません。本章と次章ではそれを重点的に説明していきます。

二〇〇年ほど前から人類による温室効果ガスの爆発的な放出が始まりましたが、そのはるか昔から緩やかな気候変動は地球の歴史の一部でした。ただし、これはゆっくりとしたもので気温や降水量の変動はある一定の範囲内に収まっていました。人為的な気候変動の何が脅威かというと、自然のサイクルよりもずっと変化が速いことと、これまでの一万二〇〇〇年の特徴でもあった変化の上限や下限がないということです。

温室効果ガス濃度の上昇によって、海面上昇、気温変化、降水量変化といった様々な気候変動リスクがどの程度もたらされるのか。科学者たちは、数理モデルを使って分析し予測してきました。彼らは当初、摂氏二度（華氏三・六度）の気温上昇を赤信号と見なしました。それ以上の気温上昇が起きれば多くの地域では気象変動への適応が難しくなり、グリーンランドや南極圏の氷床の突然の融解といった大災害が発生する可能性が高まるとされました。しかし、わずか摂氏一・五度（華氏二・七度）の上昇でも深刻な問題が起き始めるというのが、現在の科学者たちの共通理解です。

科学者たちはまた、大気中にあと一〇〇〇ギガトン（一ギガトンは一〇億トン）の二酸化炭素を放出すると（実際には二酸化炭素、メタン、その他の温室効果ガスおよびブラックカーボンを全部合わせてこれと同等量放出すると）、長期的には気温上昇がこの摂氏一・五度を超えてしまうと試算しています。この一〇〇〇ギガトンの二酸化炭素許容排出量のことを、彼らは「カーボンバジェット（炭素予算）」と呼んでいます。私たちは、この一〇〇〇ギガトンの「予算」を毎年約五〇ギガトンずつ使ってしまっています。そしてパリで各国が約束した内容に基づけば、最長で二〇三〇年までこのペースの排出を継続することになるかもしれません。そうなると私たちには二五〇ギガトンしか残らなくなります。つまり、二〇五〇年までに温室効果ガス排出量を正味ゼロとするためには、二〇三〇年までの排出量目標値を実際には毎年四〇ギガトン未満に抑える必要があります。このままのペースでは、二〇五〇年までに温室効果ガス濃度が危険レベルに達してしまいます。

そうは言っても、数理モデルはモデルなので実世界とは異なります。例えば、過去三年間で世界経済は著しく成長しましたが、排出量は変化しませんでした。このような事態はまだ数十年先まで起きないと予想されていました。パリで世界各国が合意した約束は、二〇二〇年までは始動しませんが、多くの国が既に約束した内容を実行に移し、前倒しで取り組んでいます。二〇一六年の米国大統領選と同じ頃に、モロッコのマラケシュで開かれたCOP22では、米国以外の世界各国が新たな力強い目標を設定していきました。ドイツは自国の気候フットプリントを九五パーセント削減する計画を提出し、二九の自治体が新たに同様の大幅な排出量削減に重点的に取り組むことを誓いました（この多くが中国の自治体です）。

したがって、パリ協定が誕生してからの最初の一年間の進展の累積を見ると希望が持てる結果になっています。しかしながら、地球全体が向こう三五年間にわたって歩む道のりなので、後退することがあることも想定しておく必要があります。さらに、山火事からのブラックカーボンや、永久凍土の融解によるメタンの放出といった自然界の気候破綻要因を、いつ私たちが解き放ってしまうかについても確実なことは言えません。よって、摂氏一・五度の赤信号も、そして二度の赤信号さえも、私たちがきちんと守れるかは確証が持てません。

気候は修復できるか

では現実に、私たちが一〇〇〇ギガトンのカーボンバジェットを超過してしまうと何が起きるのでしょうか。超過してしまっても、安定した気候になるようなレベルまで温室効果ガス濃度を下げることはできます。過去五〇〇年間のような気候を取り戻すことはできなくなってしまいますが、将来の世代が適応できるような気候を目指すことは可能です。覚えておいてほしいのは、気候変動は船や飛行機のように一気には進まず緩慢に進んでいくということです。私たちには、まだいくらか時間があります。仮に私たちが一瞬カーボンバジェットを超過したとしても、すぐさま温室効果ガス濃度の削減を開始すれば、私たちは気候をやがて修復することができます。ただし、その効果が実感されるまでには数十年単位の年月を要します。

これまで見てきたように、気候問題のパズルを解く鍵となるのは、私たちが投資などによりもっと上手に生態系を管理できれば、安全な気候と涼しい世界に向けて大きく前進することができると認識することです。必要不可欠な食料、木材、さらには水源地となる湿地、マングローブ林、森林、プレーリー、泥炭地などをしっかり管理することが必要なのです。生態系は、大気中から炭素を吸収して土壌や植生に変換する非常に高い能力を備えているので、この能力を発揮してもらいたければ、生態系への投資は不可欠です。

二酸化炭素を気体から有機化合物へ変換することを、科学者たちがネガティブエミッションと呼ぶのを聞くと荒唐無稽に聞こえますが、実はそうではありません。そもそも気候を乱れさせたのは、膨大な量の化石燃料を無駄にしながら採掘し、何十億頭ものウシを交配させ、HFCのような破壊的な化合物を大量に使用するような産業文明の気候への介入です。

気候が乱される以前には、火山や火災によって大気中に放出される二酸化炭素の量を、海洋、森林、そして土壌が吸収する量が上回っていたため、大気中の二酸化炭素濃度は時々下がっていました。一七五〇年の二酸化炭素濃度は、一五〇〇年と比較すると低くなっていました。産業革命によって徐々に継続的な上昇を始めたのです。寒冷化と温暖化は、地球に元々備わっているツールなのです。

仕組みはこうです。自然界の様々なプロセスにより、ブラックカーボンやメタンは大気中から急速に取り除かれます。これらの物質も、温暖化への影響も、二〇年経つと消えてしまいます。HFC類や窒素酸化物は長いこととどまりますが、HFC類の段階的な使用禁止に関する国際合意を実行するとともに、過剰な化学肥料の使用も段階的に廃止すれば、これらが原因で摂氏一・五度の赤信号に近づくことはないでしょう。

残るは、二酸化炭素です。二酸化炭素は一〇〇〇年経ってもそのまま残っていますが、それは大気中にまだとどまっていればの話であり、大半は大気中にはとどまりません。現在、地球上で貯留されている炭素のうち、大気中に存在しているものはわずか一パーセントに過ぎません。三〇パーセントは土壌や植生によって固定され、一三パーセントは埋蔵された石炭、石油および天然ガスの中に存在しています。そして、五六パーセントが海の中にあります。よって私たちがやるべきことは、HFC類を段階的に禁止し、メタン、ブラックカーボン、そして窒素酸化物の排出量を最小限にすることです。そして世界の炭素を気候を破綻させることになる大気中でもなく、酸性化が引き起こされ、多くのダメージを受けてしまう海中でもなく、より一層土壌や植生に固定させることです。土壌や植生においては、作物の収穫高の増大や、より効果的な水の貯留といった恩恵を得るためには二酸化炭素が必要です。空気中の炭素の量が増えることは脅威ですが、土壌中や森林の炭素は資産です。

この仕事を劇的に素晴らしくやり遂げてくれる装置が、実は世の中にあります。その装置とは、植物です。植物は二酸化炭素を大気中から取り出して、土壌中の有機化合物にしてくれます。ある種類の岩石も二酸化炭素を大量に吸着するのですが、私たちがこうした鉱物を造り出す速さを操作する能力は、生物圏や植物への私たちの影響力に比べるとかなり限られています。生物圏、すなわち地球の動植物のコレクションを、丸ごと巨大な炭素貯留装置にするためには何が必要でしょうか。

私たちは単純に、泥炭地やマングローブ林といった貴重な生態系を保全し、伐採するよりも多くの樹木を植えて育てれば良いのです。さらに、土壌から栄養素や炭素を流失させるのではなく、土壌を主要な資産として扱うような農法や、草地の生産性を破壊するのではなく高めることができるような放牧方法を採用すれば良いのです。あらゆる農畜産業や林業の健全性が増すことは、大気中の二酸化炭素濃度を低下させるための鍵となります。

戦略は他にもあります。二酸化炭素がいったん大気中に放出されてしまった後でも、回収するための技術的手法を追究する研究はかなりたくさん実施されています。エクソンモービルは、天然ガスと煙道ガス中の二酸化炭素を利用して発電する燃料電池開発プロジェクトのパートナーとなっています。[*34] こうしたパイロットプロジェクトが採算性のあるレベルまで拡大できるかは不透明ですが、こういった可能性を探求する研究を支援することはとても賢い選択と言えます。

確かなことが一つだけあります。それは、気候変動のリスクを低減するために植物を利用することの準備は現在既に整っており、実施可能だということです。

ここからは、私たちの救世主となるかもしれない、自然のメカニズムを紹介したいと思います。

気候回復の鍵

まずは、マングローブ林という、よく知られている炭素吸収源を見ましょう。マングローブ林は、多くの熱帯地域の国々の沿岸をハリケーンなどの激しい暴風雨から守ります。高潮に対して脆弱なメキシコ、インドの海岸線の約半分、インドネシア、ミャンマー、モザンビーク、そしてフィリピンの海岸線の四分の一以上が、マングローブ林に守られています。またマングローブ林は、魚をはじめとした海洋生物が生まれ育つための天然の種苗場にもなっています。そして、大気中からとてつもない量の炭素を吸収してくれています。

しかし、マングローブ林には弱みがあります。マングローブ林の近くに住んでいるからといって、住民に余計な税金を求めることはできません。マングローブを守り、植える人間が誰であれ、沿岸域の誰もが恩恵を受けてしまいます。つまり、マングローブに投資してもしなくても沿岸域の住民が受益者となってしまうので、マングローブを守るためのインセンティブを持つ特定の投資家や業界というものが存在しません。

その結果、これほどの恩恵があるにもかかわらず、アジア太平洋地域では毎年一パーセントずつマングローブ林が失われています。幸い、多くの政府が海岸保護と漁業振興にとってのマングローブの価値を認識するにつれて、マングローブ林の破壊速度は落ち始めています。既にマングローブの喪失が止まっている地域では、回復への取り組みが開始できます。マングローブ林の回復コストは、熱帯地域のほとんどの国において非常に安価です。そのため漁獲高の改善だけを見ても、利益と投資額の比率は驚くべきことに一〇対一にのぼります。

加えて、低炭素化の面でも多大な恩恵があります。インドネシアの西パプア州のマングローブ林は、一ヘクタールにつき毎年二五〇〇トンという驚異的な量の二酸化炭素を吸収し固定することができます。単純に、一九八〇年以降に世界で失われたマングローブの半分を回復させるだけでも、六〇億トンもの二酸化炭素を固定することができます。これは米国の年間二酸化炭素排出量の合計に相当します（さらに、人口の多い熱帯地域の沿岸域を二〇〇万ヘクタール近くも台風から守ることができるようになります）。

自然界には、二酸化炭素を貴重な資源に変換する素晴らしい方法がいくつも存在しており、マングローブはそのたった一例に過ぎません。別の例として、世界の陸地の三パーセントを占める泥炭地があります。泥炭地は世界にある広大な森林や草地よりも多くの炭素を固定していますが、容易に火災によって破壊されてしまいます。特に、インドネシア、ロシア、そしてカナダでは、制御できないような激しい火災になれば、危険なレベルの大気汚染を発生させる恐れがあります。泥炭地の保護は必須です。

森林もまた、同じような炭素の変換ができるので、多くの都市や国がその恩恵を得ようと取り組んでいます。パリ協定を受けての取り組みの一環としてインドは、国土の森林率を二一パーセントから三三パーセントまで上げることで、森林の炭素固定量を増やすことを約束しました。このためのプログラムは、インドらしい派手なパフォーマンスから始まりました。国内で最も人口の多いウッタル・プラデシュ州において、五〇〇〇万本の苗木を一日で植えたのです。これらの苗木が成木になると、木の中で固定される炭素の量が増え、周辺の植生や森林土壌でも炭素固定量が増えます。そして、これが長期的に継続します。インドがこの目標を達成できれば、自国の森林において、現在の固定量に加えて一四ギガトンが固定できるようになります。これは、インドが六年間で排出している量と同じです。

そして、インド政府も理解している通り、水源の保護、清浄な空気、森林を生業とする人々の生活手段など地域にもたらす恩恵の分配を見るだけでも、利益がコストをはるかに上回ります。

こういった森林再生の目標を掲げている国はインドだけではありません。ケニアは、国土の九パーセントの森林を再生する計画を発表しています。この面積は、コスタリカの国土と同じくらいの広さです。

ケニアのこの計画は、途上国が打ち出した気候変動対策の中でも、最も大胆なものの一つです。これによって、ケニアの森林面積は二倍以上になり、かつて水力発電プロジェクトに水を供給していたものの、今では十分な水量がなくなってしまった水源地の回復を助けます。

アフリカの中でも最も貧しく、最も乾燥している国の一つであるニジェールは、生態系再生のための大がかりな取り組みをしています。政府が非常に弱いにもかかわらず、ボトムアップ型の草の根活動によって、五〇〇万ヘクタールの砂漠を樹木や農地として回復させることに成功しました。農家は、水を貯めるための半月型の溝など、革新的でありつつもローテクな慣習を採り入れ、干ばつの負荷を受けている木の根に注意を払うようにしました。対策に要した平均投資額は、何と一ヘクタールにつき二〇ドル以下です。

農地の土壌は、とてつもない量の炭素を吸収できます。予備的な実験結果からは、土壌の炭素吸収を強化するように農法を変えることで、多大な温室効果ガスのネガティブエミッションの可能性が見込めます。農業についての章で説明した通り、土壌中の炭素量を増やす新たなアプローチが継続的に実験されています。二〇一六年のある研究では、化学肥料の過剰投与を控え、不耕起農法の拡大や木炭を原料とする堆肥を使用することなどの改善を行えば、土壌の炭素固定量を現在の化石燃料消費による炭素排出量の八〇パーセントにまで増加させられると試算されています。

大気中の二酸化炭素濃度を安全な範囲まで低下させる——。生態系の中にあるこのような能力を足し合わせるとどうなるでしょうか。ストックホルム環境研究所の試算によれば、泥炭地の保全、森林破壊の終了、劣化してしまった森林やマングローブ林や牧草地の回復、そして気候に優しい農業政策など、土壌と植生中の炭素固定量を増やすための様々な手段を取ることで、現在のレベルに加えて三七〇〜四八〇ギガトンの二酸化炭素を土壌や植生が固定することが可能になるそうです。

残るカーボンバジェットがたった一〇〇〇ギガトンなので、もしも排出量削減が予定よりも遅れた場合、あるいは想定以上に気候が温室効果ガスの影響を受けやすかった場合に、これはきわめて重要なバッファーゾーンになります。排出量削減のための迅速な行動と、既存の森林や生態系に対するグローバルな投資に積極的に取り組むことが、気候変動のリスクを最小限にするための最善の道のりとなります。

長期的に二酸化炭素濃度を許容可能で安全な範囲に収めておくための鍵となるのは、自然界の生態系機能の強化と排出量削減を組み合わせることです。しかし、この効果は直ちには出ないうえ、完全に気候を回復することまではできません。温室効果ガスの排出は既に、気候を変え、海面上昇を引き起こし、様々なコミュニティがこれまでよりも頻繁に起きる極端な気象に備えなくてはならない量に達してしまっています。そしてここでもまた、私たちが長らくその価値を十分に評価することを忘れてしまっていた、自然界が与えてくれている無償サービスの数々が、キープレーヤーとなります。シリコンバレーで発明される新技術にももちろん役割はありますが、決してキープレーヤーではないのです。

河川は河川の役割を果たす

私たちが気候変動に適応するために、自然界の防御力がどのように助けてくれるのかを示す顕著な例が、ある米国の都市で見られました。その都市とは、異常気象の脅威の象徴となったニューオーリンズです。二〇〇九年一〇月、ハリケーン・カトリーナの四年後、私はニューオーリンズで開催されたシンポジウム「偉大なるミシシッピ川」に出席しました。正教会の「グリーンな」総主教として知られる議長のヴァルソロメオス一世は、黒い聖衣と銀の十字架を身につけていました。講演者で、当時、アメリカ陸軍工兵司令部（USACE）のトップであったロバート・L・ヴァン・アントワープ中将は軍服を身につけていました。会議室の窓の外を流れる、ミシシッピ川の水路には、毎秒六〇万立方フィート（約一万七〇〇〇立方メートル）という流量の川の水が、静かに流れていました。

中将の軍服は、USACEと中将が川との戦いの渦中にあることを、私たちに思い起こさせるものでした。そして彼の言葉を聞いているうちに、川との戦いに負けてしまうことを中将は知っているのだ、と思えるようになってきました。

彼の説明によれば、例年の春の氾濫の際に川を下って来る毎秒三〇〇万立方フィート（約八万五〇〇〇立方メートル）の水のうち、窓の下に見える水路に流せるのは毎秒一〇〇万立方フィート（約二万八〇〇〇立方メートル）だけだそうです。流量のピーク時には、川の水の三分の二がメキシコ湾への別の注ぎ口に向かいます。実態としては、真のミシシッピ川の河口は、今ではニューオーリンズの北西にあるアチャファラヤ流域に移動してしまっています。

中将が敗北を予想している理由はここにあります。すなわち、ミシシッピ川の流れは海までの近道を通ろうとしているのです。ミシシッピ川は、もはやニューオーリンズに向かいたいわけではないのです。春の氾濫のたびにミシシッピ川の水の逃げ場となっているのはアチャファラヤ川ですが、この川もいずれあふれて手に負えなくなるでしょう。そうなれば、その分だけニューオーリンズ港は浅くなってしまいます。

ニューオーリンズが水深の深い港を失うこと以上に、ルイジアナ州の土地をこれ以上失いたくないと思うならば、メキシコ湾が海面上昇しルイジアナ州南部が沈下しているという現実に向き合う必要があります。私たちは経験から学び、逆らうのではなく自然とうまくやっていけるのか、変わりゆく気候によって自然がこれまでよりはるかに気まぐれなパートナーになったとしても、うまくやっていけるのか。米国で自然を征服する最大の実験の場であったミシシッピ川によって、今後、私たちは試されることになるのでしょう。

ニューオーリンズの街の中でも古い部分は、フランスからの入植者たちが高台に建造したために、ハリケーン・カトリーナの被害が最も少なくて済みました。人間の歴史を振り返れば、人々は可能であればいつでも高台に建物を造りました。そういったアドバイスをする環境影響評価報告書など、人々は必要としていませんでした。それが常識だったからです。彼らは自然の偉大さと、自然の防御力の重要性を知っていました。ですから、それを利用しました。一九世紀半ばになると、この常識はどこかに行ってしまいましたが、私たちはそれを取り戻す必要があります。

かつてミシシッピ川水系を下り、湿地を形成していった土砂の五〇パーセントが、今日ではセントルイスの北でミシシッピ川に合流するミズーリ川にあるフォート・ペック・ダムをはじめとした国営ダムに溜まる堆砂になってしまっています。この堆砂によって、これらのダムの水力発電プロジェクトの価値は半分以下になりました。また、ルイジアナ南部の海面上昇と釣り合いを取るのに十分な量のミズーリ川の堆積物が、ルイジアナ州の湿地に到達できなくなりました。このため、かつてカリブ海から北上してくるハリケーンからニューオーリンズを守ってくれていた湿地が、消失していっています。ルイジアナ南部では、地球上のどこよりも速いスピードで陸地が海に浸食されて消失しているのです。

ダムに堆積した土砂を川に戻す経路を確保できるようにミズーリ川のダムを管理することが、セントルイスよりも北側では必要になります。これをしなければ、ルイジアナ南部では海面上昇からの重要な防御手段を失い続けることになり、洪水が増えます。

セントルイスの北側と南側では、川の流量に対して川幅が狭すぎるという状態が、人工的に造られた堤防システムによって起きてしまっています。大雨やハリケーンなどの際には、本来はあふれ出して氾濫原に流れ込むはずの水が、堤防を乗り越えるまで川の中に残ってしまいます。ハリケーン・カトリーナがニューオーリンズに甚大な被害を与えた二年後、二〇〇七年春のミズーリ川の氾濫では、セントルイスの北にある堤防が決壊しました。天然の氾濫原にあった大豆畑に被害が出ましたが、これはセントルイスにとっては幸運なことでした。もし堤防が決壊せずに持ちこたえていたなら、水はそのままセントルイスに向けて川を下り、そこまで来てから堤防を乗り越えたでしょう。そうなれば、米国の都市がまた一つ壊滅的な被害を受けていたことでしょう。

自治体や州政府と協働しているUSACEは、ミズーリ川の天然の氾濫原を劇的に、かつ安全に拡張する必要があります。さもないと、大豆畑を守る北側の堤防が持ちこたえてしまった時に、セントルイスで洪水が起きます。さらに南下したミシシッピ川では、綿畑を守る堤防が持ちこたえてしまえば、ニューオーリンズで洪水が起きます。

ニューオーリンズを守るための堤防を再建する、あるいは高さを増すといった方法では、大雨やハリケーンの際に同じようなことが起きてしまうので、問題の解決にはなりません。すなわち、ルイジアナ南部で水が自然にあふれることを止めると、メキシコ湾からの高潮は川を遡上し北上するしかなくなってミシシッピ州に到達し、そこで洪水を起こしてしまいます。川と海の水の、適切な行き場が必要です。解決策は、湿地や氾濫原を元に戻して安全な水の行き場を生み出すことです。

これを実行するには、これまで確立されてきた方法を覆す必要があります。そうすれば、メキシコ湾沿岸域を三段階の防御システムで守ることができる可能性があります。まず、防波堤となる島々を修復して高潮をブロックし、沿岸の湿地帯や針葉樹林を守ります。沿岸の湿地帯や針葉樹林は、農地に洪水を誘導します。そして、堤防は綿畑ではなく人々の生活圏を守ります。他には上手くいく方法はありません。

そしてこれは、USACE、海運業界、そして石油・ガス業界のいずれもが自然を破壊する仕事の仕方を止め、自然環境を再生する方向に転換しなければならない、ということを意味します。例えば、石油・ガス開発オペレーターは、ほとんどの作業をホバークラフトで実施することが可能です。ところが、規制がないため、水路を浚渫《しゅんせつ》し続けており、これによって湿地が破壊され高潮がニューオーリンズと、その他の沿岸の地区に直接流れ込んでしまいます。変化を起こすにはかなりの政治的意思が必要となります。

二〇一〇年にBP社（ブリティッシュ・ペトロリアム）の石油掘削施設、ディープウォーター・ホライズンで発生した油井爆発事故（メキシコ湾原油流出事故）に、慰めとなるものが一つあるとすれば、関係各企業が支払った罰金の多くが、湿地の再生とルイジアナ南部のレジリエンス向上のための資金として残されたことです。この資金を使ったプロジェクトは進んでいます。しかし、そのほとんどがとても高くつく技術を使った解決策に過剰に頼っています。例えば、河川や潮汐によって自然に湿地を形成させるのではなく、堆積した土砂をパイプラインで輸送し建設機械で地ならしをしています。その結果、必要とされている規模での再生はできていません。こうした資金は、より総合的で生態学的な知見に基づいた、ミズーリ川およびミシシッピ川全体の生態系の再生に回すべきです。このようなプロジェクトのほうが、より多くの堆積物を河川に戻し、河川の氾濫原を増水に対応するために開放し、そしてルイジアナ南部がメキシコ湾に飲み込まれてしまうことを加速するような浚渫などの活動をなくすことができます。

レジリエンスのジレンマ

ニューオーリンズのように、将来の気候が現在のものとは異なるものになり、現在よりも不安定になるだろうという現実に、新たな方法で向き合う必要のある場所は世界中にあります。マイクと私が本書を執筆している間にも既に進みつつある気候変動に向き合うには、地域、地方、地球規模というように、あらゆる次元においてレジリエンスを増す必要があります。

次の章でマイクが説明するような、細部までていねいに練られた都市計画と設計は、より予測不能で変化しやすい天候に都市や町が耐える、という小さなスケールでは役に立ちます。しかし大規模な地形を守るためには、私たちは自然のメカニズムに頼らざるを得ません。「地域レベルでのレジリエンスを強化することは、その地を歴史的に守ってくれていた自然の防御は何であったのかを探すことから始まる」。安全を確保するには、複雑な最先端技術ばかりに頼るのではなく、例えば、ルイジアナ南部を形作った、土砂のベルトコンベアとでも言うべきミシシッピ川の運搬力のように、その地の自然の防御プロセスを強化することに投資しなければなりません。

イギリスは、はるか昔に身をもってこのことを学んでいます。当時のイギリスは、インドの宗主国として、蛇行していてマングローブだらけのフーグリー川をさかのぼったところにあるコルカタの港町が、海から遠過ぎて不便であると判断しました。

ビクトリア時代のイギリス人たちは、自然を征服できるものであると信じ、スンダルバンスのマングローブに覆われた島々の裏側、その内陸にあるコルカタを移動させることにしました。スンダルバンスは、インドにとってのルイジアナの湿地のようなものです。新たに建造された海に面する街は、ポート・カニングと名付けられましたが、サイクロンに対して脆弱だとして反対する声も少数ながらありました。しかし、思い上がりが甚だしかったイギリスの支配者たちは構わずに計画を進め、コルカタの通り一本一本まで模した街をベンガル湾に面して建造しました。五年後にサイクロンがやって来ると、このポート・カニングの街は消滅してしまいました。そして支配者たちは、コルカタが昔からあったマングローブ林の裏側にほうほうの体で逃げていきました。コルカタは今も、元の場所にあります。

フロリダは、気候変動の課題解決に自然の持つ解決能力を利用することのもう一つの良い教訓であり、また可能性を与えてくれます。フロリダ南部は、太古の昔のサンゴ礁の遺物である多孔質石灰岩から成る土地の上にあります。この地方の唯一の水源は雨水ですが、このカルスト地形の細孔や割れ目、陥没孔の中に雨水は浸透してしまいます。雨水が石灰岩に浸透してしまうので、フロリダ南部には本当の河川と呼べるものがないのですが、その代わりに地下に巨大なビスケーン帯水層があります。この帯水層は、オキーチョビー湖から南のエバーグレーズ湿地帯に大昔から流入する水が徐々に石灰岩に浸透することで生まれました。

この水が、フロリダ南部の人々を支えています。しかし政府は、ミシシッピ川を「おとなしくさせよう」と決定した頃、同時にサトウキビ畑から分譲地まで、あらゆる用途のために湿地帯を「開拓」し、

「排水」する土地改良を行っていました。

一九二〇年代には、フロリダ南部を横断するタミアミ・トレイルという新しい幹線道路が完成したことで、頑丈なダムが造られ、南へ流れる地表や地下の水流がせき止められました。これにより、フロリダ南部の淡水供給源の大部分が遮断されてしまったのです。

ビスケーン帯水層に浸透する淡水の量が減ると、次第に海水が淡水に代わって浸透するようになり、海に近い井戸は閉鎖せざるを得なくなりました。その後、気候変動によって海水面が上昇し始めると、内陸に向けて多孔質石灰岩に浸透してくる海水の圧力が増し、帯水層の地下水塩分濃度が上がりました。あとたった三〜五インチ（約七・六〜一二・七センチ）の海面上昇があれば、現在残っている淡水に深刻な影響が出ます。これはこれからの一五年間で起こりうることです。

この惨事の可能性に対して、技術的な対策だけでは解決できません。タミアミ・トレイルの手前でせき止められている淡水を、南部にパイプラインで輸送することはできません。それほどの量の水を輸送するためのコストはあまりに高額になるうえ、仮に輸送したところでそれほどの水量を貯留できる湖もありません。マイアミの周囲に浸水を防ぐ防潮堤を築いた場合、海面上昇によって増した海水の圧力によって、防潮堤の下でビスケーン帯水層に向けて海水が一気に侵入し、マイクが説明した通り、内陸部で浸水が発生してしまいます。

部分的な解決策は、タミアミ・トレイルを橋にして、ダムをなくしてトレイルの下に水の流れを復活させ、内陸からの淡水の圧が沿岸からの海水の圧を打ち消せるようにすることです。この解決策の第一歩は既に実施されました。タミアミ・トレイルのうち一一マイル（約一・六キロメートル）が、橋に造り替えられたのです。これは、必要とされている対策全体のうちのほんのわずかです。アメリカ国立公園局は当初、一一マイルの高架式道路を提案しましたが、連邦議会はごくわずかな距離しか認めませんでした。想像に難くないのですが、現在よりもはるかに多くの帯水層の水が海水になってしまって初めて、必要な規模の行動が起こされることでしょう。物事を自然に戻すことは、自然を征服することに向けられているほどの政治的関心は得られていないようです。

カリフォルニア州もまた、同じようなジレンマを抱えています。現在よりも世界が温暖になるとカリフォルニア州では降水量が増えることが、様々な気候予測モデルによって示されています。しかし、多くが雪ではなく雨になるので、年間の水量の変動は現在よりも激しくなってしまいます。カリフォルニア州は現在、水源の三分の一程度をシエラネバダ山脈の雪と氷から無料で確保できていますが、この雪や氷としての貯水能力が失われてしまえば、カリフォルニア州では極端な水不足となる年が次第に増えていく可能性があります。

ダムを増やして貯水量を増やすことは、もはや選択肢にもなりません。と言うのも、良いダム用地はとっくに使われてしまっているのです。エンジニアたちが次世代の貯水池として割り出している用地は、整備に九〇億ドルを要するにもかかわらず年間四〇万エーカーフィート（約四億九〇〇〇万立方メートル）の水しか供給できません。これはカリフォルニア州の水の年間使用量の一パーセント未満に過ぎません。ところがカリフォルニア州の地中の貯水能力は、地表の貯水能力の少なくとも五倍にもなります。

地中の貯水能力を最大化したい場合には、その目標を見据えた地表の管理を行う必要があるのですが、同州の二大土地用途である農業と林業のリーダーたちは水を育てるものとしては見ていません。そして、彼らが水の産出量が増えるような土地の管理をしても、それに報いる仕組みはありません。

森林に関しては皮肉な状況です。シエラネバダ山脈の森林地帯を管理するアメリカ森林局（USFS）は、水資源の維持を主要なミッションの一つとして設立された組織です。残念ながら、第二次世界大戦後に別のミッションが、この流域保護というミッションに取って代わりました。それは木材供給です。USFSは、スモーキー・ベアというマスコットキャラクターを起用した「すべての火災を朝一〇時までに消し止める」という森林管理戦略を編み出しました。しかし、これらの森林は、火災を自然サイクルの一環のものとして進化してきていたのです。すべての森林火災を鎮火してしまうと、小さな木や折れて落下した枝などによって森林は過密になってしまいます。こうした過密な森林では土壌から木が吸い上げる水の量が増え、地下水量の回復力が落ちます。また、干ばつが発生している期間、あるいは気候変動に伴う気温上昇によって、木は水不足や虫害で疲弊してしまいます。

これらの変化の結果、カリフォルニア州の森林では大規模火災が高い頻度で起きています。過密と大規模火災の複合的作用によって、森林地帯の保持水量を回復する能力が劇的に低下しています。地下水の産出量を最大化し、より温暖で予測が難しい気候に適応するために、森林管理方法を全面的に刷新する必要があります。USFSは、この移行を進める準備ができています。しかし、連邦議会におけるイデオロギー対立がもたらしたこう着状態によって、この長年にわたる管理の失敗を正していくための予算の支出は阻止されてしまいました。

水の貯蔵という観点からは、農業もまた同様に過去の慣習に閉じ込められてしまっています。カリフォルニア州の水に関する州法は、農家が自身の農地の地下で雨水を集めて貯蔵することを、たとえ非常に安価な手法であっても妨げています。多くの場所で、貯めた水に対する法的な権利が農家には与えられていないので、近所の人がくみ上げて利用することも売ってしまうことも可能です。二〇一四年にカリフォルニア州の地下水に関する州法が改善され、一部ではありますが前進も見られます。しかし、この地域で市場が適切に機能するにはまだほど遠い状況です。集めた水から利益が得られるようになれば、農家も水を資産として捉え、増やしていこうというモチベーションが上がるでしょう。

世界を養う

ルイジアナ南部、フロリダ南部、そしてカリフォルニア州において、気候変動の影響がどれほど深刻でも、結果としてアメリカ人が飢餓に陥る危険はありません。しかし、世界の多くの場所ではそうはいきません。将来の作物の生産性は気候変動によって危機にさらされています。では、どうすれば途上国の農業、特に自給自足の農家や小規模自作農家が気候変動に備えることができるようになるのでしょうか。

ここでもまた、他のセクターと同じように、農家に知識、イノベーション、そして適度な量の資金を与えることが重要になります。南インドのスタートアップ企業であるケイティは、一〇パーセントの頭金と分割払いによって、二八〇ドルで二五〇〇平方フィート（約二三二平方メートル）の温室を販売しています。温室内では温度、湿度、そして害虫を管理することができ、八〇~九〇パーセント少ない水で作物を育てることが可能となり、小さな畑で育てられた作物と比較して価値を一〇倍にすることができます。

最近東南アジアでは、大規模な干ばつによって多大な数の世帯に被害が生じました。気候変動における複数の将来予測から、東南アジアは、天候パターンの変化によって今後最も深刻な影響を受ける地域の一つになることが予想されています。中国によるメコン川上流でのダム建設の拡大と、気候変動の組み合わせによって、メコンデルタの安定性が疑わしくなっています。解決策は、農業生産性についての伝統的な手法の採用、砂防ダムネットワークの活用、そして雨水を貯蔵するための集水設備から始まります。多様な天候のパターンや海水の侵入への耐性がある米の新品種も必須になってきますが、品種改良の分野への投資額は過去三〇年間で下がってきています。

不安定な気候の中で暮らしていくための準備という意味では、アフリカはスタート地点にいます。二〇一五年、ここでもまたエルニーニョ現象が農家に大打撃を与えました。これは、特に東アフリカで深刻でした。しかし、本当に懸念されるのは長期的な動向です。気候変動の影響がどれほど深刻になるかについて各国のランク付けをすると、アフリカ諸国が最も不運であることが分かります（最も幸運なのは一位のニュージーランド。米国は一一位になっています）。ランク付けされた一八〇の国のうち、アフリカ大陸の中では気候変動の影響を受けにくい南アフリカでも、順位は真ん中に近い八四位です。ナイジェリア、ケニア、ウガンダはそれぞれ一四七位、一五四位、一六〇位となっています。

アフリカの気候は、現在でも農業を行うにはぎりぎりの状態であることは目に見えています。世界のどこの地域よりも、東アフリカでは飢餓人口の割合が高くなっています。人口の三分の一が低栄養状態で、西アフリカと比較すると作物の収量は一〇パーセントです。アフリカは世界で唯一、一人当たりの食料生産量が下落し始めています。アフリカのサヘル地方の乾燥地域、つまりサハラ砂漠の南にある乾燥地帯では、作物が成熟するのに必要な水の量は気温上昇によって増えるにもかかわらず、手に入る水の量は顕著に減少します（植物は自らの体を冷却して熱から守ることにほとんどの水を消費します）。アフリカの作物収量は、米、小麦、トウモロコシについては二〇パーセント減少する可能性があり、乾燥地域では干ばつによって作物の生育可能期間が四〇パーセント短縮されてしまう可能性があります。

アフリカで繰り返される干ばつと不作は、予想外のことではありません。通常、気象情報や人工衛星からのデータは何週間も、場合によっては何カ月も前から、不作のリスクを知らせてくれます。支援食料が直ちに届けば、ほとんどの被害は回避できます。しかし、届くのが六週間遅れるだけで、人々は家畜を殺し、娘を退学させ、翌年に種としてまく予定だったトウモロコシを売ることになります。国際支援の取り組みがタイムリーに実施されることは、ほぼありません。

この問題を解決するために、アフリカ諸国は条約によってアフリカン・リスク・キャパシティ（ARC）プログラムを創設しました。これは、三二カ国が参加している干ばつのリスクに重点を置いた保険プールです。ＡＲＣは、「アフリカ中で起きている多様な気象リスクに対して資本を投入することで、各国が抱えるリスクを単独ではなくグループとして管理するという経済的に効率の良い方法を可能にし、不確実ながら起きる可能性が高いリスクに対応できるようにすること」を目的としています。欧州連合（ＥＵ）が当初資金を提供し、参加するアフリカ各国がそれぞれ希望するレベルのリスク補償を選んだうえで、それに応じた掛け金を支払いました。この計画は、保険、あるいは掛け金の投資といった標準的なビジネス手法を使うことで、ビジネスとしても持続可能になるように設計されています。

これは革新的な金融メカニズムが、どのようにして世界が不安定な気候に備えることを支援できるかについての重要な教訓となっている事例です。しかし、アフリカは、直面している気候変動の脅威から自らを単独では守ることはできません。パリで提出された各国の誓約によれば、今後一五年間でアフリカ大陸で必要となるレジリエンスのための資金は四八八〇億ドル不足しています。

地球規模の新「緑の革命」

公共セクターの農業研究に対する世界の投資額は、この二〇年間で驚くほど低下しました。かつて、こうした投資は最初の緑の革命をもたらしました。私たちには、新たな農業革命が必要です。従来にも増して不安定で往々にして困難が多い気候の下でも、農家、特に熱帯地域の小規模自作農が繁栄できる農業革命が求められます。私たちにはＥｍｂｒａｐａの全世界版が必要になっているのです。

Ｅｍｂｒａｐａは、ブラジル農牧研究公社のことを指し、ブラジルを熱帯地域の国としては初めての農業超大国に押し上げた組織です。一九四〇年代の米国におけるトウモロコシのハイブリッド品種革命と、一九七〇年代の全世界における緑の革命という過去の二つの科学的な農業革命を生んだ研究機関と同様に、Ｅｍｂｒａｐａはオープンソース型組織であり、公的な資金を受けて運営されています。熱帯地域の気候などの条件に適した幅広い農業システムを試験したうえで、広めました。

Ｅｍｂｒａｐａの設立後、私有されている遺伝子組み換え特許技術や新たな耕作地を得るための熱帯雨林破壊に頼ることなく、一〇年で農業生産が三六五パーセント上昇しました（その間にも熱帯雨林の破壊は続いていましたが、それは別の理由によるものでした。森林破壊はこの農業の奇跡にわずかしか関係していません）。

Ｅｍｂｒａｐａは何をしたのでしょうか。まず、ブラジルのセラード（サバンナに分類される草原地帯）の土壌が酸性であるために多量の石灰石による中和が必要であることを見出し、土壌改良に力を入れました。次に、一般的な交配によって収量がきわめて高い牧草品種を作り、熱帯雨林を破壊することなく牧草飼料による肉用牛の生産能力を大幅に高めました。そして最後に、一般的な交配を再び用いて、大豆という典型的な温帯気候向けの作物を、熱帯気候に適した形に品種改良しました。Ｅｍｂｒａｐａはまた、不耕起農法の先駆者となり、作物、家畜および樹木の統合型農業システムを構築したのです。

Ｅｍｂｒａｐａのような公共セクターによる研究は、種子、肥料、家畜、技術など、広く活用されている農業の仕組みに関わるものです。この成果を無料で提供します。これらは市場によって展開されますが、最初に生み出すのは行政です。急速に変わっていく気候の下で七〇億、八〇億、九〇億の人々を食べさせていくには、Ｅｍｂｒａｐａのようなアプローチが必要です。民営化され、特許で守られた独占所有的なアプローチ（米国の遺伝子組み換え技術についてのアプローチがこの一例）では、対象が狭過ぎるために不適切です。小規模自作農を顧客とするビジネスは利益性が低いのです。

新技術の開発が農業のレジリエンスのための総合的な解決策になるわけではありません。小規模自作農もアクセスできるようにすることが必要となります。これについては、様々な機関がイノベーションのパイオニアとなっています。このような新規参入者の一つが、（ブルームバーグ・フィランソロピーズの助成金によって支援されている）グローバルイノベーションラボからの資金援助を受けている、優れた気候変動対策向け貸付プラットフォームです。この貸付プラットフォームは、気候変動対策に優れている農作業の導入に賛同する農家を対象に、多様なローン商品を、農家や金融機関と協力して開発します。気候変動対策となる農作業、より良い評価手法、そして手頃でリスクが少ない資金へのアクセスがあれば、農家は利益を二倍から四倍に上げることができると数理モデルによって予測されています。

今日、自然現象の動きを観測し、理解する能力は大幅に進歩しています。この能力に加えて、ハリケーン一つでさえ、ニューヨークやニューオーリンズの街を守りきるほど十分には制御することができないという謙虚な認識が新たに生まれてきています。これらが、気候への新たなアプローチを生むのではないかという希望が高まっています。マンハッタンでの生活の質の向上、フィリピンの漁獲高の増加、ニューデリーの四月の暑さの緩和、パームビーチの水質改善、ニューオーリンズの保険料の値下げといった短期的な恩恵をもたらすようなアプローチは同時に、これらの街が二一世紀の不安定な気候に直面した際、街の安定性やセキュリティの確保を助けます。私は、このことにとてもわくわくするのです。

CHAPTER 14 ニューノーマル

知性は、どこまで変わることができるかによって測ることができる。

――アルベルト・アインシュタイン

二〇一二年一〇月三〇日、夜明けがニューヨークの街を明るくすると、ハリケーン・サンディが残した被害の爪痕が見えてきました。直前の二四時間を、私はブルックリンにある緊急管理局（OEM）で過ごしていました。その晩は、夜通しサンディの威力や被害についての報告を受け続けながら、市の対応をコーディネートしていました。ロッカウェイ半島のブリージーポイントという地区では、火災によって八〇棟を超える住宅が消失しました。ブルックリン南部やスタテン島の一部では、高さ一四フィート（約四・三メートル）にも達した高潮に丸ごと飲み込まれた地区があり、自宅から避難することを拒否した住民が二階や三階に取り残されていました。土台からひっくり返ってしまった住宅もありました。浸水によって一四丁目のイーストリバー近くの発電所の変圧器が爆発すると、マンハッタン島の大部分が停電しました。エンパイアステートビルを含む、三九丁目よりも南にある住宅とオフィスビルが真っ暗になりました。地下鉄のトンネル内も浸水し、市内の公共交通機関網は麻痺しました。ニューヨーク市でこのような災害を見たことはありませんでした。

朝になると、私はブリージーポイントに行って被害の様子を調査し、被害を受けた人々に会ってできる限りのことをすると約束しました。ロッカウェイ半島の根元に向かって少し上がったところにある、ロッカウェイ・ビーチブルバードという大通りを歩きました。私はそれまで毎年、この通りで行われる聖パトリック祭のパレードに参加していました。今、自分が立っている場所がその同じ通りであるとは、およそ信じられませんでした。人々の家から流出した家財道具があちらこちらに散らかり、通り沿いの歩道は、砂、泥、そしてつぶれた自動車で埋めつくされていました。人々の苦悩と信じられないという空気が街に立ち込めていました。私はニューヨーク市のいたるところで、物理的にも精神的にも痛手を受けた地域を目の当たりにしました。

サンディによって、市全体で四三人の命が奪われました。そして、この人数がこれ以上増えないよう、サンディが去った後は連日、可能なあらゆる手段を尽くしました。消防や警察、救急隊が捜索活動や救助活動を継続する中、調査官たちは二四時間体制で、住宅やオフィスビルの立ち入りが安全かを確認し、立ち入りが危険なものについて特定しました。

ニューヨーク市保健衛生局は、道路の通行止めを解除するために、膨大な量の瓦礫を撤去しなければなりませんでした。公立の学校が休校となり、多くの子供と保護者の生活が狂ってしまいました。携帯電話基地局が停電したため、市内の大部分で携帯電話が通じませんでした。特に被害の大きかった地区では、新鮮な食料や飲み水を入手できなくなってしまいましたが、その中にはアパートの高層階に取り残された高齢者がいました。私たちは、緊急物資を配布する仮設センターを設置しました。配布対象者の中には、緊急避難シェルターに身を寄せた六〇〇〇人を超える人々も含まれ、その多くは自宅が一部損壊または全壊した人たちでした。加えて、何千何万もの人が病院、介護施設、医療ケア施設から避難する必要がありました。これらの施設の一部では、電源設備も予備電源も地下室にあって浸水してしまっていました。しかし、人々の勇敢な働きにより、患者や入所者から死者は一人も出ませんでした。

こうした取り組みの最中に、ハリケーン・サンディの原因が気候変動かどうかを議論する人たちがいましたが、この議論は論点がずれていました。海水温と海面は議論の余地なく上昇しており、どちらの上昇もハリケーンなどの暴風雨の威力と頻度を増幅させる可能性を持っています。それに伴い、私たちが直面するリスクも増大しているのです。都市のリーダーが第一にやるべき仕事は、市民を守ることです。サンディによって、ニューヨーク市が抱えている脆弱性は、対応を先送りにすることができないものであることが明確になったのです。

したがって、復興に取り組みながら、私たちは将来起きる可能性のある、あらゆる事象への備えに取り掛かりました。サンディから一カ月後、ビジネス、政治、そして市民活動のリーダーたちが一堂に会し、より強くレジリエンスのある都市を設計するための青写真作りを実施することを発表しました。PlaNYCを策定していたおかげで、私たちは一歩先んじたスタートを切ることができました。

クヌートを忘れない

オランダには、「世界を創造したのは神様だが、オランダを造ったのはオランダ人だ」という古いことわざがあります。これは多くの点で的を射ています。オランダ人が自国を呼ぶネーデルラントとは〝低地〟という意味なのですが、まさにその通りの国です。この沿岸国の国土の二〇パーセント以上が海抜ゼロメートル未満であり、さらに五〇パーセントが海抜ゼロメートル以上一メートル未満です。何世紀にもわたって構築されてきた類まれな災害防御のネットワークなしには、繁栄する先進国としてのオランダの活力はあり得なかったことでしょう。オランダは、北ホラント州の一部が浸水した一九一六年の暴風雨の後、土木工学の奇跡とも言える海からの防御システムを建造しました。一九五三年の壊滅的な被害をもたらした浸水の後、このシステムを国土の南西部にも拡大しました。オランダ沿岸の防御システムは少しずつ建造され、現在海面上昇に対応するために建造が継続しています。

この事例は、重要なことを教えてくれます。それは、私たちは母なる自然がもたらす危険を無視することはできないけれども、同時にそれから逃げる必要もないということです。賢明な計画と将来のために投資するという政治的意思があれば、私たちはリスクを管理し、適応し、リスクと共存しながら繁栄することができます。

私の市政の初期段階において、ニューヨーク市でもこうした取り組みを開始しました。二〇〇七年に

PlaNYCを立ち上げる際、私は市のすべての機関に対して、業務を極端な天候にも対応できる形に改善するための対策を講じるよう依頼しました。一般市民、電力会社、水道会社、通信会社、運輸会社、そして行政監視機関などを巻き込みながら、変わりゆく気候に対してニューヨーク市をどのように強化するかを検討しました。

ニューヨーク市気候変動パネルは、世界のどの都市よりも包括的な地域レベルの気候変動予測をまとめました。そして新たな区画制度を導入し、ゾーンに応じて人々が住宅やオフィスの浸水対策を講じることを義務付けています。加えて、浸水に脆弱な区域の大型開発計画策定の際には、気候変動リスクアセスメントを義務付けました。これにより、ニューヨーク市内の新たなウォーターフロント開発でできた建物のほとんどが、サンディを切り抜けることができました。この中には、市内で最も急速に成長しているウィリアムズバーグやロングアイランドシティーといった地区のイーストリバー沿いの新たなビルも含まれていました。ブルックリンブリッジパークからガバナーズ島まで、私たちが新たに整備した公園は、いずれもその建設時に海面上昇や沿岸でのハリケーン被害などを想定していたため、最小限の被害で済みました。

ハリケーン・サンディの被害を分析してみると、ある値が飛び抜けて目立っていました。全壊した八〇〇棟の建物のうち九五パーセントが築五〇年を超えており、現代的な建築基準が適用される以前に建てられていました。別の言い方をするならば、現代の基準に従って建てられた建造物は、そのほとんどすべてが、おおむね持ちこたえることができたのです。

二〇〇七年にPlaNYCを発表した瞬間から、私たちはニューヨーク市が気候変動から自らを守るための投資を続けるべきであるという考え方を維持し続けてきました。二〇〇九年、ニューヨーク、そして世界中が不景気から復活しようと戦っている時、私たちはロッカウェイでイベントを開催し、ニューヨーク市気候変動パネルの最新の調査研究結果を発表しました。私たちは市民の住宅や生活手段を守るために、得られたデータを利用して戦略的にレジリエンスを高めるための投資を目指していました。このことによって私は、メディアから、雇用よりも気候を重視したい短絡的な科学者たちのアドバイスに従っているとして馬鹿にされました。しかし市長でいるためには、目先のことしか見えない人々からの批判を受け止めていくことを厭わず、はるか先を見据えることが求められます。

三年後、ハリケーン・サンディによって気候の問題は再び、メディアのレーダーに捉えられるようになりました。直後の数週間、数カ月間は、メディアも解決策に飢えていました。ところが、彼らが執着した解決策は、何と巨大な防潮堤でした。これ以上のまちがいはありません。

巨大な防潮堤の建造は、メキシコとの国境に巨大な壁を建設するというドナルド・トランプ大統領の計画と同じくらい非合理的な方法でした。政治の世界、そしてジャーナリズムの世界でも単純明快なアイデアは支持されます。しかし現実には、巨大な防潮堤の建設は途方もない年数を要し、コストも法外に高くなります。完成する頃には、さらなる海面上昇によって、時代遅れなものになっているかもしれないのです。複雑な問題の解決策が単純であることはきわめて稀なのです。

次のような状況を思い描いてみてください。仮にサンディがニューヨークを直撃したのが数時間早かった、あるいは遅かったとしましょう。すると、潮の干満の違いによって、市内のまったく異なる地区が浸水したことでしょう。例えばブロンクスの一部、クイーンズ北部のロングアイランド湾やイーストリバーの近くの地区などが浸水したとすると、マンハッタン島の南に位置するニューヨーク港に巨大な防潮堤があったところで、まったく意味がなくなってしまいます。またサンディの場合は、被害のほとんどが高潮を原因としており、雨や強風はそれほどもたらされませんでした。もし雨か風、あるいはその両方がひどかったならば、ニューヨーク市で発生した一連の問題の様相はまったく異なっていたでしょう。

私たちは、直近の戦いについ固執してしまいがちです。第一次世界大戦中にフランスには東側のドイツ国境からドイツ軍が侵略してきたので、大戦後フランスはそこにマジノ線という要塞線を造りました。マジノ線は敵軍の侵攻を食い止めるために設計された壁でした。ところが第二次世界大戦の際には、ドイツ軍はマジノ線を迂回してフランスに攻め入りました。*35 サンディの経験を踏まえて、私たちは、いわば気候変動のマジノ線を造るつもりはありませんでした。

私たちがやるべきことは、次のサンディを防ぐことではなく、今後直面する多様で進化する気候の問題に対してニューヨークの街を強化し、レジリエンスを高めることでした。問題には、沿岸域のハリケーンなどの強い低気圧だけでなく、極端な高温、大雨、深刻な干ばつなども含まれており、これらはいずれも地球の温暖化とともに頻度が上がっており、巨大な壁では防ぎようがありません。

実現可能でさえあれば、私はどのようなアイデアでも聞く用意がありました。机上では素晴らしく見えて、理論上は問題を解決できるとしても、現実に完了できる見込みがないような巨大プロジェクトには興味がありませんでした。また、母なる自然を制御しようとすることにも興味はありませんでした。

クヌート王の時代から、人間は海の波を止めようとしてきました。伝説によれば、クヌート王に仕える者たちは、王が全能であると信じており、王はそのことでいら立っていました。王といえどもできないこともあるのだということを示すために、彼は自らの王冠を海辺に持って行かせ、波に対し王国の岸に寄せてくるなと命じました。もちろん、それでも波は寄せて来ました。サンディの後にこのおとぎ話を引用したことで、私はメディアにからかわれましたが、それでもこの話には教訓が含まれています。それは、母なる自然の前では人間の力などまるで歯が立たないということです。私たちが取り組まねばならない課題は、壁によって自然の力から自らを隔絶することではなく、自然の力と共存することです。そして、海面や海水温の上昇を含む、様々な変化に適応することです。

だからといって、私たちがウォーターフロントから撤退しなくてはいけないというわけではありません。ニューヨーク市にとって、ウォーターフロントは最もかけがえのない財産の一つです。ニューヨーク市は何十年間もそのことを無視してきたので、ウォーターフロントは汚染され、環境が悪化し、放置されてしまいました。私の市政では、一一年間かけてこの負の歴史を逆戻りさせて、ウォーターフロントを再活性化し、ニューヨーク市民が楽しめる場所として開放しました。

人間は、水の近くに住みたがります。歴史上、常にそうでしたし、私に言わせれば今後もそうあり続けると思います。人類の歴史は、あらゆる面で水との関係性によって形成されてきました。どの大陸においても、国の経済は港湾都市によって支えられており、ニューヨークが世界経済の中心地となった理由もニューヨーク港です。極端な気象を経験するたびにそこから学び、次の事態に向けてより良い備えをしておくことが課題となります。例えば、二〇一一年のハリケーン・アイリーンの後、私たちは二〇〇六年に制定していた避難命令区域を拡大し、新たな地区を加えました。この変更によって、サンディの時には救われた命もあったことでしょう。

場所によっては、沿岸から離れるのが最善策であることが、経済学と科学によって明確になっていることも事実です。サンディの後に、ニューヨーク州は希望者からの不動産買い取り制度を設け、一部の住宅所有者が合意しました。この中には、スタテン島のオークウッドビーチのある地区が丸ごと含まれています。住宅は合意できた価格で所有者から州に売られて解体され、跡地は自然に返されています。ニュージャージー州もまた、危険の多い海岸にある地区を対象に、同様の買い取り制度を作りました。さらに連邦政府も、危険が迫っているものの自分たちを守るための対策を取る資金がない地域について、買い取りを開始しました。興味深いことに、対象となった危険の多い二つの地区、すなわちルイジアナ州イル・ド・ジャン・シャールとアラスカ州シシュマレフは、北米大陸の両端に位置しており、いかに気候変動の影響が及ぶ範囲が拡大しているかを示しています。

多くの人々は引っ越したくないものですし、経済的に引っ越すことができない人もいます。それに人口が二〇〇人の農業集落と、人口が一〇〇〇万人や二〇〇〇万人の現代的な都市とでは状況が異なります。ニューヨーク市には連邦緊急事態管理庁（FEMA）の定める一〇〇年氾濫原に延べ面積が五億平方フィート（約四六四五万平方メートル）を超える建物がありますが、これはミネアポリス市全体の面積とほぼ同じです。この五億平方フィートには、二〇一二年時点で四〇万人近くの人々が住んでおり、二七万人を超える人々が職を得ています。すべての人を動かすことができませんし、そのようなことをする必要もありません。

自然を味方に

サンディの被害によって、都市を守るには現代的な建築基準がいかに重要であるかが明確になりました。また、沿岸地域の人々が昔から知っていた、自然から私たちを守ってくれる最大のものは、しばしば自然そのものであることもこのハリケーンによって認識させられました。草の生い茂る沿岸の湿地帯は、波の速度と岸に到達する際の衝撃を緩和します。砂浜や海岸砂丘は、海岸線沿いの開発地域と海の間隔を空け、緩衝帯となります。カールが説明した通り、マングローブがさらに強力な防御の最前線として熱帯地域の都市を守っています。マングローブ林は通常の波のエネルギーを九〇パーセントも吸収できるので、マングローブによる防御は生死を分けるような違いをもたらします。

ロッカウェイ半島の状況は、自然の防御力の有効性を鮮明に示してくれました。ビーチ九四丁目は、前に海岸砂丘が広がっていなかったので深刻な被害を受けました。一方、そこからわずか二マイル下ったビーチ五六丁目は、海岸砂丘に守られていたのでほとんどが無事でした。

ロッカウェイ半島からロングアイランド湾沿岸を数マイル進んだところにある、ロングビーチ市では二〇〇六年、ウォーターフロントに海岸砂丘を整備するかを議論しました。推進派は砂丘が守ってくれることを挙げ、反対派は砂丘が海の景観を遮り、市の歴史的名所である海岸の遊歩道の雰囲気を変えてしまうことを懸念しました。最終的に砂丘を整備する計画は、ロングビーチ市議会によって否決されました。

ハリケーン・サンディがやって来ると、ロングビーチ市は大打撃を受けました。住宅やオフィスは浸水し、その多くは全壊しました。保存活動家らが海岸砂丘整備計画の反対理由としてもてはやしていた有名な遊歩道は、あまりに激しい損傷を受けたために撤去せざるを得なくなりました。一方、ポイントルックアウトやリドビーチといった近隣の地区では、高さが一五フィート（約四・六メートル）ある保護目的の海岸砂丘によって高潮が上がってくる速度を抑制し、甚大な被害を防ぐことができました。ロングアイランド、そしてニュージャージー州近隣でも似たような教訓が得られました。海岸砂丘を整備した地区では、最悪の被害を免れたのでした。

残念ながら、都市が成長するにつれて自然の防御手段は解体されてしまいました。都市開発が進むと、海岸砂丘は除去されていきます。元々あった湿地は埋め立てや開発で失われます。一九〇〇年以降、世界の湿地の五〇パーセントが消失しました。ニューヨーク市では、これまでに市内の湿地の九〇パーセントが破壊されました。

ＰｌａＮＹＣを通して、私たちはこの流れを反転させることを始めました。最初の人間が足を踏み入れたはるか以前からニューヨークに存在し、自然の防御力をはじめとした様々な恩恵をもたらしていた水棲生物の生息地の復元を開始したのです。そして、ニューヨークの歴史を語るうえで重要な存在を復活させることができました。それは、カキです。一七世紀初期にオランダ人が到着した頃、ニューヨーク港には何百エーカーもの天然のカキ床が広がっていました。当時の世界のカキの供給量の半分がニューヨーク港周辺の海に存在していたのではないか、という推測もあります。カキは先住民の主要な食料でしたが、初期のニューヨーク市民の食生活にとっても同様でした。また、食べた後の殻は、肥料や建築用のモルタルに欠かせない原料でした。自由の女神のあるリバティー島とエリス島、この二島はニューヨークの価値観を象徴していますが、当初はそれぞれグレートオイスター島、リトルオイスター島と呼ばれていました。

一八世紀および一九世紀を通して、ニューヨーク市のドックは米国はもとより海外にまでカキを運ぶカキ用のはしけであふれ返っていました。現在のニューヨークの街中ではホットドッグ売りの屋台をよく見かけますが、当時はそれと同じようにカキを売る屋台が街中でよく見られました。

それが気候変動とどう関係あるのか、と思われるかもしれません。しかし、実はカキは天然のろ過器の役割を果たす[*36]ので、水中の不純物を取り除いて水を浄化してくれるのです。またカキ床は波や海流の速度を和らげるので、護岸の役割も果たしてくれます。乱獲と水質汚染の悪化に伴って、時代とともにニューヨークのカキの生息数は急減しました。この急減と海岸浸食の悪化がほぼ同時に起きたことが分かっています。私たちはニューヨークの防御力を再生する一環としてカキ床を再導入し、カキが良く育つように生息環境を回復させました。ニューヨーク市の海や河川の水質汚染の状況は大幅に改善しました。しかし、私はまだイーストリバー産の殻付き生ガキ一二個を楽しもうという気分にはなれません。そのうちに、そのような日も来るかもしれませんが。

もちろん、カキだけで都市を気候変動から守ることはできません。カキもまた、大きなパズルの一ピースに過ぎません。しかしながら、こういったピースをいくつも組み合わせていくと大きな違いを生むことができます。サンディの後、私たちは自然の防御手段の新たなネットワークを提唱しました。これには、土手、壁、植生で補強した海岸砂丘、再生した湿地など、あらゆるものが含まれていました。そして、これらは市を守るだけでなく、より景観を美化し活気をもたらします。堤防はただの壁でなければいけないわけではありません。特にニューヨーク市のように、一平方フィートにいたるまでスペースが貴重な都市ではなおさらです。洪水や浸水を防ぐ堤防は、草木を植え歩道や運動場を整備すれば、公園にもなるうえ、新たな地区にもなり得ます。

マンハッタン島南端の西側にあるバッテリーパークシティーは、一九七〇年代後半からハドソン川沿いの埋め立て地に建造されました。開発業者には、ハリケーンなどへの備えを考慮した開発が要求されました。この地区は、かさ上げにより海面よりも高くなっており、沿岸に沿って環のように設置された公園や緑地によって建物は水辺から離されています。

ロウアーマンハッタンでは、東側よりも西側のほうがサンディによる被害がかなり少なく済んだのですが、その大きな原因はバッテリーパークシティーの存在でした。もしこれがなければ、金融街、そしてワールドトレードセンターの再建現場への浸水ははるかにひどくなったでしょう。

このように開発というものは都市が直面している危険を軽減できるのです。ただし、それは綿密で賢明な開発の場合に限られます。私は、私が降りた後の次の市政に対して、バッテリーパークシティーの西側で行ったことを、東側でも実施することを検討してほしいという提言をしました。増築し、浸水が予想される高さよりもかさ上げをする提言です。歴史あるサウスストリートシーポートに近いことから、私たちはこの開発コンセプトをシーポートシティーと名付けました。実現には膨大な金額を要しますが、まさにバッテリーパークシティーでそうであったように、いずれ長い時間をかけて採算が取れるようになります。ロウアーマンハッタンの住宅とオフィススペースの需要は、これまでになく高まっています。シーポートシティーはこの需要を活用し、何千人もの新たな住民と何百もの新たな企業をこの地区に呼び込みながら、同時に未来のハリケーンから現在の住民や企業を守ることができます。今後のニューヨーク市長がこのコンセプトを追求するかどうかは分かりませんが、同じ程度大きな視野、できればさらに大きな視野で考えてほしいと願っています。

精密な解決プラン

第4章で述べた通り、米国中のコミュニティが長年にわたって、FEMAの浸水マップを用いて自分たちの地域の洪水や浸水の危険性を判断してきました。このマップに基づいて、連邦政府の全米浸水保険制度の枠組みは形づくられています。この制度は連邦議会によって一九六八年に作られ、浸水のリスクが高まっている地域に住んでいる住宅所有者に対して、手頃な価格の保険を提供しています。連邦政府によって保証されている住宅ローンを組み、浸水危険地帯に住む人は全員、浸水保険に加入するよう連邦政府は義務付けており、大半の人が連邦政府の保険に加入することを選択します。米国全体では、このような保険加入者が五〇〇万人以上います。最も多いのがフロリダ州で、二〇〇万人近くです。これにテキサス州、ルイジアナ州、カリフォルニア州、そしてニュージャージー州を加えると、上位五州となります。

浸水マップは人命を左右するものですが、その大部分が情けないほど古くなっています。つまり、どこに住めば良いかを判断したくても、人々が十分な情報を得られないということになります。これは、本来は浸水保険に加入すべきなのに加入していない人がたくさんいることを意味します。また、保険料が実際のリスクの度合いに合っていないことも意味します。マップが最新の状態に更新されていなければ、沿岸域で新たな開発計画を策定する際に、建築物に対して高水準なものを義務付けることができなくなります。新しいマップ作りにはコストが発生しますが、このまま多くのコミュニティを無防備のまま放置して降りかかる代償に比べれば、そのコストははるかに小さい額です。

ＰｌａＮＹＣを作っていく過程で、二〇〇七年に私たちはニューヨーク市の浸水マップを更新するよう、公式にＦＥＭＡに申し入れをしました。ＦＥＭＡには必要なデータがなかったので、これは先延ばしとなりました。そこで、私たちには創意工夫が求められました。国による別のプログラムで、太陽光パネルの最適な設置場所を特定することを目的に、建物や道路の寸法をＬＩＤＡＲと呼ばれるレーザーイメージングを利用して上空から精密に測定する活動に対して、補助金が出されていました。この太陽光パネル用マッピングプログラムに参加することで、私たちはニューヨーク市の最新の地形図を作ることができました。データを収集する業者に対して、私たちはデータがＦＥＭＡの水準に適合、さらにはそれを上回るよう念押しをしました（連邦政府がこれを最初から行っていれば、太陽光パネル用マップを作るすべての都市が同時に最新の浸水マップを入手できていたのです）。こうして得られたデータを私たちはＦＥＭＡに提出し、このことでＦＥＭＡはニューヨーク市の浸水マップを更新することが可能になりました。

このデータには、他にも多くの重要な用途があることが判明しました。新たな浸水マップは、ニューヨーク市警察が公共イベントを管理することを助けました。また、私たちが市内の湿地の健全性を評価する助けにもなりました。しかしながら、米国中のほとんどのコミュニティは、マッピングのためのデータを自分たちで収集する手段を持っていません。各州、そして連邦議会が支援の手を差し伸べるべきです。

ＦＥＭＡのマップを最新状態にすることは、連邦政府によって保証されているローンを組んでいる何百万もの家庭や企業が、新たに浸水保険への加入が求められることを意味します。また、既に浸水保険に加入している人についても、危険レベルが上がるために保険料も上がってしまう事例が多くなります。このためマップの更新をしつつも、浸水保険料の上昇によって人々が家を手放さざるを得ないという事態は確実に避けなければなりません。

一つの方法としては、予防策を講じた人の保険料を安くするというものがあります。現状ではFEMAのプログラムが保険料を割り引いてくれるのは、住宅所有者が家のかさ上げ工事をした場合のみです。かさ上げをすれば、保険料はかなり下がります。しかし、ニューヨーク市の多くの建物は物理的にかさ上げができないため、この優遇はニューヨーク市では機能しません。氾濫原の海抜よりも高い場所にボイラーや電気系統を移動させるなど、他の予防策を講じる人についても割引があるべきです。ハリケーン・サンディ後に私たちはこの提案をしたのですが、まだFEMAと連邦議会は行動に移していません。低所得の住宅所有者に対して保険料の補助をするプログラムの新設を検討することが、法律によってFEMAには義務付けられています。しかしサンディから四年、そしてカトリーナから一〇年以上が経過した現在でも、未だにそのようなプログラムは存在していません。

さらに、本来は浸水保険加入が義務付けられていない人であっても、加入すべきだと思われる人がたくさんいます。私たちは、サンディの後、万が一に備えてより多くの人を保険で守ることができるよう、安価で控除額が高い保険プログラムの新設を提案しました。連邦議会は、これも未だに採択していません。

都市は、政府が動くのをいつまでも待つことはできません。市民が手の届く値段で自らを守ることができるような手段を、都市は自分たちの力で見出す必要があります。例えば、脆弱な地域にある世帯や企業が地元の防御手段を強化するプログラムに対して費用を負担すれば、このことによりリスクを軽減でき、保険料が引き下げられる可能性が高くなるため、この費用負担は意味のあるものになります。特定の地域ごとにどのような建造物が認められるか判断する権限が都市にはあり、沿岸地域のレジリエンスのための民間からの投資に対してその開発を認めるかどうかを検討できます。そのような合意の下では、都市は開発業者や企業に対して、沿岸防御への資金を提供してくれれば、ビルの高さを増してもいいという許可を出すことがあり得ます。ハリケーン・サンディの後、私たちが提案したような、世帯や企業が直面するリスクを削減するために市や町が取ることができる方法が、全米浸水保険制度の保険料に反映されるべきです。そうすれば、自治体は市民の住宅と家計を守るような賢明な投資を積極的に行うようになります。そして、リーダーがそれをしない時には、住民の力でリーダーに説明責任を果たすよう促すことができます。

レジリエンスを高めていくためには、都市が他の地域や地方の行政機関と調整し協力することが必要となります。例えば、都市は多くの場合、市民の生活がそれに依存しているにもかかわらず電力供給システムを所有していません。ニューヨーク市の電力会社は、公的サービスを提供する民間企業であり、そのために公共の資産をしばしば利用します。電力を常に責任をもって供給することが求められており、特に緊急時にはそれが要求されます。ニューヨーク市では、電力会社は信頼性に関する基準値を満たすことが求められますが、従来のこれらの基準値には自然災害への備えは含まれておらず、気候変動も考慮されていませんでした。市にとって必須なライフラインのネットワークが、大型ハリケーン、記録的熱波、あるいはその他の自然災害に耐えられるようにするためには、一体何がどこまで必要なのか。私は、サンディの後、厳密に分析するよう自分たちのチームを指導しました。達成するためには何が必要になり、それにはいくらのコストがかかるのか。行き先が分からなければ道は造れません。そして、何が可能なのか分からなければ、優先順位は決められません。

私たちがサンディ後に作った計画では、二五〇を超える達成可能な対策が提案されました。提案したことをすべて実施するためのコストは、一九〇億ドルを少し超えました。大きな額です。しかし、サンディによってニューヨーク市が受けた被害総額は、ほぼ同じ額、一九〇億ドルでした。次に大型ハリケーンが襲来する時には、この額は増えるかもしれません。

二〇〇五年にアメリカ国立建築科学研究所が行った研究によると、レジリエンスへの投資一ドルにつき被害コスト四ドルを削減できます。私たちの予測では、このまま何もしなかった場合、二〇五〇年にサンディと同規模のハリケーンがニューヨーク市を襲うと、海面上昇によって被害総額は九〇〇億ドル前後になります。

もしも気候変動が、その進行の最中に奇跡的に止まったとしても、私たちが提案した投資は十分に価値のあるものとなります。極端な気象だけでなく、小規模な嵐などによる周期的な浸水からコミュニティを守ってくれます。ニューヨークの街の将来に備えた防御が増すだけでなく、現在の住みやすさも増し、雇用を創出し、市の経済を強化してくれます。国による関与と初期投資によって、都市と国は長期的に見ると大幅に出費を抑えることができます。しかし、今、手を打たなければ、後から政府が果たさねばならない役割がどんどん大きくなります。

私たちが学んだ教訓は、ほかの都市が甚大な被害を回避することの手助けにもなります。都市同士のコミュニティ形成を支援するC40といった都市間ネットワークを通じて、ハリケーン・サンディ以降、私たちはこれらの教訓を広めました。例えば、ニューオーリンズ市、ホーチミン市、ロッテルダム市といったとりわけ浸水に対して脆弱な都市は、コネクティング・デルタ・シティーズというネットワークによって、経験と知見を共有できるようになりました。

私たちは、それぞれ互いから学ぶべきことがたくさんあります。

雨

都市が直面している課題は、海面上昇だけではありません。気温上昇によって水の蒸発速度が上がり大気中に水蒸気が溜まりやすくなることで、突然発生する激しい暴風雨の頻度が世界中で高まっています。二〇一六年夏には集中豪雨によって、中国のあちらこちらの都市でひどい洪水が発生しました。一六〇人以上が亡くなり、何万もの家屋が破壊され、経済損失は三〇〇億ドルを超えました。中国の都市は、歴史的に見ると雨や洪水への対応に長けていました。しかし、急速な都市化によって、これまで水が都市には流れ込まずに川や湖、池に流れるようにしていた自然システムの多くが、破壊されてしまいました。科学者のバーツラフ・スミルが、彼の著書『Making the Modern World: Materials and Dematerialization』(Wiley, 2013)の中で指摘したように、二〇一一年から二〇一三年の間に中国で使われたセメントの量は、米国が二〇世紀全体をかけて消費した量を上回っています。洪水の悪化は、この急速な開発によるものの一つです。

中国の都市が経験した洪水の発生件数は、二〇〇八年から二倍になりました。二〇一三年には、中国の二〇〇を超える都市がこの一年のどこかで洪水に遭いました。その一方で、中国では増加し続ける人口に水を供給するという課題に取り組んでいます。大都市の多くで水不足なのです。

中国の都市では、洪水と水不足という両方の問題を同時に解決する大胆なアイデアを採用しています。それは、水を吸収する「スポンジゾーン」を設けることです。このアイデアでは、大きな公園を建造して豪雨の雨水を集め、浸透性の高いコンクリートで舗装された地表から雨水を透過させ、再利用します。このコンクリートが機能しているのを見るのは、とても面白いです。普通のコンクリートに見えるのですが、セメント車一台分の水をかけると、まるで排水溝に流されたかのように一瞬で水が消えてしまいます。こうした解決策の実験を進めているのは、中国の都市だけではありません。ロサンゼルス市も、降水が地域を浸水させずに帯水層に届いて地下水となるように、舗装を外す取り組みを始めています。

市内の八〇パーセントが海抜ゼロメートル以下となっているロッテルダム市では、また異なる興味深い方法によって、豪雨の問題を解決できるかを試しています。それは、言うならば「下に向かって建造する」という方法です。ロッテルダム市の「水の広場」は一段低い場所にある公共空間で、ほとんどの時は娯楽や憩いの場として使うことができます。しかし豪雨の際には、周辺の道路や屋根から最大で四五万ガロン（約一七一〇キロリットル）の水を集めることができます。その後この水は、土壌でろ過吸収されるか運河にポンプで送られます。公園の水を溜めるすり鉢構造と側溝は、乾燥した季節にはさらにスケートボード用のスロープも兼ねます。

ロッテルダム市は、二〇二五年までに「気候変動への耐性」を持つ都市となることを目指しています。同市の戦略は、街を環境から隔離することではなく、良く練り上げられたスマートインフラによって気候変動に対応が可能なようにすることです。ある地区では、全世帯が電気の配線を上層階に移動させることで浸水から遠ざけました。ロッテルダム市では、緑化屋根の設置に補助金を出しています。また、雨水を回収して再利用するためのシステムを設置する住民には税額控除を設けるなど、金銭面でのインセンティブを検討しています。

ニューヨーク市では一インチ(二・五四センチ)の降水が一〇億ガロン(約三八〇〇万キロリットル)の雨水に相当し、これが積み重なると重大な問題になります。二〇〇七年八月には、豪雨によって市内の地下鉄網の大半が閉鎖されてしまいました。この一件を受けて、私たちは集中豪雨へのニューヨーク市の対応力を補強し始めました。これには雨水管理方法の見直しという、建物の改修よりもさらに地味な仕事も含まれていました。それほど新聞の見出しを賑わすことはありませんでしたが、ニューヨーク市にとっては重要な改善でした。

簡単に説明すると、多くの都市でそうであるようにニューヨーク市は合流式下水道[*37]を採用しています。雨が降ると、道路を流れた雨水は下水管に流入し、汚水と混ざります。通常の天候であれば、混ざった水が下水処理場で浄化され海や河川に放出されます。しかし集中豪雨の際には、下水処理施設が処理できなくなってしまうことがあり、その場合は未処理の汚水が海や河川に流れてしまいます。

これは、都市開発の不幸な副産物による技術的な問題です。都市は成長するにつれて、水を透過し、炭素を吸収する自然の地表を、透過性のないコンクリート、石、あるいは鋼といった材質に変換しています。ＰｌａＮＹＣの一環としてニューヨーク市で採用されたグリーンインフラ計画では、街並み全体の水の透過性を向上することで、この変換プロセスを少しずつ覆しています。この計画は世界各地でも行われています。水は下水管に流入せずに、土壌、植物、あるいは石に吸収されます。私たちは膨大な数のバイオスウェールを設置しました。これは水の浸透度が高まるように歩道を拡張したものです。バイオスウェールは、路上の水を土壌や岩石に導きます。通行人のほとんどがその存在に気付きません。気付いたとすれば、それはバイオスウェールに木々や花が植えられているために、見た目が美しいからです。

私たちはまた、不動産の所有者が緑化屋根を設置することを支援するための補助金を提供しました。緑化屋根は、雨水を捕集することができるだけでなく断熱作用があるので、炭素排出を削減し、大気汚染を緩和し、さらには冷暖房費用を下げることができます。加えて、公共の子供の遊び場の設計を見直して、雨水の捕集と貯留ができるようにしました。

これらの方法とともに、大雨の予報が出ている時には、あらかじめ排水溝が詰まっていないか人の目で確認するといった常識的な手段を併用することで、ニューヨーク市内の海や河川は過去数十年間で最も清浄な状態になりました。汚水処理費用もこれらによって大幅に削減されました。

「よりグリーンな」都市にしようということが話題になる時、炭素排出量の削減によって気候変動の影響を緩和することが一般的には語られます。しかし、異なる方法によって都市をグリーンにし気候変動に適応するために、私たちができることはたくさんあります。都市がもっと自然の地形のように振る舞うことができるように促せば良いのです。

熱

私たちは世界中の都市が直面している、あるリスクに対しても自然から学ぶことができます。そのリスクとは、熱です。

第7章で説明したヒートアイランド現象の影響を緩和するために、都市は問題の言わば根っこに回帰していいます。つまり植樹をしているのです。木は木陰を形成し、熱を吸収します。二酸化炭素も吸収します。ニューヨーク市では、女優のベット・ミドラーが創設したニューヨーク・リストレーション・プロジェクト（NYRP）との官民連携パートナーシップによって、市を形成する五つの区で一〇〇万本の植樹をすることができました。一本目の木は、二〇〇七年にサウスブロンクスで植えられました。ミドラーと私は、中学生のコーラス隊、詩を発表する小学三年生の子供たち、そして他でもないセサミストリートのビッグバードと共にその木を植えました。

木を植えているのは、ニューヨーク市だけではありません。メルボルン市からムンバイ市、そしてマドリード市まで、植樹は安価で効果的な気候変動対策であるうえに景観や市民の健康にも良いことから、多くの都市で実行されています。「木を植える一番良い時機は二〇年前だった、二番目に良い時機は今である」ということわざに、まったく新しい命を吹き込みました。

感染症

二〇一六年の衝撃的なニュースの一つは、感染症に関するものでした。七月に永久凍土が融けて、炭疽症という細菌性の感染症で七五年以上も前に死亡したトナカイの死骸が表出しました。暖かい天候によって休眠状態だった炭疽菌が再び活性化し、数十人に感染と発症が見られた他、少なくとも一人が死亡しました。病死したトナカイは気候変動のリスクではありませんが、この話は、より温暖な天候がいかに予測不能な形で世界に変化をもたらすかを示すものです。

様々な地域がこれまでよりも温暖になるにつれて、それまで発生がなかった感染症が広がり、深刻な大流行が起きる可能性があります。それに加え、洪水や浸水、そして大雨によって上水道の汚染が増えれば、コレラや赤痢といった消化器感染症の発生が増える可能性も高まります。

保健所や市行政は、こうした変化が起き得ることを理解して人々を守る手段を講じる必要があります。既に、多くの自治体で動き出しています。例えば、サンパウロ市の気候変動への適応計画では、気温上昇によってデング熱などの感染症の発生件数が増える可能性を織り込んでいます。

気候変動のリスクは、必ずしも海面上昇や激しいハリケーンのように劇的であるとは限りません。しかし、劇的でないからと言って危険性が低くなるわけではありません。ハリケーン・サンディは四三人のニューヨーク市民の命を奪いました。気温の上昇に適応できない熱帯地域の都市であれば、感染症によってはるかに多くの人が命を落とすこともあり得ます。蚊が繁殖する地域の排水を改善する、窓に網戸の設置を義務付けるといった、シンプルな対策が有効なのです。

干ばつ

都市が直面している危険なリスクの一つは、増水ではなく水不足の可能性によるものです。今後、干ばつが増える可能性が高いため、最も重要な適応策は水の管理です。世界人口の四分の一が、既に水不足の問題を抱えています。

カールが一つ前の章で触れた通り、雨水は価値の高い資源であると同時に、無駄にされている資源の一つでもあります。干ばつ、あるいは氷河、湖、地下帯水層などの水源枯渇による水不足の解決にとって、雨水の捕集量を増やすことは大きな役割を果たします。

都市は、水の分配と回収について集約化されたシステムに依存しています。貯水池から配管によって届けられ、下水の配管によって回収されます。このシステムによって文明の繁栄がもたらされましたが、必ずしも最適なシステムではありません。私たちが飲む水、消火活動から水洗トイレの洗浄水まで、通常は同じ配管から供給され、同じ配管によって排水されます。個々の建物では、一部の水を再利用するために用途ごとに水を分ける方法がないからです。これは、公衆衛生を守るための水道システムに関する規則に起因しています。

サンフランシスコ市は、このパラダイムを変えようとしています。同市のノンポータブル・ウォーター・プログラムでは、雨水、台所およびトイレなどから水を捕集し、処理したうえで再利用するための許認可プロセスを簡素化しました。そして、このシステムを設置するために補助金を提供しました。これにより、非飲料用の水の需要を、居住用建物では最大五〇パーセント、商業用建物については驚異的な九五パーセントも削減できます。そしてサンフランシスコ市は、ある一定以上の大きさの建物（または、ある一定以上の量の水を使っている建物）においては、水再生利用システムを設置することを義務付ける米国初の条例を制定しました。

このプログラムによって、水がそのまま下水設備に行かないように経路を変え、建物所有者の出費も減らせます。さらに、ますます貴重になっている飲料水を数百万ガロン単位で節約できます。サンフランシスコ市のプログラムは、当時の市長エドウィン・リーのリーダーシップの下で、カリフォルニア州の歴史的大干ばつの緊急性から推進されました。こうした仕組みは世界中のあらゆる都市に役立つため、サンフランシスコ市は他の都市に広める活動をしています。サンフランシスコ市は、このような分離型水道システムを採用することを妨げている制度や規制の問題点を明らかにするため、全米をまたいだ活動の先頭に立っています。次のステップは、消費者、さらには水道会社にとっても恩恵があるような政策のガイドラインを整備し、様々な都市がそれを採択できるようにすることです。

無駄を減らすための革新的なアイデアは、水だけでなくエネルギーにも適用できます。都市で居住または仕事をしたことがあれば、同じ街の中で、冷やさないといけない場所と暖めないといけない場所が存在することに気付いたことがあるでしょう。その時には、少々いら立ちを覚えた人もいるかと思います。例えば、社員が快適に仕事をできるように冬に暖房を入れないといけないオフィスビルの別の階には、常に冷却しないといけないサーバーでいっぱいの部屋があります。データセンターは排熱量が多く、低温下でのほうが稼働も良くなるので冷却が必要になるのです。

フランスのIT企業であるスティマジーは、この不均衡を解決する方法を見つけました。それは、社内のデータセンターで出る余分な熱を再利用することです。

リヨン市では、スティマジーはデータセンターの余熱を公立のジムの暖房に利用しています。その他の都市では、アパートの暖房にも使えるいわば「デジタルボイラー」を兼ねたデータセンターを設置しています。そしてパリ市とパートナーシップを組み、市営プールを温めるために地下にあるデータセンターの熱を利用しています(データセンターは世界のエネルギー消費の三パーセントを占めており、この数字は増え続けています。そして、その稼働コストの大半が冷却システムによるものです)。

これは、応用可能な範囲が広く期待の持てるコンセプトです。そして、何度も繰り返し見てきたテーマがここでも登場します。気候変動との戦いの大きな部分を占めるのは、私たちの生活を動かしている様々なシステムを改良していくことなのです。

ハリケーン・サンディの一カ月後、私はニューヨーク市の将来のためのビジョンを示しました。その中で私たちは、気候変動によって方向付けられた新たな現実と向き合いました。今日私たちが知っているニューヨークの街の姿は、過去に市民たちが困難に直面した際に取った対応がなければ存在しないのだということを私は思い起こしました。一八三五年のニューヨーク大火は、ロウアーマンハッタンのほとんどを焼き尽くしましたが、その理由は消防士たちが十分な水にアクセスすることができなかったからです。対応策として、市と州はクロトン川にダムを建造して水路を敷設しました。現在も、世界でもトップレベルの良質な飲料水の供給源となっています。ニューヨーク市の現代的な地下鉄網の創設は、一八八八年の猛吹雪によって高架線上を走行していた市内の電車の交通が麻痺してしまい、市全体の身動きが取れなくなったことに後押しされたものです。そして、米国史上最悪の労働災害の一つである一九一一年のトライアングル・シャツウエスト工場火災の後には、ニューヨーク市は労働者の健康や火災安全に関する規則を制定し、これらはその後、国の規制のモデルとなりました。

ニューヨークの地下鉄の乗客、あるいは水道の蛇口をひねって水をコップに一杯入れようとしている人は、これら私たちの生活に不可欠なインフラの創設をもたらした様々な困難に思いを馳せたりはしません。ニューヨーク市の初期のリーダーたちが抱いていたのと同じような決意やビジョンを持って世界の都市が気候変動に向き合えば、人々の生活を大幅に向上させるような驚くべき技術的あるいは社会的な変革が生み出されるでしょう。そしてそれらは、大幅に生活を向上させます。そして、いずれ当たり前のものとなってしまうでしょう。

雨水を吸収する道路など、現在草分け的に開発されている気候変動の対策は、気候変動が懸念されるよりもはるか昔から都市が抱えてきた問題を解決することができます。未来の世代は、これらを迫り来る脅威への対応策であるとは気付きもせず、単に機能的で繁栄しているどの都市でも見られる常識的な機能として見るかもしれません。

*38 煙道ガス。排煙、燃焼で出る混合ガス。

*39 マジノ線【Maginot Line】は、第二次世界大戦前にフランスがドイツとの国境に莫大な費用を投じて築いた約四〇〇キロメートルに及ぶ長大な要塞線。難攻不落とされた要塞だったが、ナチス・ドイツ軍はフランス軍が想定していなかったベルギー側のルートから国境を突破。実戦では全く役に立たなかった。

*40 カキは、栄養豊富で「海のミルク」の別名を持つ二枚貝。カキに限らず多くの二枚貝は大量の海水を取り込み、エラで水中の植物プランクトンをろ過して食べることから水質浄化作用を持つ。特にカキは高温、低塩分の環境にも強く、過酷な条件でも、ろ過機能を発揮しやすい。

*41 合流式下水道。汚水と雨水を同じ管で集めて排水する形式の下水道。

図1 気候変動の要因

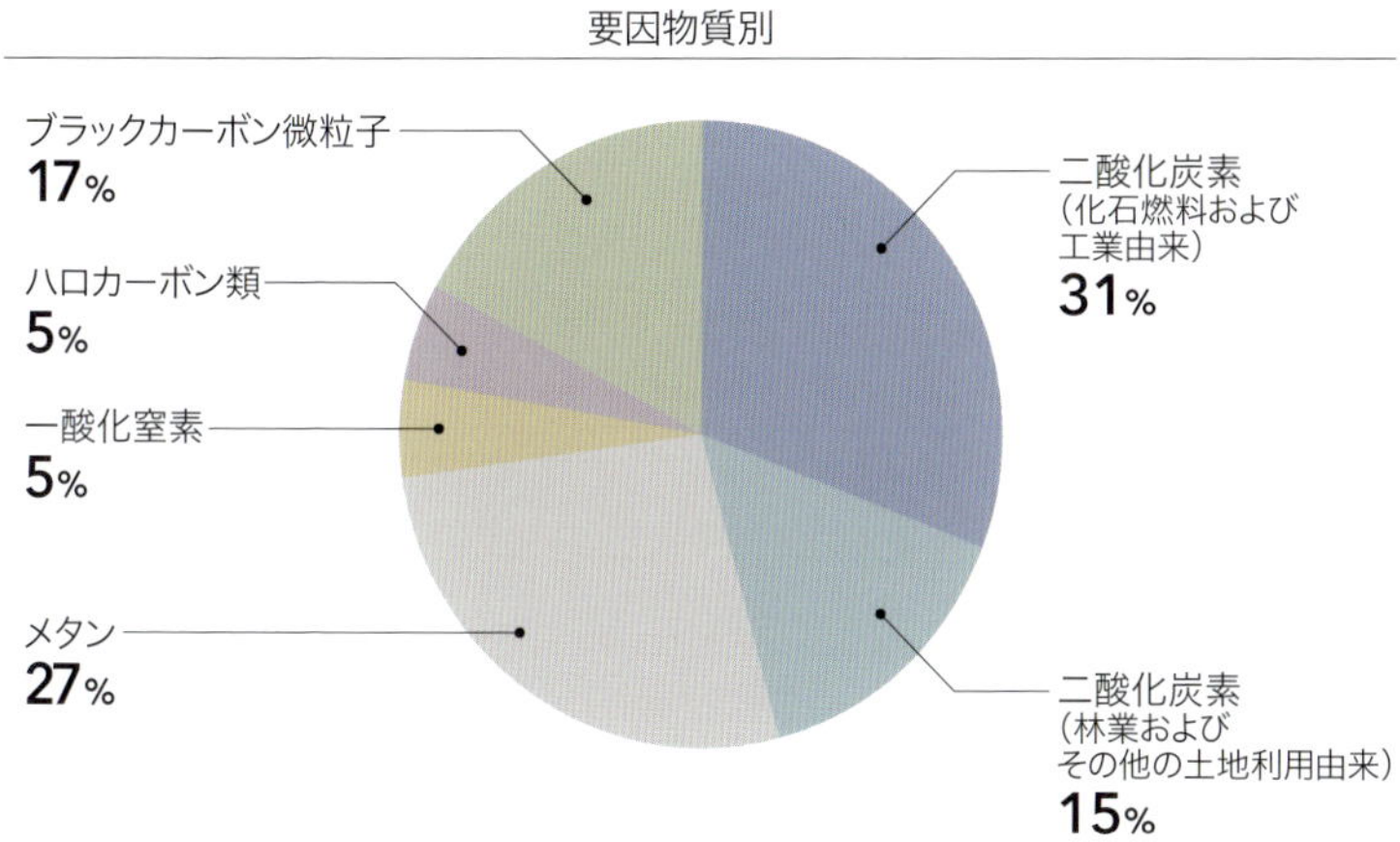

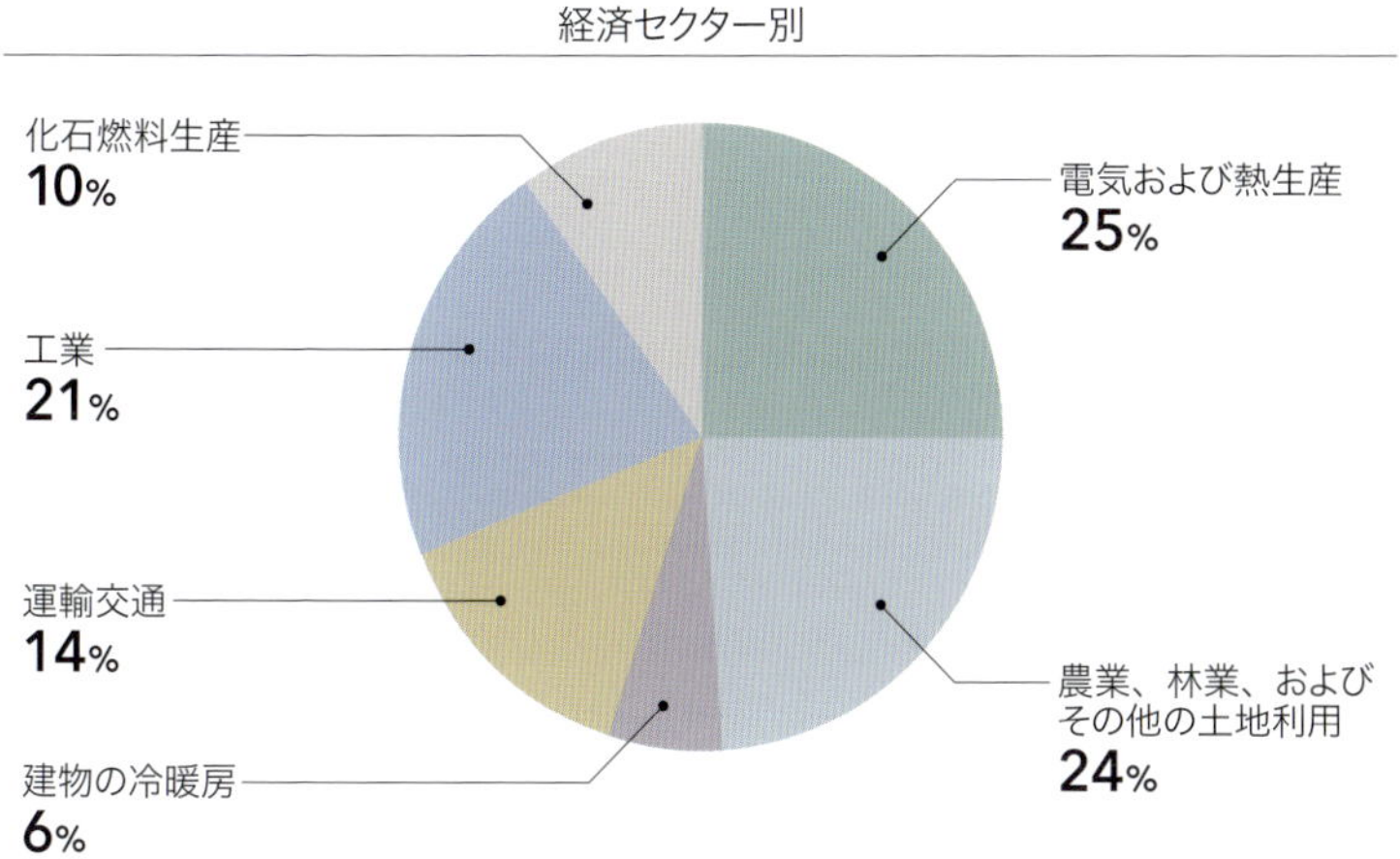

出典）アメリカ環境保護庁（USEPA）

図2 | 気候変動が本当に起きているのかは海水温上昇が物語っている

2015年12月25日の世界の気温および海水温を過去の記録の平均と比較

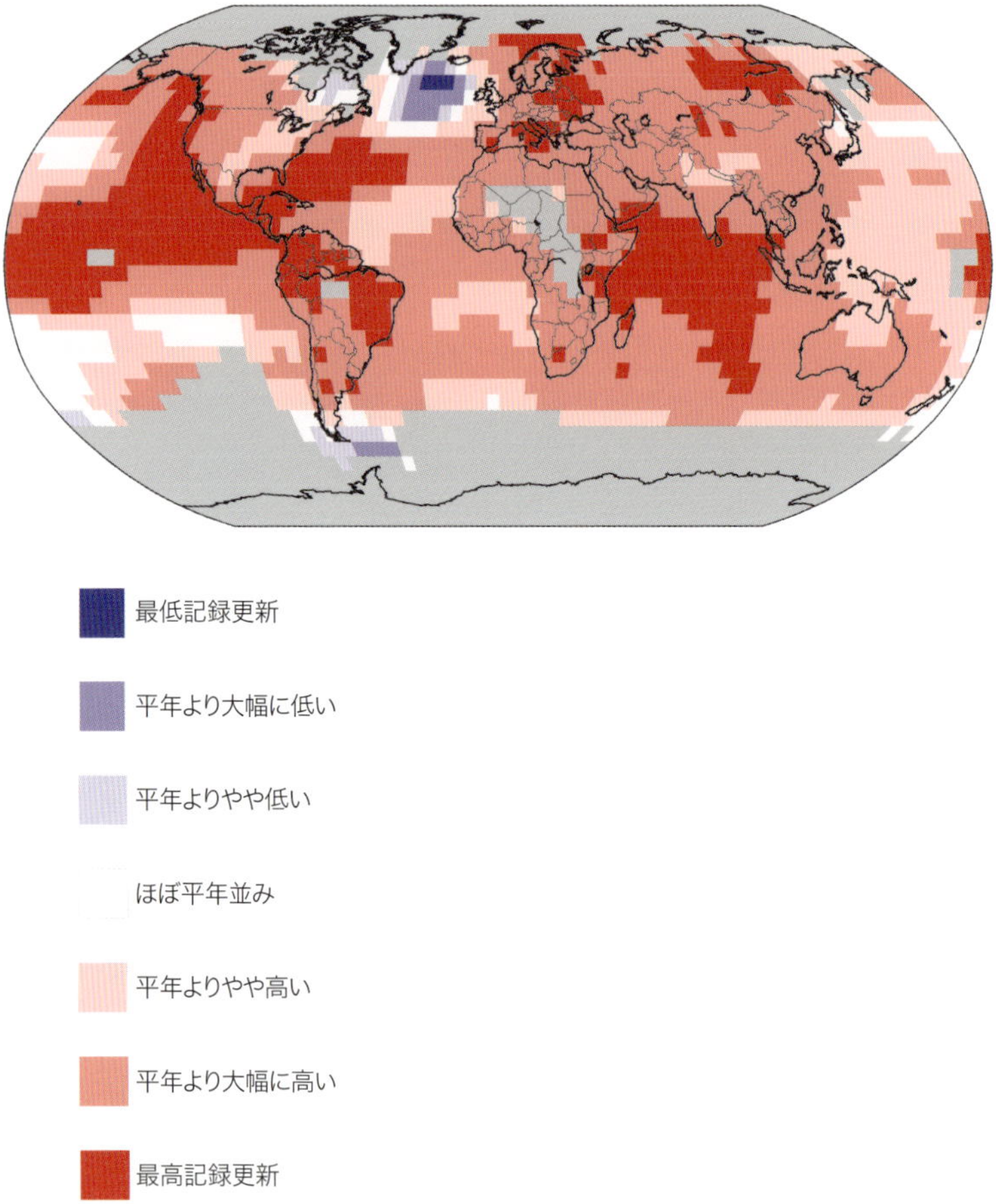

出典）アメリカ海洋大気庁国立環境情報センター（NOAA-NCEI）

図3 石炭の市場シェアの縮小

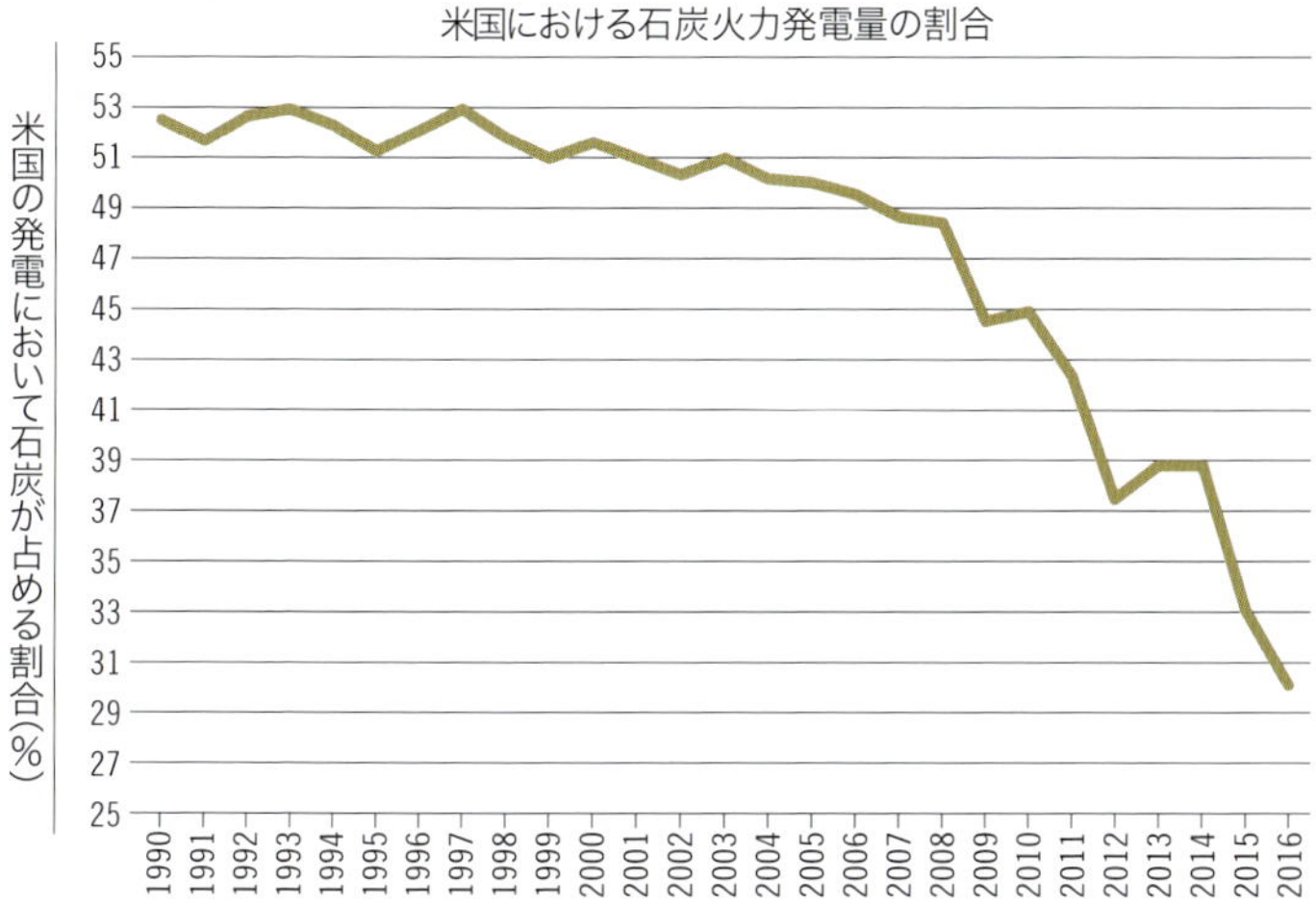

出典）アメリカエネルギー情報局（EIA）

図4 風力および太陽光由来の電力の価格下落

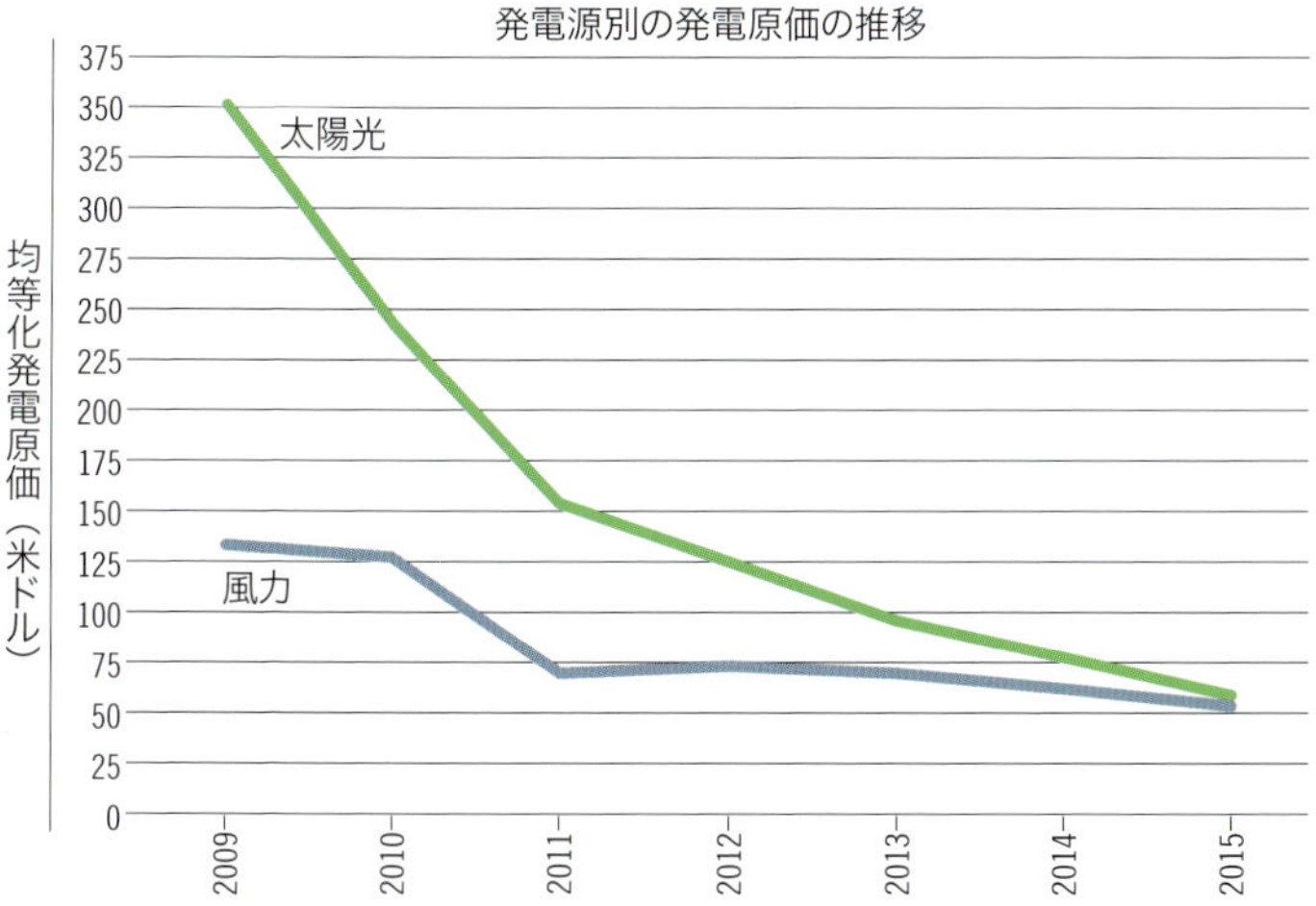

出典）ラザード

図5 古い都市から学ぶことができる

現代のチャンディガルの暗色の屋根

古都ジャイサルメールの白い屋根

出典）Google Earth

図6 土壌劣化

森林破壊と土壌浸食によって炭素が放出される。
土壌と森林の再生により大気中から炭素を引き戻すことができる。

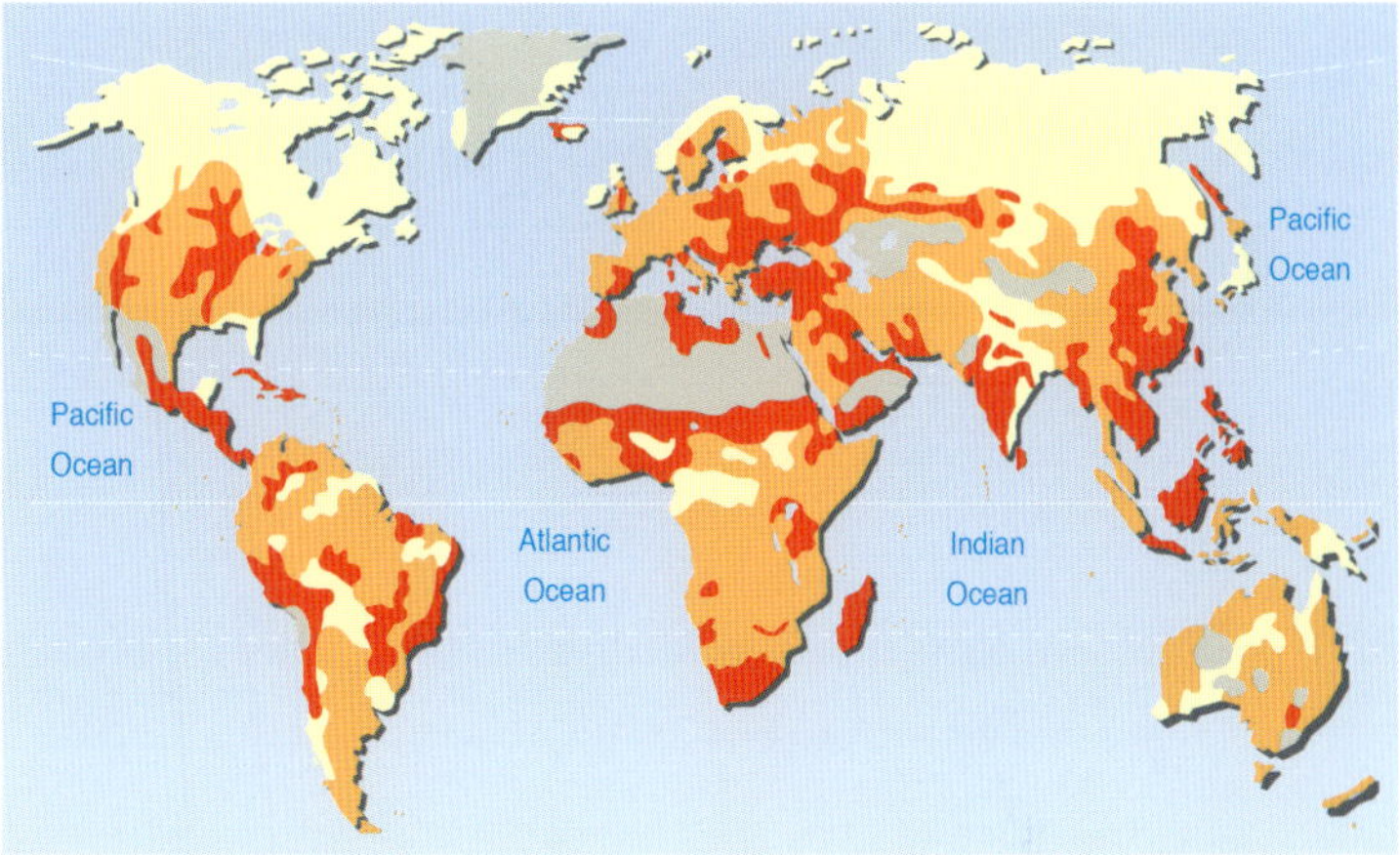

● 非常に劣化した土壌

● 劣化した土壌

● 安定した土壌

● 植生のない土壌

出典）*World Atlas of Desertification, Second Edition*（世界砂漠化地図第2版）*およびフィリップ・レカセヴィッツの調査による

*Nick Middleton and David S.G. Thomas, *World Atlas of Desertification, Second Edition*, Arnold, 1997.

図7 運輸交通革命が到来している

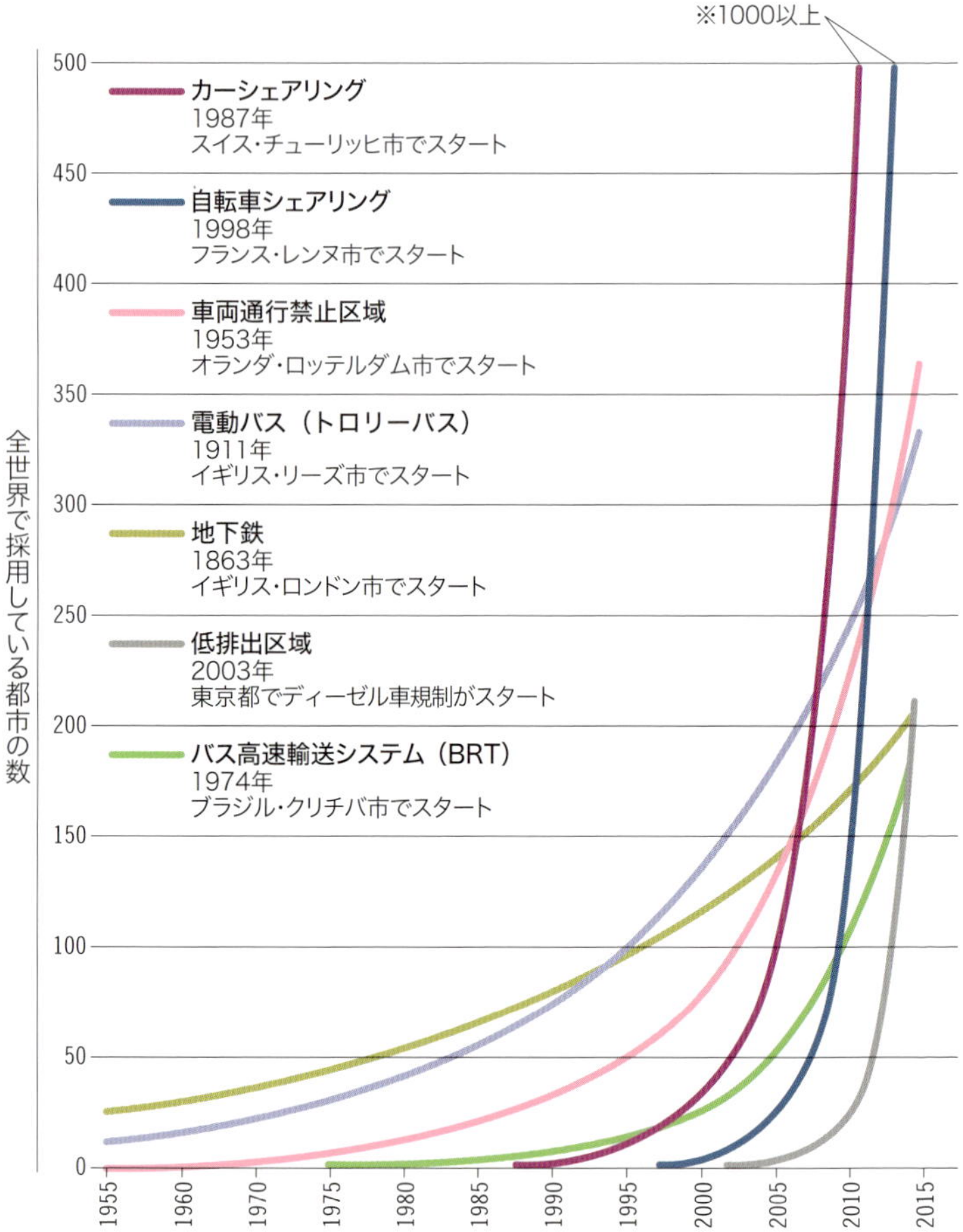

出典）世界資源研究所（WRI）

図8 太平洋を越える中国の大気汚染

中国の大気汚染は東アジアと米国西部に被害を及ぼしている。

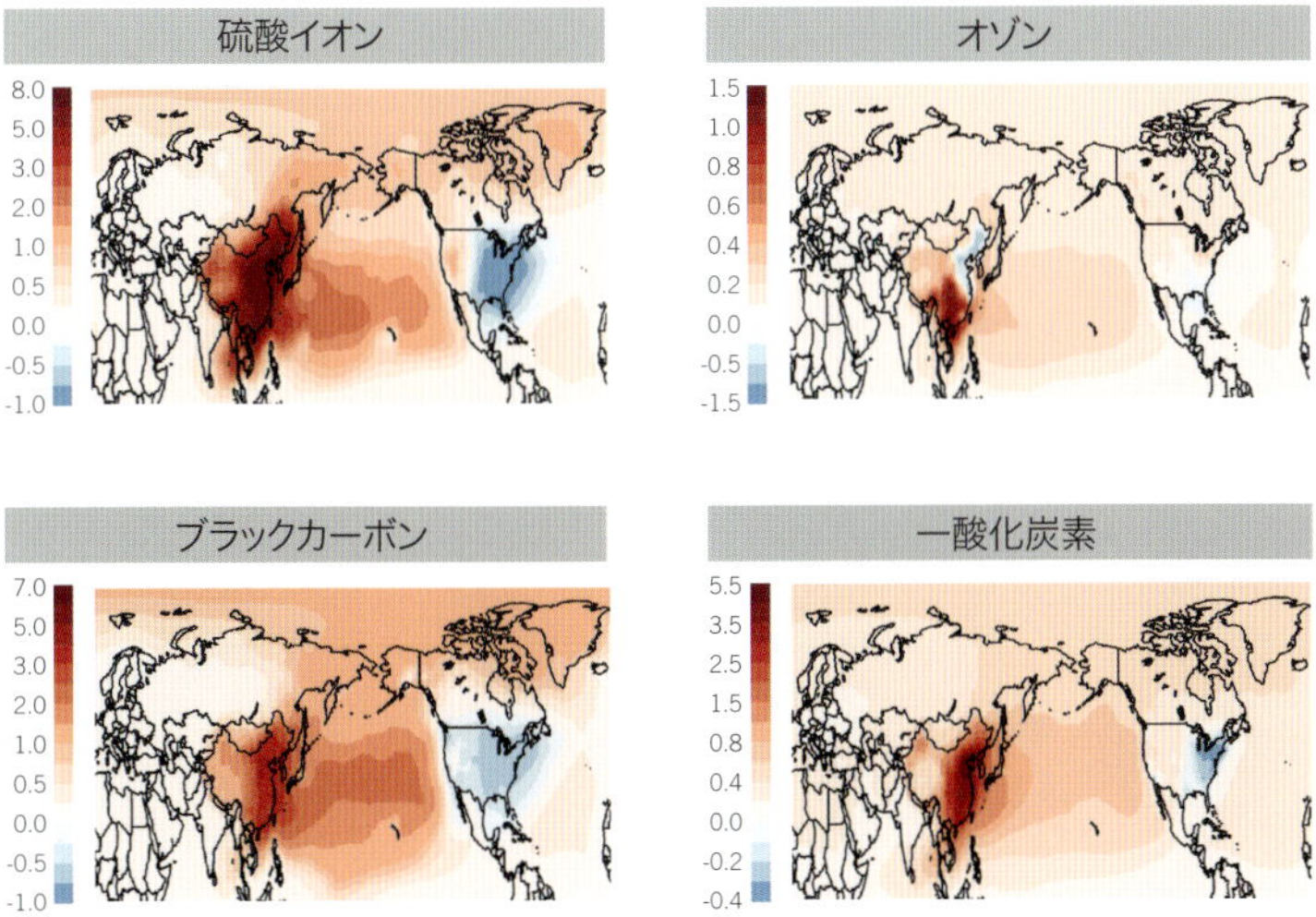

出典）アメリカ科学アカデミー紀要（PNAS）

図9 | 予測されているカリフォルニアの積雪量減少

シエラネバダ山脈の積雪は、大半のカリフォルニア州の住民の水源になっている。

今世紀末には最悪の場合、この積雪の量が現在の20パーセントまで減る可能性がある。

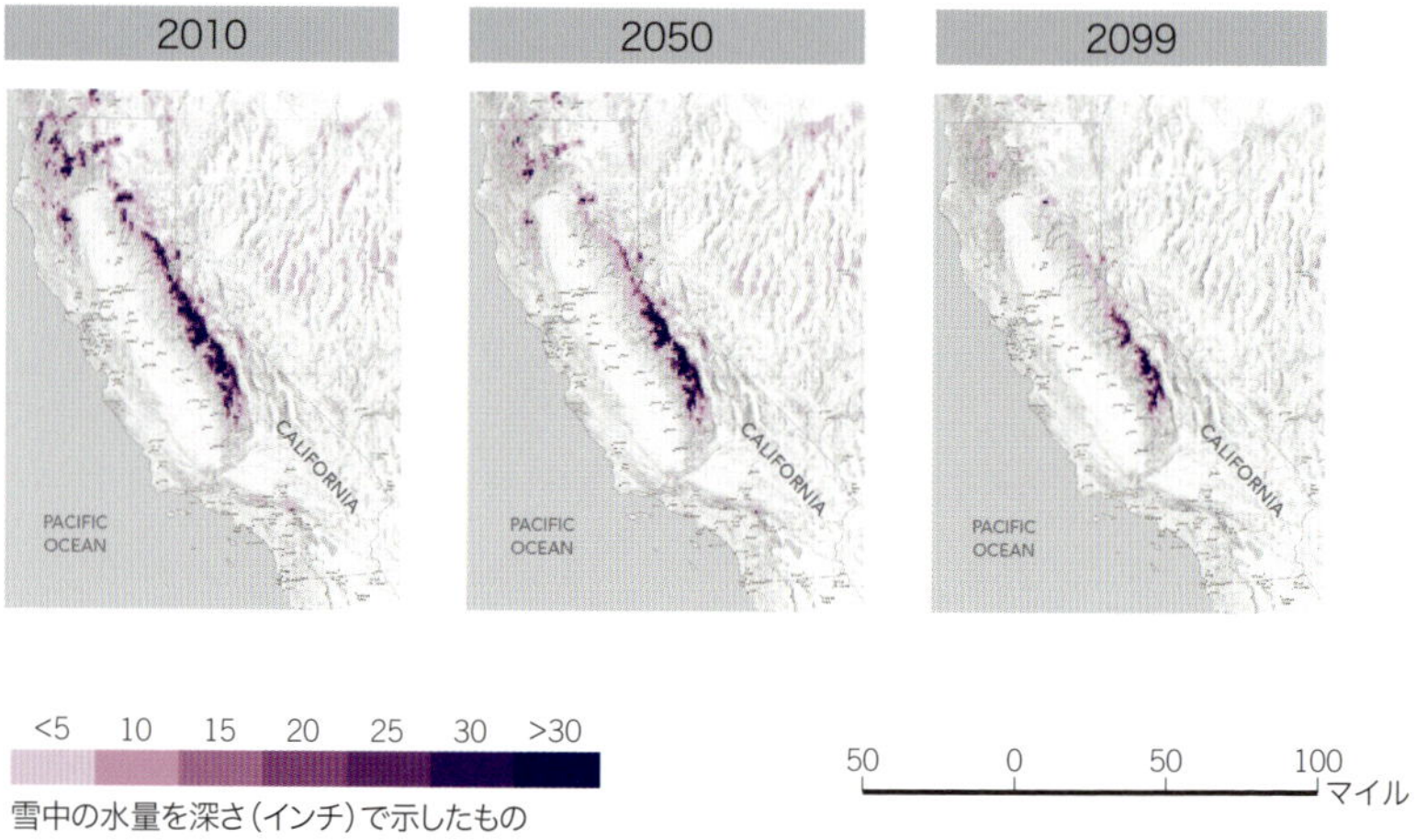

出典）データはオープンストリートマップによる。マップタイルは、CARTO、スタメンデザインおよびASTER全球3次元地形データ（ASTER GDEM）による。

2007年、サウスブロンクスにおいて、マイケル・ブルームバーグとベット・ミドラーによるミリオンツリーズNYCの立ち上げを、セサミストリートのビッグバードが手伝った。
（写真提供：ニューヨーク市）

2007年、マイケル・ブルームバーグと当時のカリフォルニア州知事アーノルド・シュワルツェネッガー。

2007年、インドネシア・バリの国連気候変動枠組条約締約国会議（COP13）開催中に、ソーラーカーの車内に座るマイケル・ブルームバーグ。
（写真提供：ニューヨーク市）

2008年、ニューヨークの国連本部で開かれた気候変動関連の会議でのマイケル・ブルームバーグの演説の様子。向かって右に座っているのは当時の国連事務総長・潘基文（パン・ギムン）。
（写真提供：ニューヨーク市）

2008年、マイケル・ブルームバーグはアメリカ連邦下院議員キャロリン・マロニー、当時のニューヨーク市議会議長クリスティーン・クインなどとともに、ニューヨーク市内のフェリー運航サービスを拡大することを発表した。
（写真提供：ニューヨーク市）

2009年、NYCクールルーフ計画の立ち上げイベントで元米国副大統領アル・ゴアとマイケル・ブルームバーグが屋根を塗装した。
（写真提供：ニューヨーク市）

タイムズスクエアからブロードウェイの北側を望む。2010年、芸術家モリー・ディルワースによる*Cool Water, Hot Island*（涼しい水、暑い島）と題されたパブリックアート作品が、歩行者天国に彩りを添えた。

（写真提供：モリー・ディルワース）

2010年、ニューヨーク市庁舎にて、気候変動についてバンクーバー市長グレゴール・ロバートソンとマイケル・ブルームバーグが議論した。
（写真提供：ニューヨーク市）

2011年、PlaNYCの進捗を発表するマイケル・ブルームバーグ。
（写真提供：ニューヨーク市）

2011年、バージニア州アレクサンドリアのポトマック川沿いにあったジェンオン・エナジーの石炭発電所の前で、シエラクラブの「石炭のその先へ」キャンペーンへの参加を表明したマイケル・ブルームバーグ。
(写真提供:ジュエル・サマド、AFP通信およびゲッティイメージズ)

2012年、ベトナムでブルームバーグ・フィランソロピーズが行った道路交通安全プログラムで、配布されたヘルメットを児童がかぶるのを手伝うマイケル・ブルームバーグ。

2012年、ハリケーン・サンディーの接近に伴って、ニューヨーク市緊急管理局でブリーフィングを受けるマイケル・ブルームバーグ。
(写真提供:ニューヨーク市)

2012年、ニューヨーク市内で被害状況調査を行うマイケル・ブルームバーグと当時の副市長キャズウェル・ホロウェイ。
（写真提供：ニューヨーク市）

2013年、米国最大の公共自転車シェアリングプログラムであるシティバイクの創設の場に、ニューヨーク市運輸局長であったジャネット・サディク＝カーンとともに立ち会うマイケル・ブルームバーグ。
（写真提供：ニューヨーク市）

2014年、当時のC40議長でリオデジャネイロ市長であったエドゥアルド・パエスとマイケル・ブルームバーグ。南アフリカで開催されたC40サミットにて。

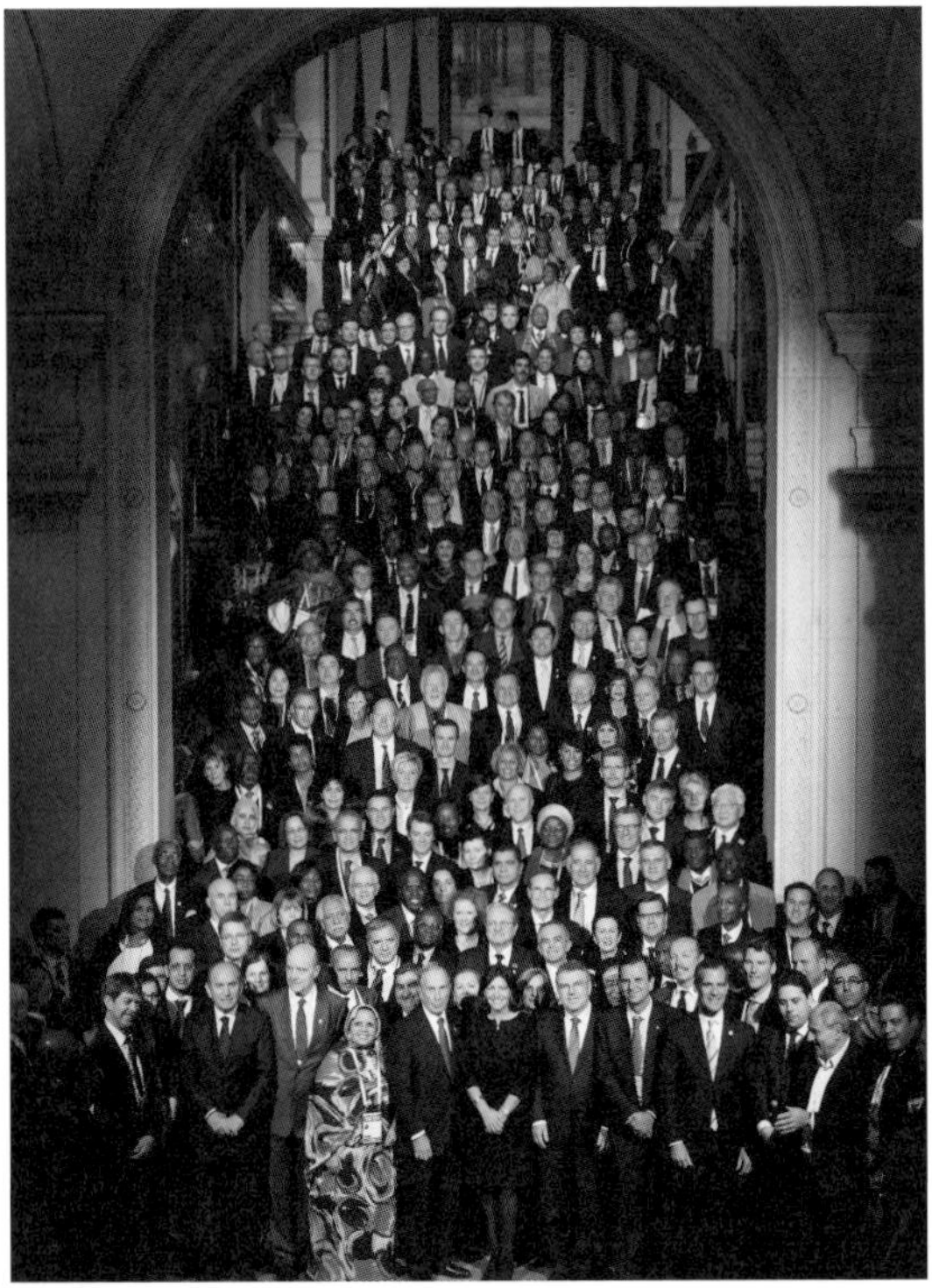

マイケル・ブルームバーグとパリ市長アンヌ・イダルゴによって、2015年の国連による第21回締約国会議（COP21）会期中にパリ市庁で開催された、自治体首長による気候サミット。

フランス・パリで開催された自治体首長による気候サミットで、中国の気候変動についての交渉責任者であった気候変動問題特別代表・解振華（シェ・ズンフォワー）と会談するマイケル・ブルームバーグ。

自治体首長による気候サミットでのマイケル・ブルームバーグの演説。壇上で着席しているのは、パリ市長アンヌ・イダルゴと当時のフランス大統領、フランソワ・オランド。

自治体首長による気候サミットで、マイケル・ブルームバーグとブルームバーグ・フィランソロピーズのCEOであるパトリシア・ハリス、そして発明家であり起業家であるイーロン・マスクが話す様子。

2015年にパリで開催された国連による第21回締約国会議（COP21）の会期中、ブルームバーグ・フィランソロピーズは、芸術家のオラファー・エリアソンによる*Ice Watch*（氷の時計）というパブリックアートのプロジェクトを支援した。

2016年にメキシコシティーで開催されたC40自治体首長による気候サミットにて。マイケル・ブルームバーグ、パリ市長アンヌ・イダルゴ、当時のメキシコシティー市長ミゲル・マンセラ、そして当時のリオデジャネイロ市長エドゥアルド・パエス。

カール・ポープは、シエラクラブの創設者であるジョン・ミューアが1879年に歩いたグレイシャー湾までの道のりをたどった。ミューアの名前が後年つけられたミューア氷河は、今や31マイル後退しており、いかに世界の氷河が気候変動に対して脆弱であるかが際立つ一例になっている。

1996年、当時の米国副大統領アル・ゴアとホワイトハウスで面談したカール・ポープ。
（写真提供：アメリカ国立公文書館［NARA］本部大統領公文書部門）

おわりに　前に向かって

地球温暖化は、経済成長を減速させることではなく、加速させることによって止められます。国に頼るのではなく、都市や企業、市民に力を与えることで止められます。未来について人々を怖がらせることによってではなく、行動を起こすことによってすぐに得られる恩恵を人々に示すことで止められます。これが達成できれば、より健康で豊かになります。長生きしてより良い生活を送ることができるようになります。貧困や政情不安は減ります。そして、私たちはこうした恩恵を受けながら、子供や孫の代にも明るい未来を引き渡すことができます。

では、気候変動に取り組むことがこれほど魅力的ならば、なぜこれまでにもっと効果的な取り組みがなされてこなかったのでしょうか。本書では、問題は気候を守る取り組みのコストによって生じているのではなく、取り組みの経済的なメリットを反映できない市場の失敗によって生じているのだということを一貫して述べてきました。市場の失敗を修正することは、未知の挑戦でも不可能な挑戦でもありません。既に民間企業、各国政府と市民社会が協働して、これらの市場の問題の数多くを修復してきています。端的に言えば、より早く、より多く、このことを行えばいいのです。菜園と同じように、市場は私たちに食べ物を与え生活を豊かにしてくれます。しかし、同時に手入れも必要です。雑草を抜き、肥料をやる必要があります。そのやり方について見ていきましょう。

●補助金制度を見直す

私たちは、人生においてたいてい、自分が支払った分に見合った対価を得ます。現在、多くの国が化石燃料生産者や大規模な農業団体に対して巨額の補助金を支払っており、これによって温暖化がより進んでしまっているのです。エネルギーをめぐるイノベーションの速度が落ち、農産物市場がゆがめられ、天然資源の枯渇をもたらし、貧困が拡大し、多くのコミュニティにおける医療費の増大にもつながっています。そして、本来であれば持続可能で気候に優しい未来への転換、あるいは減税に用いることができたはずの政府の資金が、化石燃料向けの補助金によって食いつぶされています。政府が化石燃料会社に対して低い税率や低金利融資など特別な優遇を与えると、これらの企業は、よりクリーンな他のエネルギーよりも競争の優位性を得ることができます。このように国家予算を枯らしてしまう補助金制度を見直して改革することで、二〇五〇年までに必要となる持続可能なインフラ整備に求められている九〇兆ドルのうちの多くがカバーできるようになります。

●透明性を高める

市場が透明であればあるほどパフォーマンスは効率化され、リソースはより生産的な形で配置され、より多くの関係者がリスクから自らを守ることができます。透明性を得るには、信頼できるデータが求められますが、企業が気候変動から受ける影響に関するデータは長い間不足していました。ブルームバーグ・ニュー・エナジー・ファイナンス（BNEF）をはじめとしたデータ分析サービス、米国のサステナビリティー会計基準審議会（SASB）、そして金融安定理事会（FSB）の気候関連財務情報開示タスクフォース（TCFD）によって、この状況は変わってきています。

気候変動に関する政策の目標達成を市場がけん引していくには、気候変動のリスクに私たちがさらされることを最小限に抑えられるような投資に資本が流入するよう、透明性が欠かせません。このため、化石燃料会社、メーカー、商品取引会社、銀行、保険会社、政府の監督機関などを含むすべての経済セクターが気候変動関連リスクについて測定し、データを開示する必要があります。適切な評価指標や指数によって企業はリスク管理を開始できるようになり、市場は気候変動に対して何も行動を取らなかった場合の正確なコストを組み込んで、様々な価格が設定できるようになります。

●独占企業にも競争を強制する

市場は競争によって繁栄し、独占によって機能しなくなります。場合によっては政府のバックアップを受けた独占が理に適っていることもあります。例えば、各地域に送電線を張り巡らすことについて、私たちは電力会社に独占的に権限を与えています。しかしながら、電力の生産と販売について独占する権限を与えなければならない理由はありません。例えば太陽光パネルを利用する場合など、電力を生産する者であれば誰でも、必要な料金を払えば送電線を利用しても良いはずです。鉄道で何かを輸送するに当たって、線路を所有していなければならないという決まりはありません。ではなぜ、発電所や送電線といった設備を所有していないと電力を売ることができないのでしょうか。多くの州や国で、住宅所有者や企業がこれを行うことを法律は禁じています。

他にも、長い有効期間を持つ特許によって守られている場合など、政府が後ろ盾になっている独占企業によって進歩が阻害されることがあります。例えば、特許は、より干ばつに強い遺伝子組み換え作物が広まるスピードを遅くし、このことにより失われる人命もあります。オープンソースによる多様なイノベーションによって、持続可能性を高める技術が開発されるよう、十分な公的な投資が必要です。政府が研究の費用を負担し、世界中の民間セクターのリーダーたちがその中から最も期待の持てる研究成果を選んで実践していくことができます。

非公式な独占もまた、競争を阻害します。石油業界には、ガソリンスタンドのオーナーシップという非公式な独占があります。石油会社は、電気自動車の充電ステーションをガソリンスタンドに設置することにどの程度積極的でしょうか。電気自動車メーカーが市場に広く製品を販売できない理由の一つに、充電場所がないことを顧客が恐れているというものがあります。運輸交通において石油が独占的優位性を持っているのは低価格が理由なのではなく競争がないからです。このため自治体自らが充電ステーションを設置しているのです。

●自然資源に投資する

私たちは皆、自然からの無料のサービスに依存しています。太陽からの光、植物からの酸素、降雨からの水、土壌からの食料、などです。こうした共有資源に産業廃棄物が投棄されると、私たちは病気や死という形で代償を払うことになります。市民を守るために、私たちは共有資源の使い方についての規制を設けていますが、私たちがこうした資源に対して十分な投資をしていないことが多過ぎます。マングローブ林や湿地によって誰もが、より清浄な空気、より豊かな水産資源、暴風雨からのより強固な防御などの恩恵を受けることになります。にもかかわらず、マングローブ林や湿地の改善に個人的にどうしても投資しなければと考える人はいません。

気候変動の問題を解決するための一つの鍵は、こうした自然資源への公的な投資を増やし、また、民間セクターの投資も促進できるようなインセンティブを生むことです。より多くの炭素を農地に閉じ込めることができる再生的な農業を実践している農家が、それによってもたらされる恩恵の分だけ対価を受けることができなければ、農家はおそらくそのような転換をしないでしょう。

●インセンティブを見直す

有益な投資であるにもかかわらず、投資した側が利益を回収できないために誰も実施しないという場合があります。本書では、光熱費を負担しない家主は、建物のエネルギー効率を向上させるインセンティブを持たないという事例を見ました。同じように、燃料費は貨物の荷主の負担であることから、海運会社は燃費の悪い貨物船を低燃費なものに替えません。このように市場が機能しない時、民間の取り組みで解決できることもありますが、公的な権限が必要になることもあります。節約できた水道光熱費を家主が回収できるようにする「グリーンリース」が一部の都市で採用されていますが、テナントが退居した後にはアパートを改装してエネルギー効率を上げることを義務付ける、あるいは、新たに建造される船舶や車両に対して最低限の燃費水準を定めるといった規制基準を設定することが、行政によってしばしば必要になるのです。

この他にも、工場、機械、技術などのリソースの耐用年数を、投資家が最大限延ばしたいと考えているために有益な投資が生まれなくなっています。これらの資産が、古くなっても効率的で生産的であるならば良いでしょう。しかし、政府の補助金、規制、独占など市場の障壁が原因となって、新しいより良いリソースへの投資が遅れたり、あるいは止まっているといった場合には好ましくありません。生産性に悪影響を与えるので、経済にとってもマイナスです。生産能力が低く、しかもコストが高い工場を思い浮かべてみてください。持続可能性のあるインフラ整備も妨げられるため、環境にとっても悪影響をもたらします。こうした市場の失敗を取り除き、また、老朽化した工場や機械を新しくするためのインセンティブを企業に提供することで、政府はこの問題の解決を後押しすることができます。

●流動性を高める

一七四カ国とEUがパリ協定に調印する何日も前、ニューヨークではブルームバーグニュースの見出しが、「風力と太陽光が化石燃料を粉砕している」と伝えていました。実際、風力および太陽光エネルギーへの投資は、天然ガスと石炭への投資の二倍になっていました。ところがその同じ週に、当時の国連事務総長・潘基文は、「持続可能な再生可能エネルギーは伸びているが、予想される需要の拡大には追い付いていない」と警告しました。何が問題なのでしょう。

太陽光パネル、エネルギー効率の高いビル、そしてその他の持続可能な投資についてこれまで見てきた通り、気候に優しいインフラは従来の設備よりも運営コストが安い代わりに、建設費用が高くなります。なぜなら、技術には先行投資が必要だからです。太陽光パネルやLED照明の設置といった資本集約型のプロジェクトでは、通常、融資が必要になります。しかし、こういった投資が最も必要とされている国々の金利は高いうえ（二桁のこともしばしばあります）、資本市場は未発達になっています。

収益を求めている資本は、確かに世の中にたくさんあります。しかし、途上国に融資をし返済には二〇年かかるとなると、プロジェクトそのものとは無関係のリスクが生じます。為替レートはどうなるのか。契約がきちんと遵守されるほど政治は安定しているのか。戦争や革命は起きないか。途上国市場において、持続可能なインフラへの投資リスクを削減するために不可避な組織が、世界銀行グループが率いる複数の国際開発金融機関[*42]です。これらの機関がリスクを減らしてくれれば、投資家はリターンが得られるかについてもっと自信が持てるようになります。この金融の問題を解消することの重要性はいくら強調してもし過ぎることはなく、おそらく気候変動対策にとって最も取り組みが必要な課題でしょう。

●レントシーキングを取り締まる

「レントシーキング」とは、対価を支払うことなく特別な恩恵を享受することを指す経済用語です。首都ワシントンの業界団体によって繰り広げられるロビー活動の大半が、このレントシーキングを得ようとするものです。例えば、企業が法案の中に税金を逃れるための抜け道を入れ込もうとしたり、他の業界が享受できていない補助金や便宜を自分たちだけが得ようとしたりするのです。首都ワシントンだけで、ロビー活動は三〇億ドル規模の産業になっています。そしてここには、米国各地の州政府や市庁舎で実施されているロビー活動の額は含まれていません。石炭会社がトランプ大統領に対して、パウダー川盆地の石炭鉱区のリースを市場相場を下回る水準で再開してほしいと嘆願するのは、レントシーキングに該当します。

新たな技術が台頭し、従来の産業に破壊的イノベーションを起こすような脅威になった時、保守派は、市場では守りきれないことを政治的な力によって守ろうとします。屋根に太陽光パネルを設置した住宅所有者が余剰電力を送電網に供給しようとするのを電力会社が阻止しようとしたことがその一例です。もちろんこうしたことは、米国に限ったことではなく、世界各地で起きており、再生可能エネルギーへの移行と持続可能な経済成長に向けた進歩を妨げています。

政治の機能不全を修正する

行動の妨げとなるのは、何も市場の失敗だけではありません。政治の機能不全にも、大きな責任があります。特に米国で顕著ですが、カナダやオーストラリアといった化石燃料が豊富な他の国でも、気候変動を否定する人々によって国家の対応が遅れました。

米国では、気候変動懐疑派は信仰に基づいてそのようなスタンスを取っていることがあります。アメリカ連邦上院環境・公共事業委員会の委員長で、オクラホマ州選出の共和党員ジェームズ・インホフは、『史上最大のでっち上げ――地球温暖化という陰謀がどうやってあなたの未来を危険にさらすのか』(James Inhofe, *The Greatest Hoax: How the Global Warming Conspiracy Threatens Your Future*, WND Books, 2012.)という本を書きました。彼は自らの主張を宗教的な表現で述べ、「このでっち上げの正体は、自分たちには気候を変えることができる、強大な力があるのだと思い上がっている人間が、一部にいるということなのだ」としています。しかし、現ローマ法王フランシスコ、そしてかつてのローマ法王であったベネディクト一六世やヨハネ・パウロ二世をはじめとした宗教界のリーダーの多くが、この考えには賛成していません。インホフ上院議員が属するキリスト教福音派のリーダーであるリック・ウォレンも賛成していません。進化論をめぐる論争が未だに続いていることによって示されている通り、信仰と科学が衝突すると、新たな知識が受け入れられるようになるまでには数十年、場合によっては数世紀も要することがあります。今回の論争は、知識をめぐる論争だけでなく、その知識に基づいた行動についても論争があるというのが、これまでと異なる点です。幸い、多くの宗教界のリーダーたちが「クリエーション・ケア（被造物保護）」、つまり人類には神の創造物を保護する責任があるという信念の下に結集しつつあります。その結果、気候変動のための行動に向けた宗教的な動きが大きくなってきています。

世界中の五億人もの信者を代表する機関である世界教会協議会（WCC）は、化石燃料会社から投資を引き上げました。アパラチア地方の牧師たちは、石炭との戦いをけん引しています。世論調査によると、人間活動によって地球温暖化が起きているという合意が科学の世界にあることを多くのキリスト教徒が認めています。それでも気候変動を認めない少数派が無視できない規模で存在しており、この人たちを動かすことが不可欠です。これは、環境団体と宗教団体の間の協力体制の構築が必要だということを意味するのかもしれません。エヴァンジェリカル・エンバイロンメンタル・ネットワーク（福音派環境ネットワーク：EEN）は信仰心の深い人たちをまとめ上げていますが、EENのリーダーが以前使った表現を引用するならば「変人の集まり」であるシエラクラブのような団体は避けています（世の中にはいろいろな人がいます）。

米国の気候変動懐疑派や否定派は、宗教以上に支持政党やイデオロギー、あるいは戦術的な理由によって、自らのスタンスを決めています。支持政党を理由にスタンスを決めている人、多くの共和党予備選有権者は、気候変動を民主党の政策として見ています。[*43] イデオロギーを理由にする人は、政府の役割の縮小を達成することが目標なので、政府の役割拡大を必要とする気候変動問題は自分たちの目標に反しているのです。戦術的な理由がある人は、選挙活動資金を化石燃料会社の寄付といった特別な利権によって得ています。

とはいえ、保守的な観点からも気候変動に対する行動の根拠は、明確で説得力のあるものになっています。

まず第一に、政府に求められている多くの行動は、自由市場原理を適用しさえすればすむものばかりです。例えば、太陽光パネル所有者たちに電力供給設備利用の門戸を開いたり、化石燃料への補助金を廃止することなどです。自由市場原理は、保守派が推進している考え方です。

二番目は、炭素排出量を削減できるインフラへの投資は、同時に米国の経済的競争力を高めます。マッキンゼー・グローバル・インスティテュートによる研究では、インフラ投資を行うと、経済の拡大や税収の増加といった形でリターン率は二〇パーセントになります。仮にリターン率がこの三分の一にとどまった場合でも、投資の元は取れます。大陸横断鉄道、フーバーダム、州間高速道路網など米国の重要なインフラの多くの整備が、共和党にけん引されて成し遂げられました。これらをはじめとする米国の運輸交通およびエネルギーネットワークへの投資は、米国が経済超大国として発展するために不可欠なものでした。

商業活動が活発化しビジネスが成長するための条件を生み出してくれる、小さいが力強い政府に対して、保守派が改めて支持してくれることが必要です。

三つ目に、将来、気候変動がもたらす影響について、そのすべてについてはっきりとは分かっていませんが、その変化に伴うコストが高くなる可能性を無視することは無謀です。またたからといって緩和策を取らないことも無謀です。様子見をするというアプローチでは、全財産どころか全地球を一か八かで賭けることになり、しかもその賭けは非常に分が悪いものです。この様子見するというアプローチのどこが保守的でしょうか。保守的になるというのは、将来について用心深くなることです。事が起こってしまえば、人命という観点からもお金という観点からも多大な犠牲を強いるような事象を緩和するための方策を今取ることを意味します。

四つ目に、「保守主義」という言葉の核心は、「保護」です。今日の保守主義は、公的資金を節約し、伝統的な文化規範を守ることを指しています。しかし歴史的には自然資源の保護も指していました。保護運動は長らく、共和党員が率いていました。例えばセオドア・ルーズベルトは、国有林を一五〇カ所、国立鳥類保護区を五一カ所、国立禁猟区を四カ所、国立公園を五カ所、さらにはナショナルモニュメントを一八カ所創設しました。一九〇六年の遺跡保存法を通過させたのは共和党が過半数であった連邦議会であり、これによってルーズベルト大統領は、これらのナショナルモニュメントを制定できたのです。リチャード・ニクソンは、大気浄化法をはじめとするいくつかの環境関連の法案に署名しましたが、その中には環境保護庁（ＥＰＡ）設立のためのものも含まれていました。現代米国の保守主義運動の父であるアリゾナ選出のバリー・ゴールドウォーター上院議員は、ＥＰＡの監督官らと時折衝突することはありましたが、熱心な保護活動家であり続けました。「私は、自由市場とそれに伴うすべての恩恵を心から信じている。だが、それ以上に私は、清浄で汚染のない環境で国民が生活できる権利の熱心な信奉者だ」と彼は記しています。

最後に五つ目として、私たちが何もしなければ、私たちが目先のことしか考えずに利己的に未来を無視してしまった代償を子供や孫の代が払うことになります。子供の大学進学資金を食いつぶすことが、どう保守的なのでしょうか。セオドア・ルーズベルトは、このことを上手くまとめています。

「私たちよりも私たちの子孫のために、この国を今以上にさらに素晴らしい国にして残すという大いなる任務は、大戦が起きてしまった時に国の存続を守ることを除けば、我が国に出現しうるその他のあらゆる問題と比べものにならないほど重要である」

一部の保守派は、このことを分かっています。レーガン政権の国務長官を務めたジョージ・シュルツは、オゾン層を破壊するCFCガスの段階的廃止を定める国際条約に閣僚が反対することをレーガン大統領に覆させた立役者です。シュルツは今も、気候変動に対する取り組みの強力な支持者であり、賛同する保守派は増えています。リバタリアン系シンクタンクの所長を務めるジェリー・テイラーは、「大気化学には右派理論など存在しない」と指摘し、炭素税導入を強力に支持しています。共和党のサンディエゴ市長ケビン・フォルコナーは、「私は気候変動を、党派という視点からは見ない。国政レベルの党派性には、神もうんざりしている。私は気候変動を生活の質という観点から見ている」と述べています。

もちろん、リベラル派にはリベラル派の弱点があります。例えば、海や田園地帯の景観を「台無しにする」かもしれないとして風力発電所に反対しています。ＮＩＭＢＹ[*44]（必要だが私の裏庭には来ないで）に基づく駆け引きは、右派と左派の双方に影響を与えますが、リベラル派の言行が一致しないことほど気候変動懐疑派に良い攻撃材料を与えるものはありません。

またリベラル派は、排出量ゼロのエネルギー源にしばしば反対します。それは原子力です。オバマ政権のクリーンパワー計画（ＣＰＰ）では、各州が設定する排出削減義務の中に、既存の原子力発電所を加えてはいけないことになっていました。これは、オバマ政権のエネルギー長官であったスティーブン・チューが指摘した通り、ナンセンスです。二〇一五年には、米国では九九基の原子炉が稼働しており、全米使用電力の二〇パーセント近くを発電していました。ところが、古くなった原子炉が今後廃炉されるにもかかわらず、それらに代わる新たな原子炉の建設はわずかにしか進んでいません。現在、新たに建設中の原子炉は、たったの二基です。これは過去三〇年で初めてのことです。

気候変動への取り組みに反対しようとする理由のうち、二つの理由は、多くの途上国においては米国と同じように強力であり、場合によっては米国以上に強力です。

一つ目は、低炭素エネルギーなどの環境政策は非常に費用がかかるという先入観です。かつては本当に費用がかかったのですが、現在は違います。これまで述べてきたように再生可能エネルギーは化石燃料と比べて多くの場合コストが安いのですが、先行投資に必要なコストが許容範囲を超えることがあります。このため、こうした障壁を乗り越える資金援助のツールを各国政府と民間セクターが協力して開発しなければならないのです。

そして二つ目は、ほかの国々でも米国と同様に、既得権益をもった団体が活動しています。自分たちの利権や独占、市場での位置にしがみ付いているのです。ペルーの材木関係者、オーストラリアの石炭関係者、ブラジルの畜産牛関係者、旧式の商船の所有者というように、いずれもが政府から政治的利権を引き出すことにより、よりクリーンな世界に向けての進展の足を引っ張っています。

こうした利益団体は、できるだけ長く利権にしがみ付こうとします。そして、市場が許容するよりはるかに長期間にわたって利益を確保することに多くの団体が成功しています。化石燃料や農業への補助金の廃止、汚染や資源の収奪に対する厳重な取り締まり、独占状態の解消、市場の開放など、私たちが提案したような、世界が九〇兆ドル分の持続可能なインフラ整備を賄えるようにするための市場主導型の改革に彼らは反対します。これら市場主導型の改革で得た収益の一部を使って、自然資源や研究といった公共財への投資を賄い、残りの費用は民間セクターの投資ツールを利用して賄うべきです。必要とされるスピードと規模でこういったアイデアを実施するには、政治的リーダーシップが必須です。

大都市ができること

歴史的に国は自国の農業資源や鉱物資源に依存してきたため、都市は信用できないパートナーであると見なしてきました。こうした伝統により各国政府は、シンガポールのような一部の例外を除き、パワーを人口比例ではなく地理に基づいて配分してきました。ほとんどの議会制民主主義における選挙制度は、人口の割合以上のパワーが農業地帯に与えられるような配分になっています。これは不正操作だ、と言う人もいるかもしれません。米国の状況は、この最たる例でしょう。

人口の少ない農業地帯の州に有利に働くような配分の方法が、連邦上院議会にも大統領選挙人団にも適用されています。都市化が進んでいる州は、国の給付金プログラムから受け取る金額よりもはるかに多くの連邦税を支払っています。農村人口の割合が高い州は、支払う税金よりも受け取る給付金のほうが多くなっています。これは他国でも同様です。

二一世紀の経済においては、知識や情報が急速に原材料や商品に取って代わっているという現実に、こうした伝統は戦いを挑まれています。新たな経済の中核となるのは、農業地帯ではなく都市です。そして本書で示してきた通り、気候変動問題を解決するための行動を起こす多大な動機が都市にはあります。

市場は都市部に集中しているので、市場の失敗を都市部が先頭に立って解決することは理に適っています。また、幸いなことに都市は、そのためのまたとない能力を備えています。

人々に恩恵を与える物やサービスのための資金を調達するには、統合されたメカニズム、つまり行政が必要です。行政が責任をもって提供した最初の公共財の一つが、都市を守る城壁でした。程なくして、道路、港湾施設、干ばつに耐えられる水の供給、商取引のコストを下げるための公設市場、守備隊、裁判所、標準化された度量衡の単位を含む商取引規制なども後に続きました。こうした様々な公共財などが、都市の誕生以来、都市によって提供されてきました。教育、廃棄物処理、下水道、除雪、雨水管、安全な飲み水、警察、消防、街灯、公園、伝染病予防、さらには多くの場合、娯楽施設やスポーツ施設まで、現代の行政は、これまでよりもはるかに幅広い公共財を提供する責任を負っています。不安定な気候の時代にあっては、新たな公共財のための巨額な新たな投資が必要になります。沿岸域の都市は、浸水や暴風雨からの防御手段の強化、より良い資金調達方法の促進、公共交通機関の拡大、ヒートアイランド現象の影響を最小化するような建物の設計などを主導すべきです。

朗報なのは、これらの改革による損失を阻止しようと立ちはだかる利益団体は、連邦議会議員ほどには市長に対して影響力を発揮できない、ということです。

その一方でやっかいなのは、都市はしばしば問題解決のための資金調達や実行に伴う法的な壁に当たってしまうことです。多くの都市は、独自の消費税を設定する権限を持っていません。信用格付けを持っていません。中には、市民が求めているインフラを整備する融資を受けるための法的権限さえ持ち合わせていない都市もあります。

廃棄物処理施設の効率化、自転車やバスのサービス拡大、さらには発電まで、進歩が見られるのは権限を有している都市です。米国では、発電を所有することができたすべての都市が、独占的な電力供給事業者に頼らずに、より安価でクリーンな電力を得られるようになりました。しかしながら、世界中の大半の都市は独占事業者から電力を買うことを強要されています。その電力がどれほど汚染源になっていようと、価格設定や供給安定性がどのような状況であろうと買わざるをえないのです。

都市はまた、道路についてもコントロールを強める必要があります。世界的に運輸交通の形態は劇的に変わりつつあります。多くの都市が大量輸送交通機関による移動を増やそうとしています。また新たなカーシェアリングのサービスが、従来の移動手段に挑戦しています。自動運転車の時代は近づいてきていますが、渋滞を緩和することができるでしょうか。それとも悪化させてしまうのでしょうか。汚染を改善し、市民の健康を向上し、さらには気候変動と戦うことができるような方法で運輸交通システムを管理できる権限が、都市には必要です。

世界が必要としている九〇兆ドル相当のインフラのうち七〇パーセントが都市部に集中しているため、都市が資金調達のツールに公平にアクセスできることも不可欠です。現在、世界銀行は国家に対してしか融資ができません。しかし、世界銀行の融資の常連である数多くの小規模な国連加盟国よりも、世界の多くの都市のほうが規模が大きいのです。

貸し手や投資家が求める透明性や説明責任を提供することに、都市は積極的です。七〇〇〇を超える都市が加盟して新たに立ち上げられた世界気候エネルギー首長誓約の各都市は、現在、多くの国で使われているものよりも厳しい基準に従って炭素排出量や気候変動対策の進捗を報告することに合意しました。

気候変動、さらには公衆衛生の改善、経済成長の拡大、そして生活水準の向上を考慮している人であれば誰もが、自身の国の政府に対してもっと都市に権限を譲渡するよう求めるべきです。これは、実現しつつはあるのですが時間がかかり過ぎています。都市が気候変動と戦う能力を高め、それにより市民の健康や経済を改善するための最も有効な方法は、いかなる国レベルの法律や政策でもなく、都市への権限譲渡です。

これは決して、政府が重要ではないと言いたいのではありません。政府は重要です。化石燃料を優遇する農業やエネルギー分野での補助金など、進展の妨げとなっている市場の失敗は、政府によってしか解決できません。気候に優しい技術の拡大を妨げることがないように特許法を管理することは、政府にしかできません。国家間の連携は、都市間連携と同じように革新的な政策を広めることに貢献し多国間合意の採択を容易にします。さらに、資金調達手段へのアクセスを拡大するために不可欠な役割を果たす、世界銀行などの国際機関の鍵を握っているのは国家元首たちです。

強固な国家リーダーシップが不在な場合、都市はどの程度のことを達成できるのでしょうか。どの程度、変われるのでしょうか。その答えは、多くのことを達成でき、多くの変化を実現できる、です。ニューヨーク市は、その素晴らしい実例です。四〇年前、ニューヨーク市の状況は悲惨でした。破産目前で綻びはあちこちで見られました。連邦議会もホワイトハウスも救済を拒否し、「ニューヨーク市へ、フォード大統領より　くたばれ」という見出しが、ニューヨークデイリーニュースの一面を飾りました。

ところが、行政内外の様々な市民リーダーの先見の明と尽力によって、ゆっくりではありましたが、確実にニューヨーク市は復活を始めました。この復活ぶりには、かつてのどん底を知る誰もが、今でも驚いています。子供でいっぱいのウォーターフロントの公園、夜間歩くことに人々が恐怖を感じないような通り、復活を遂げて新たな店舗や再建された住宅が並ぶ地区、過去五〇年間で格段に清浄になった空気、記録を更新するまでに地下鉄利用者数を押し上げた公共交通網の拡大、そして、タイムズスクエアの真ん中に並べられたビーチ用デッキチェアまで。今やあまりにも一目瞭然のニューヨーク市の再生ぶりですが、そのような可能性がニューヨーク市にあることを、当時、ほとんどの人は想像すらしませんでした。

ニューヨーク市のリーダーシップ、すなわち、選出された議員、首長、ビジネスリーダー、そして市民が協働し、行政の異なる様々なレベルとのパートナーシップを組むことによって、これらがすべて可能になったのです。

すべての人に機会を

行政のあらゆるレベルにおいて、手腕が発揮されなければならないエリアがもう一つあります。それは、再生可能エネルギーや持続可能な経済への移行によって職を失う者、あるいは税収が減る自治体への支援です。私たちの親の世代は、大学の学位や専門的スキルを取得しなくても中産階級の暮らしを手に入れるチャンスがありました。しかし、これは今では次第に難しいことになっています。技術がもたらした破壊的イノベーションによって、ほぼすべての産業が影響を受けました。かつては何百人もの人手を要した工場が、今ではロボットを管理する数人によって運営できるようになりました。かつては何千人もの労働者が必要であった建設プロジェクトも、今ではそのたった何分の一かの人数しか必要としなくなりました。コンピューターによって、事務職や研究職、様々な分野で人手の需要が減りました。多くの成長産業では、大学の学位や高度な専門スキルが求められているのですが、米国の成人の三人に一人程度しか学士以上の学位を所持していません。

米国が世界に果たした貢献の一つである、力強くレジリエンスのある中産階級が、今、私たちの目の前で空洞化していっています。首都ワシントンの人たちは、それを黙って見ています。このことは何百万人ものアメリカ人を傷付け、私たちの一体感や前向きさ、さらには気候変動と戦うための能力にもダメージを与えました。世の中の急速な変化が誰にとっても公平なものとなり、衰退しつつある産業と関わりのある人々にとっても受け入れられるものになるような仕組みが必要です。破壊的イノベーションを受け入れることは簡単なことではありませんが、これらに対する反発を緩和し恐怖や不安を軽減することを行政が助けることはできます。

これは米国だけの課題ではありません。政府が向き合うにはとてつもなく困難で複雑な課題ですが、向き合わなければなりません。

これに向き合わない場合は、やる気がそがれ、いら立ち、悲観的で疎外感を持った市民によって、西欧型民主主義の未来と、これまでもたらされた安定性や繁栄は危機にさらされます。本書は、この問題そのものを扱ったものではありませんが、決して無視することができないものです。石炭火力発電所の閉鎖などの気候変動に対する取り組みは労働者に悪影響を及ぼす可能性がありますが、それに対して正面から取り組むことが必要です。副次的な悪影響を解消し、全体としての利益を守る方法はあります。以下は、米国が取れる行動についての三つのアイデアです。

第一に、ニューディール政策が当初、テネシー川流域開発公社（ＴＶＡ）について思い描いていたビジョンを呼び起こしましょう。そして、それを石炭産出地帯に適用しましょう。今日のＴＶＡは上場されている公益企業体ですが、当初の運営形態においてはテネシーバレーの環境回復に重きを置き、何千人もの雇用を生み出しました。石炭産出地帯には、荒廃した丘陵斜面、埋塞した河床、汚染された水路、そして危険な、あるいは放棄された坑道といった数多くの負の遺産があります。大規模な環境回復が求められています。今や使い尽くされ、競争力もなくなった炭層をかつて掘削するために使われていたのと同じ技術、場合によっては同じ機器も、環境回復のための取り組みに利用できます。炭鉱作業員など、炭坑に関わりのあった人たちに再び仕事を与え、大きな爪痕を残した土地の回復を石炭会社が担うという考えはどうでしょう。

第二に、送電電力一キロワット時当たり〇・二五ドルから〇・五ドルの手数料を上乗せすれば、年間約二〇〇億ドルにも上る収益が得られます。この収益を使って、年金や健康保険を失う危険がある元炭鉱作業員たちのための保険制度の資金とすることが可能です。クリーンエネルギーへの転換によって、雇用の喪失や税収の減少が起こっている地域の支援ができます。同様に、露天採掘による土壌の劣化や石炭灰の投棄など、石炭業界が生み出した環境災害の爪痕が残ってしまっている地域についても支援ができます。化石燃料からの転換によって損害を受けた市民や地域が利用できる保険制度だと考えてください。

同時にこの手数料によって、送電網の信頼性を高め、より多くの再生可能エネルギー電力を利用可能にするのに必要な送電線の改良に要する経費を、ある程度賄うことも可能です。これによって国としての競争力向上、環境浄化、気候保全を支えることができ、恩恵はすべての人にもたらされます。さらに、送電系統が改善されることによる利用者側のコスト削減の規模は、改善に要する総経費をはるかに上回ります。

第三は、都市や地域コミュニティが先頭を切って取り組んでいる分野です。二〇世紀の状態のまま止まっている教育システムを二一世紀に合ったものへと改革し、給与水準の高い仕事の機会が、石炭産出地帯をはじめとするクリーンエネルギーへの移行の影響を受ける地域も含めて確実に全米に広まるようにする必要があります。

現状では、あまりに多くの学校が、大学進学や就職に向けた準備を生徒にさせていません。あまりに多くの貧しい家庭からの生徒が、本来であれば難関大学で優秀な成績を収めることができるにもかかわらず、大学に出願していません。学費を払うことができないだろうと考えるからなのですが、ほとんどの場合、学資援助によって学費は工面できます。

あまりに多くの大学進学を希望しない生徒が、キャリア形成への準備とならないようなカリキュラムで学んでいます。あまりに多くの職業訓練プログラムが、一九七〇年代の内容で止まってしまっており、今日の成長産業とのつながりがありません。あまりに多くのコミュニティカレッジに通う学生が、カレッジから貧しい教育しか受けられず、卒業証書や市場に売り込める職業スキルを取得できずに去っていきます。労働者と労働市場の間のスキルギャップを埋めて橋渡しをするという面で、コミュニティカレッジは重要な機会を提供しています。しかしその機会をフル活用するには、コミュニティカレッジの役割を再検討し、入学から卒業、その先の就職あるいは進学へと、学生を導いていくことに対する責任を負わせる必要があります。

私たち一人ひとりが、日常生活の中で気候変動に対処するために、もっと多くのことを実行できます。ケンタッキー州・ルイビル市長グレッグ・フィッシャーは、地元の有権者に対し、「自分の役割を果たそう。庭に木を植えよう。自宅や職場の屋根を改修する時には、クールルーフにできないか検討しよう。可能な時は公共交通機関を利用しよう。自動車を運転している時には、アイドリングを減らして、もっと外に出て徒歩や自転車で移動しよう」と訴えました。

これらはすべて重要であり、効果があります。しかし、どれ一つ取っても十分ではありません。

私たち一人ひとりが生活の中で取れる行動は、他にもまだまだたくさんあります。それらすべてを合わせれば、地球の未来に大きな影響を与えることができます。この中で特に重要なものは、最もシンプルなものでもあります。それは、友人、家族、近所の人とより良い対話を行うことです。その内容は、気候変動問題の本質だけでなく、その解決策がもたらす恩恵についての対話も大切です。イェール大学の気候変動コミュニケーションプログラムでは、アメリカ人が気候変動に対して見せている反応が六種類あることを見出しています。恐れている人、懸念を持つ人、そして注意を向けている人を合わせると、アメリカ国民の七二パーセントを占めます。一方で、関心がない人、懐疑的な人、そして否定する人を合わせても、たった二八パーセントです。しかしながら、この人たちを無視したり、見下すことは誤りです。彼らを恐れさせようとするのは、おそらく最悪のやり方でしょう。なぜなら、それによって気候変動問題のことを、支持政党や社会階級といった視点から捉えるようになる人が増えてしまうかもしれないからです。

気候変動懐疑派の気持ちを動かす最善の方法は、サクセスストーリーを伝えることです。行動を起こすことが私たちの生活をどのように改善するか、どのように私たちの健康向上につながるか、どのように私たちの寿命を延ばすか、どのように私たちの節約につながるのか、どのように私たちの移動手段が便利になるのか、どのように貧困層が雇用機会を得やすくなるのか、どのように米国の国際競争力を高めるのか、どのように米国経済を強くするのか、どのように雇用を創出するのか、といった具合です。ただ肉を食べることを止めるように、あるいはもう自動車に乗らないように説得するのでは、人々の心をつかむことは決してできません。しかし、気候変動と戦うことが、その人にとって、あるいはその人の家族やコミュニティにとって、どのように良いことなのかを示すことができれば、相手の心はつかめます。

こういった対話は、ごく一般の市民や地元のリーダーたちによってけん引される必要があります。極端な考え方の人たちが力と票を握っている限り、首都ワシントンの人たちは彼らに迎合し続けます。支持政党がどこかではなく問題解決へ。恐怖ではなく希望へ。極地の氷から雇用や健康へ。連邦議会ではなく地元コミュニティへ。このように気候変動に関する議論の趣旨や論調を変えることができるかどうかは、私たち一般市民にかかっているのです。

このような方向に早急に舵を切ることができればできるほど、人類がこれまで直面した問題のうち最大級のものを乗り越え、最大級のチャンスを物にすることができる可能性が高まるのです。

＊42 国際開発金融機関【Multilateral Development Banks：MDBs】。途上国の貧困削減や持続的な経済・社会的発展を総合的に支援する国際機関の総称。全世界を支援対象とする世界銀行（The World Bank）と、各地域を所管する地域開発金融機関を指す。具体的には、アジア開発銀行（ＡＤＢ）、米州開発銀行（ＩＤＢ）、アフリカ開発銀行（ＡｆＤＢ）、欧州復興開発銀行（ＥＢＲＤ）がある。

＊43 米国の二大政党制を構成する民主党（リベラル）と共和党（保守）は、歴史的に政策が必ずしも対立し続けてきたわけではないが、近年では政治的対立が激化しており、二〇一六年の大統領選の際に発表された政策綱領では、民主党は気候変動を「現実の差し迫った脅威」としている一方、共和党は「差し迫った国家安全保障問題とは言いがたい」としている。

＊44 ＮＩＭＢＹ【Not In My Back Yard】。「（必要なものだけれど）私の裏庭にはいらない」という意味で、発電所、ごみ処理場、火葬場、などの建設に反対する住民運動にしばしば見られる心理傾向や態度を揶揄的に表す言葉。

謝辞

日々私たちの地球を守るために働いているすべての方々に感謝を申し上げます。その多くの方々によって、本書は生まれることができました。アンサ・ウィリアムズ、アダム・フリード、カーティス・ラヴェネルの三人が環境関連の業務を率いてくれているブルームバーグは幸運です。そして、そのそれぞれの下で働く、ダニエル・ファーガー、アマンダ・アイクル、リー・コクラン、ケリー・シュルツ、ヤン・アイルン、メリッサ・ライト、リー・バリン、メリディス・ウェブスターおよびジェイシー・プリブルスキーといったチームメンバーたちが知見や専門性を本書に投入してくださいました。この他、ブルームバーグ・フィランソロピーズとブルームバーグ・アソシエーツのケリー・ヘニング、ジャネット・サディク＝カーン、セス・ソロモノウおよびアマンダ・バーデンは、気候と健康、運輸交通、そして都市計画のつながりを強化することを助けてくださいました。アリソン・ジャフィン、キンバリー・モルスター、ハワード・ウルフソン、デイビッド・シップレイ、ジェイソン・シェクター、トム・ゴールデンおよびダグ・バーンスタインにも、本書を執筆するプロジェクトに時間を割いていただきました。ナンシー・カトラーとスザンヌ・フットは、私たちが何とか執筆を終えられるよう引っ張ってくださいました。フランク・バリー、ゲイブ・デブリーズ、スコット・ベイドには、貴重な研究成果のご提供と執筆協力をいただきました。そして、パトリシア・ハリスの援護を受けたケビン・シーキーこそが、本書によって気候変動についての対話が米国だけでなく、海外でも促進されると信じて、最初に私たちに本書の執筆プロジェクトを引き受けるよう説得してくださいました。

C40世界大都市気候先導グループのマーク・ワッツ、元ニューヨーク市議会議員のロヒート・アガーワラ、キャズウェル・ホロウェイ、セス・ピンスキーおよびマーク・リック、さらには、ベン・シュウエグラー、カルロ・ラッティ、アダム・ウルフ、パトリック・ホールデン、トーマス・ヘラー、ブレント・ハリス、デボラ・ウィンシェル、カルステン・ユング、グレイアム・ピットケスリー、ロジャー・シーブルック、リザンヌ・グレー、アイオン・ヤディガログル、ヘンリー・マクローリンおよびジェイソン・ベイドは、私たちが重点的にカバーした三つの分野、すなわち都市、ビジネス、地域コミュニティのそれぞれに取り組んでいるリーダーとして、知見とアイデア、そしてデータを提供してくださいました。ハリシュ・ハンデとアナンド・シャーウェーレには、インドのエネルギーの将来について多大な指南をしていただき、助けていただきました。また、官民双方の機関、特にアメリカ連邦政府が支援するエネルギーや気候に関する数多くの研究室、さらにはブルームバーグ・ニュー・エナジー・ファイナンス(BNEF)の専門家チームが行ってきている素晴らしい科学分野および経済分野の研究の結果を参照しました。

加えて、図表を作成してくださったエイミー・スタイン、編集をしてくださったジャネット・バーンとアリス・トルーアックスにも多大な感謝を申し上げます。そして、プロジェクトの初めから私たちを信じ、本の完成まで導いてくださったセント・マーティンズ・プレスの出版チームのサリー・リチャードソン、ジェニファー・ワイス、シルヴァン・クリークモアおよびライアン・ジェンキンスほかの皆様に多大な感謝を申し上げます。

最後に、これまでに出会ったすべての市長やビジネスリーダー、そして市民の皆様に感謝申し上げます。皆様からのインスピレーションを受けて、進歩の規模と速度の拡大に力を入れることができました。皆様が他の方々にもインスピレーションを与えてくださいますように。

監訳者あとがき

本書は、二〇一七年に出版された、*Michael Bloomberg and Carl Pope* 著 *Climate of Hope : How Cities, Businesses, and Citizens Can Save the Planet* の全訳である。

急速に進む温暖化や様々な異常気象など、気候変動という難題にどう挑むのか。二人の著者は、気候変動が地球上にクライシスを招いてしまう前に、目の前にある課題の解決を一つ一つ積み重ね、問題の大きさにひるまずに行動するよう、「まだ間に合う」と読む人々の背中を押す。本書の冒頭には、気候変動の問題は「別々に対処することが可能な問題の集合体であり、あらゆる角度から同時に戦うことができる」と書かれている。これまで、気候変動にどう対処するのかの議論はややもすると国家間の交渉にゆだねられており、国のリーダーシップが注目されがちだった。しかし本書は、都市や企業、市民が自分たちの力で気候変動にチャレンジすることが可能であることを様々な角度から具体的かつ実践的に示しており、とても新鮮だ。

著者の一人マイケル・ブルームバーグ氏は、総合情報サービス会社ブルームバーグの創業者で現在もＣＥＯを務めている著名な実業家である。ブルームバーグ・フィランソロピーズを通じての様々な団体、活動への多額の寄付でも知られている。また二〇〇二年からニューヨーク市長を三期一二年間務めた。市長時代から気候変動対策の活動を積極的に展開し、二〇一四年一月、国連の都市・気候変動担当の特使に任命され、今年（二〇一八年）三月には、あらためてグテーレス国連事務総長から気候変動担当事務総長特使に任命されている。

もう一人の著者カール・ポープ氏は、一八九二年に設立された大規模な環境保護団体シエラクラブのエグゼクティブディレクターを長い間務めた環境保護活動家である。シエラクラブは、本書でも詳しく描かれているように二〇〇〇年代に石炭火力発電所を標的にした「石炭のその先へ」活動を展開、多くの火力発電所を閉鎖や建設断念に追い込んでいる。この活動への寄付を通してブルームバーグ氏はポープ氏と気候変動へのチャレンジの道を歩むようになった。異なる経歴、異なる政治的信条を持つ二人は、「大きな責任感」と「戦いに勝てるという強い楽観的な視点」を共有しており、本書は、その二人の活動の記録でもある。

気象庁はこの夏、埼玉県熊谷市で最高気温が摂氏四一・四度を記録した日に、「命に危険のある暑さ」と表現した。一九八七年から日本の三カ所で気象庁が行っている二酸化炭素濃度の観測データからは大気中の二酸化炭素濃度の急速な上昇が読み取れ、岩手県大船渡市綾里での最新の数字は四一〇ｐｐｍを超えている。このままの勢いで濃度が高くなれば、パリ協定が目指す今世紀末までの気温上昇を産業革命以前に比べて摂氏二度未満に抑えるための濃度を、この一〇年以内に超えてしまう。最大瞬間風速六〇メートルの暴風、記録的な高潮による被害が生々しく報道されている中でこの文章を書いているが、台風の巨大化だけでなく豪雨や洪水の被害、酷暑や大雪など不安定化する気象は、人的、物理的被害を増大させている。国連は、二〇一六年の一年間に自然災害によって住み慣れた場所を離れざるを得なくなった人々が、世界で二四〇〇万人に上ったとしている。今、手を打たなければ気候変動による災害によって国や社会にのしかかる負担はますます大きくなっていくということを、多くの人が実感している。

一万二〇〇〇年の間、地球の平均気温はプラスマイナス摂氏一度の範囲内で推移し、この安定した気候のもとで文明は発展し繁栄が構築されてきた。しかし、二五〇〇年前の産業革命から石炭などの化石燃料が使われ始め、特にこの七〇年の間に急速に進んだ大量生産、大量消費で地球にかかる負担は地球の回復能力を超えてしまった。人間が地球を作り替える力を持つようになったのだ。

パリ協定で合意した今世紀末までに気温上昇を摂氏二度以内、できれば摂氏一・五度以内に抑えられるのか。将来の世代が安心して住める地球を目指すためには、脱炭素に向けた勢いを加速させるだけではなく、大気中にとどまっている二酸化炭素を減らすことも必要だ。本書でも触れられているが、植物や土壌などの生態系が炭素を吸収する能力に改めて光があたっている。人類は今、目標達成が極めて困難な全地球的共同プロジェクトに挑まなくてはならないのだ。

本書には避けなければならない二つの「悲劇」が出てくる。「コモンズの悲劇」と「ホライズンの悲劇」である。前者では人々が個々人の利益のために共有資源を使うことで社会に被害を与える。また後者、「ホライズンの悲劇」では、人々は将来現れると思われる代償を考慮せずに自分たちの利益のために資源を使う。この二つの「悲劇」により、本来ならば地球全体にとって有益な投資であるにもかかわらず、投資した側が利益を回収できないために実施をしない。また既得権益を持った団体はその利権にしがみついている。社会全体のため、将来のためを考えて行動することが決定的に大事だと分かっていても、行動にはなかなか反映されていかない。こうして私たちは、地球をさらに暑くしてしまう方向へと向かっている。

二人の著者は、適切な政策誘導と市場の力が発揮されることで、目指すべき脱炭素社会の方向へ投資が流れ込み、大きな変革をもたらすとしている。公的支援や保険の活用、インセンティブになるルール作りとその実践例の数々は、多様で興味深い。多くのケースで脱炭素のスピードを左右するのは、ビジネスイノベーションと公共セクターによる規制の組み合わせとしており、様々なステークホルダーが協働することの大切さが伝わってくる。炭素の削減は企業にとって変革を迫られると同時に新たなビジネスチャンスを得る機会ともなり経済成長につながる、この競争に果敢にチャレンジすべきという二人の姿勢は明快だ。そして、ブルームバーグ氏によるニューヨーク市長時の、温暖化がもたらす自然災害に備えたレジリエントな都市づくり。気候変動問題を前にして立ちすくみがちな多くの人々は、本書に示される前向きな姿勢に多くの示唆を得ることができるのではないだろうか。

気候変動への戦いには、様々な方法、様々な道筋がある。その方法をめぐって厳しい批判も飛び交う。シエラクラブの石炭火発への戦いについても、同じ化石燃料である天然ガス業者と〝共闘〟したことが批判を受けているし、ブルームバーグ氏に対しても、氏が天然ガスを、再生可能エネルギーが十分な能力を得るまでの「つなぎの燃料」として、厳しい非難にさらされている採掘方法も含めて許容していることに批判もある。このことをどう考えればいいかは読者にゆだねるが、本書に表れている二人の姿勢は、気候変動の戦いに役立つことであれば、立場、信条を超えて共闘する、あるいはそれぞれが個別にチャレンジを行っていくという多様な取り組みに希望を見ようとしていることだ。

気候変動への挑戦の記述は広範囲にわたっている。脱石炭、再生可能エネルギーから始まり、ビル建設のあり方、都市交通の変革、食料生産の新しい挑戦、森林など自然資源の保護、金融の果たす役割など具体的取り組みが次々に紹介される。それらの様々な個別の挑戦が、気候変動への戦いに打ち勝てるという希望につながっていく。その道筋は、全世界が共に目指すことで合意したＳＤＧｓ、持続可能な開発目標を想起させる。あらゆるステークホルダーが個々にあるいは共同して一七の目標、一六九のターゲットに挑戦し、それが統合されて持続可能な地球、持続可能な社会を作り出すＳＤＧｓへの取り組みと、二人の気候変動への戦いに類似性を感じるのは私だけではないと思う。

ブルームバーグ氏とポープ氏は、本書の最後で、地球の未来に大きな影響を与えることができる方法として、友人や家族との対話の大切さに言及し、気候変動と戦うことがその人や家族、社会にとってどのようによいことなのか、そのサクセスストーリーを示すことができれば変化を早めることができるとしている。行動にまで至らなくても話題にする、語る。本書には、その伝えるべきサクセスストーリー、チャレンジストーリーが数多く語られている。

今、各国において、企業、自治体、投資家、市民団体など、非国家アクターが中心になった気候変動への取り組みが進んでいる。今年、日本においても気候変動イニシアティブ（Japan Climate Initiative）が設立されて多くの企業、自治体、消費者団体、研究機関、ＮＧＯが参加している。こうした動きに見られるように、気候変動への挑戦がより広範囲な人々によって担われていくことに、本書が、少しでも役立っていただければと願っている。

国谷裕子

二〇一八年九月

著者　**マイケル・ブルームバーグ** | Michael Rubens Bloomberg
グローバルメディアと金融情報会社であるブルームバーグL.P.の創設者。第108代ニューヨーク市長。マサチューセッツ州ボストン生まれ。1964年にジョンズ・ホプキンス大学卒業後、ハーバード・ビジネス・スクールで経営管理学修士号（MBA）を取得。証券会社大手ソロモンブラザーズに入社しパートナーとなる。1981年に同社を退社し、ブルームバーグを設立。2001年にニューヨーク市長選に共和党より立候補し当選。2002年から2013年まで3期にわたり同職を務める。世界で最も著名な慈善事業家の一人であり、これまでに、環境問題をはじめとする社会課題の解決に取り組むさまざまな組織や団体に60億ドル以上を寄付している。

カール・ポープ | Carl Pope
1892年に設立され、会員とサポーターを合わせて350万人を誇る米国の環境保護団体シエラクラブの元最高執行役員兼会長。現在、インサイド・ストレート・ストラテジーズの主任顧問として持続可能性と経済発展を結び付ける経済を模索している。他にもカリフォルニア・リーグ・オブ・コンサベーション・ヴォーターズ、ナショナル・クリーン・エア・コアリッションなど、数々の団体の役員を務めている。

監訳者　**国谷裕子** | Hiroko Kuniya
米国ブラウン大学卒業。NHK衛星放送「ワールドニュース」のキャスターを経て、1993年から2016年までNHK総合「クローズアップ現代」のキャスターを務める。2016年からSDG s（持続可能な開発目標）の取材・啓発活動を行っている。2011年日本記者クラブ賞、2016年ギャラクシー賞特別賞を受けるなど、多数の受賞歴がある。著書に『キャスターという仕事』（岩波新書）。

訳者　**大里真理子** | Mariko Ohsato
アークコミュニケーションズ代表取締役。東京大学卒業後、日本アイ・ビー・エム入社。ノースウェスタン大学ケロッグ経営大学院でMBAを取得後、ユニデン、アイディーエスを経て、2005年に翻訳・通訳・Web制作を提供するアークコミュニケーションズを設立。

企画　**ブルームバーグ** | Bloomberg L.P.
経済・金融情報の配信から、通信・メディア事業を手がける米国の総合情報サービス会社。本社はニューヨーク。1981年の設立以来、経営や投資の意思決定に必要なデータやニュース、革新的テクノロジーを基盤とした高付加価値な分析・取引ツールを提供。世界中の金融機関、事業法人、商業銀行、中央銀行、政府機関、大学、研究機関、そして個人富裕層を情報、人、アイデアのダイナミックなネットワークに結び付けている。世界176の拠点を持ち、社員数は1万9000人を超える。

ブルームバーグ フィランソロピーズ | Bloomberg Philanthropies
ブルームバーグ フィランソロピーズは、人びとがより豊かで、より長い人生を謳歌できるよう取り組んでいる。アート、教育、環境、政策革新、公衆衛生の5つを重点分野とし、常に変革を推し進めている。ブルームバーグ フィランソロピーズは、マイケル・ブルームバーグが設立した基金、個人としての寄付、ブルームバーグの企業としてのフィンランソロピー活動など、マイケル・ブルームバーグの慈善活動すべてを網羅。2017年にブルームバーグ フィランソロピーズは7億2000万ドルを拠出し、120カ国以上の約480都市でさまざまなプログラムを支援した。

企画協力　**自然エネルギー財団**｜Renewable Energy Institute
自然エネルギーに基づく社会を構築するために設立。調査研究や政策提言を軸に、国際会議やメディア勉強会を開催、企業や自治体、NGOのネットワーク作りも展開している。

HOPE
——都市・企業・市民による気候変動総力戦
2018年10月12日　第1刷発行

著者　マイケル・ブルームバーグ／カール・ポープ
監訳者　国谷裕子
訳者　大里真理子
発行所　ダイヤモンド社
〒150-8409　東京都渋谷区神宮前6-12-17
http://www.diamond.co.jp
電話／03-5778-7235（編集）03-5778-7240（販売）

ブックデザイン　遠藤陽一（DESIGN WORKSHOP JIN）
編集協力　安藤柾樹（クロスロード）／大林ミカ（自然エネルギー財団）／今泉有理（ブルームバーグL.P.）
翻訳協力　桑田由紀子、飯野由美子
校正　茂原幸弘
制作進行　ダイヤモンド・グラフィック社
DTP　インタラクティブ
印刷　八光印刷（本文）・加藤文明社（カバー）
製本　本間製本
編集担当　音和省一郎

ISBN　978-4-478-10621-1